普通高等学校计算机教育
"十三五"规划教材

SSH

开发实战教程 Spring+Struts 2+Hibernate

李西明 陈立为 ◎ 主编

人民邮电出版社

北 京

图书在版编目（CIP）数据

SSH开发实战教程：Spring+Struts 2+Hibernate /
李西明，陈立为主编. —— 北京：人民邮电出版社，
2021.6（2023.7重印）
普通高等学校计算机教育"十三五"规划教材
ISBN 978-7-115-52972-5

Ⅰ. ①S… Ⅱ. ①李… ②陈… Ⅲ. ①JAVA语言－程序
设计－高等学校－教材 Ⅳ. ①TP312.8

中国版本图书馆CIP数据核字(2019)第290268号

内 容 提 要

本书详细介绍了当前 Java EE 开发领域流行的 SSH 框架，讲解了 Hibernate、Struts 2 和 Spring 三大框架的知识和原理，以及三大框架整合的相关知识，并介绍了实战项目的详细开发过程。全书共 18 章，第 1～4 章主要讲解 Hibernate 框架的知识和原理，第 5～11 章主要讲解 Struts 2 框架的知识和原理，第 12～16 章主要讲解 Spring 框架的知识和原理，第 17 章主要讲解 SSH 三大框架整合的相关知识，第 18 章为 SSH 项目实战。

本书可作为高等院校计算机相关专业 Java 课程的教材，也可作为 Java 培训机构的教材，还可作为 Java 技术爱好者的学习参考用书。

◆ 主　　编　李西明　陈立为
　　责任编辑　张　斌
　　责任印制　王　郁　马振武
◆ 人民邮电出版社出版发行　　北京市丰台区成寿寺路 11 号
　　邮编　100164　电子邮件　315@ptpress.com.cn
　　网址　https://www.ptpress.com.cn
　　北京七彩京通数码快印有限公司印刷
◆ 开本：787×1092　1/16
　　印张：19.25　　　　　　　　2021 年 6 月第 1 版
　　字数：558 千字　　　　　　2023 年 7 月北京第 2 次印刷

定价：65.00 元

读者服务热线：(010)81055256　印装质量热线：(010)81055316
反盗版热线：(010)81055315
广告经营许可证：京东市监广登字 20170147 号

学习 SSH 框架的必要性

目前 Java EE 的轻量级开发主要有两种框架组合方式：SSH 与 SSM。SSH 是 Spring、Struts 2、Hibernate 三者的组合。Spring 的 IoC 与 AOP 思想让 Java EE 开发变得简单和高效，并且它很好地整合了三大框架。Struts 2 是控制层的实现框架，是一种优秀的 MVC 机制，很好地取代了原始的 Servlet，它采用特定的标签用于视图，其功能比 JSTL 标签更为强大。Hibernate 采用完全面向对象的映射方式，实现全自动化的 ORM 持久化，查询过程采用 HQL 语言，方便用户采用面向对象的编程思想进行开发，比原始的 JDBC 开发效率大大提高。因此，很多企业都会使用 SSH 从事 Web 开发工作。要学习 Java EE，SSH 框架是必须掌握的技术之一。

党的二十大报告中提到，全面提高人才自主培养质量，着力造就拔尖创新人才，聚天下英才而用之。为了培养具有 Java EE 开发实战能力的技术人才，我们编写了本书。

本书特色

1. 内容丰富

本书涵盖 Hibernate、Struts 2、Spring 三大框架知识，以及它们之间的整合知识和实战项目案例。

2. 实践性强

本书把理论知识融合到项目案例中，主要知识点均与相关项目案例对应，每个项目案例都有详细步骤，读者按照操作步骤一步步完成项目案例的同时就掌握了各个知识点。

3. 综合性强

本书第 18 章为 SSH 项目实战，综合了前面所学的大部分知识，详细介绍了"砺锋在线书店"项目的开发过程。通过这章的学习，读者可以获得项目开发经验，巩固所学的知识点。

教学学时建议

内容	学时数	
	理论	实践
Hibernate（第 1~4 章）	12	8
Struts 2（第 5~11 章）	12	8
Spring（第 12~16 章）	8	4
SSH 框架整合（第 17 章）	2	2
SSH 项目实战（第 18 章）		8
合计	64（可根据实际情况适当调整）	

配套服务与支持

本书提供全部案例源码、数据库文件、实战项目源码、教学用 PPT 课件、习题参考答案等教学资源，读者可登录人邮教育社区（www.ryjiaoyu.com）下载。

致谢

广州砺锋信息科技有限公司作为多年从事 Java 开发的专业公司为本书的编写提供了大力支持，公司总经理林丽静给本书提出了很多宝贵的意见，提供了很多技术资料，也进行了大量的前期准备工作，在此表示诚挚的感谢。

意见与反馈

由于本书的内容较多，编写时间紧、难度大，而且技术发展也日新月异，书中难免会有不足之处，欢迎读者指正。读者在学习中遇到问题也可直接联系作者（QQ：609296634）。

目录 CONTENTS

1 第1章 Hibernate 入门

本章目标

✧ 理解 Hibernate 的原理
✧ 掌握搭建 Hibernate 开发环境的方法
✧ 理解持久化对象的状态与转换的相关知识
✧ 掌握 Hibernate 的配置方法
✧ 了解 Hibernate 的常用接口

1.1 SSH 概述

SSH（Spring，Struts 2，Hibernate）框架不是 Java EE 的 Spring、Struts 2、Hibernate 三大框架简单的堆砌，而是以 Spring 为中心将这 3 个框架整合成一体，分工合作，协调运行，从而高效地实现 Java EE 的轻量级开发。在经典的三层架构（表示层、业务逻辑层、数据访问层）开发模式中，Hibernate 框架作用于数据访问（Data Access Object，DAO）层，大大提高了数据库操作的效率；Struts 2 框架作用于控制层，能比传统的 Servlet 更清晰地控制程序的跳转，其运用了 MVC（Model-View-Controller，模型-视图-控制器）原理，并提供了很多实用的技术，如文件上传下载、数据验证、众多功能标签等；Spring 框架以全新的模式为类与类之间的依赖提供解决方案，以面向切面编程（Aspect-Oriented Programming，AOP）的方式切入系统级业务，并且接管 Hibernate 的数据库配置、事务管理等，整合了其余两个框架。SSH 框架是目前较常见的一种 Web 应用程序开源框架，众多的企业级项目由 SSH 技术开发，一些重要的旧项目的维护也需要程序员熟悉 SSH 框架技术。

1.2 Hibernate 简介

Hibernate 是当前流行的一种对象关系映射（Object Relational Mapping，ORM）框架。所谓 ORM 就是对象和关系型数据库表之间的一种映射关系，可以自动将应用程序中的对象持久化到关系型数据库的表中，反之也可以将关系型数据库表中的一条记录读取出来并转化为程序中的一个对象。有了 ORM，Java EE 开发者就可以使用面向对象的编程思想来操作数据库，取代传统的 Java 数据库连接（Java DataBase Connectivity，JDBC）。通过操作 Java

对象，就可以完成对数据库表的操作。例如，利用 ORM，在 Java 程序中创建和保存一个新对象时，就会在数据库表中自动添加一条新的记录；在 Java 程序中删除一个对象时，就会在数据库表中自动删除一条记录。

ORM 的原理如图 1.1 所示。其中，CRUD 指在做计算处理时的增加（Create）、读取查询（Retrieve）、更新（Update）和删除（Delete）4 个单词的首字母缩写，POJO（Plain Ordinary Java Object）为简单的 Java 对象，即普通 JavaBeans。

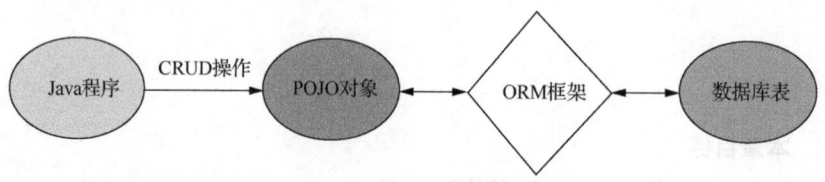

图 1.1　ORM 的原理图

Hibernate 对应三层架构开发中的数据访问层。Hibernate 对 JDBC 访问数据库的代码做了轻量级封装，大大减少了原始 JDBC 操作数据库的代码。Hibernate 框架是一种"全自动"的 ORM 框架，可以自动生成 SQL（Structured Query Language，结构化查询语言）语句并自动执行。Hibernate 功能强大，支持许多面向对象的特性，如组合、继承、多态等，也支持一对多、多对多关联，以及连接查询、级联操作、缓存等。Hibernate 的可移植性好，可适用于多种数据库，不用做大的修改。Hibernate 还是一种开源框架，在必要时，开发者可以自行编码对其进行扩展。

Hibernate 的缺点如下。

① 不能使用存储过程。

② 不太适合大规模的批处理。

③ 不适合小型项目。

④ 与 MyBatis 相比，Hibernate 较为复杂，不易掌握。

⑤ 使用面向对象的 Hibernate 查询语言（Hibernate Query Language，HQL），此查询语言不易掌握。

本书以 Hibernate 3.6.10 版本为例进行讲解，虽然当前已有更高版本的 Hibernate，但在目前的实际开发中，企业仍以 Hibernate 3.x 版本为主流。若要在 Java 项目中使用 Hibernate 框架，首先要下载 Hibernate，下载页面如图 1.2 所示。

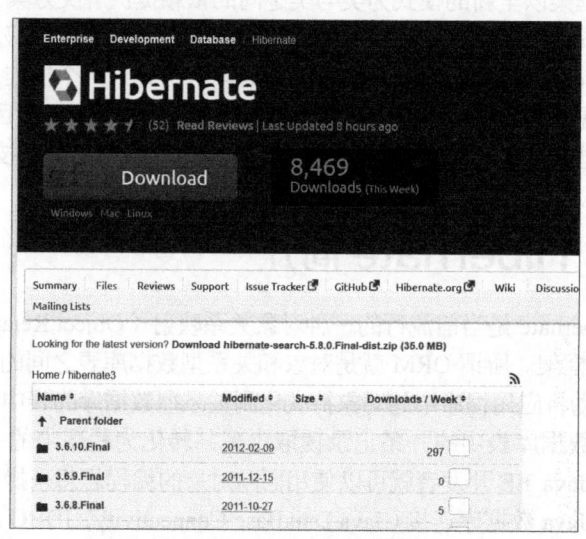

图 1.2　Hibernate 下载页面 1

单击图 1.2 所示的 3.6.10.Final 链接，进入图 1.3 所示的下载页面。

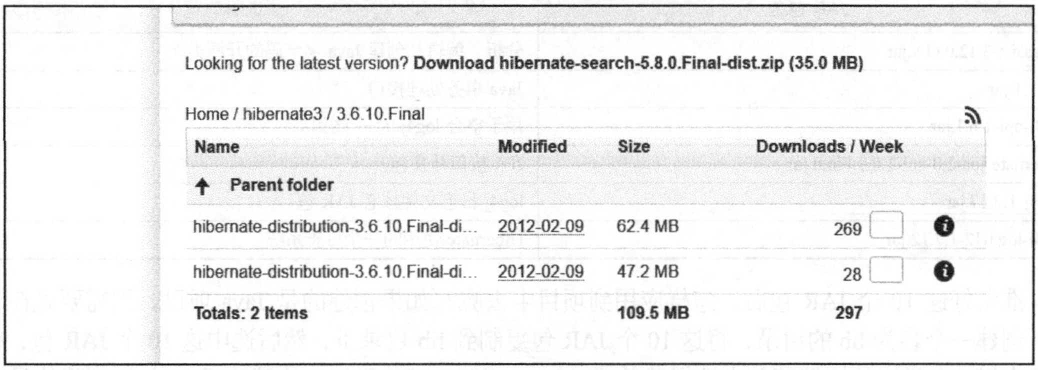

图 1.3 Hibernate 下载页面 2

下载图 1.3 所示的 hibernate-distribution-3.6.10.Final-dist.zip 压缩包，解压后的文件结构如图 1.4 所示。

图 1.4 Hibernate 压缩包的文件结构

Hibernate 3.6.10 解压目录下的 hibernate3.jar 是 Hibernate 3.6.10 的核心 JAR 包。在 lib/required 子目录中，还包含图 1.5 所示的 JAR 包。

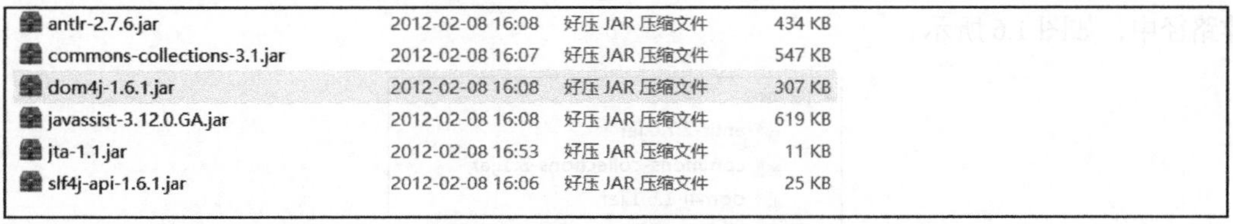

图 1.5 required 子目录中的 JAR 包

此外，在 lib/jpa 下还有一个 hibernate-jpa-2.0-api-1.0.1.Final.jar 包，图 1.4 和图 1.5 中的 8 个 JAR 包都是运行 Hibernate 项目时必需的 JAR 包。此外还需要 log4j-1.2.17.jar 和 slf4j-log4j12-1.7.12.jar 这两个 JAR 包用于整合 Hibernate 的日志系统到 log4j（这两个 JAR 包需要另外上网搜索下载）。所以 Hibernate 的开发一共需要用到 10 个 JAR 包。这 10 个 JAR 包的简要说明如表 1.1 所示。

表 1.1 Hibernate 所需的 10 个 JAR 包的简要说明

JAR 包名	说明
hibernate3.jar	Hibernate 的核心类库
antlr-2.7.6.jar	实现从 HQL 到 SQL 转换的语言转换工具
commons-collections-3.1.jar	用来增强 Java 集合处理能力的工具集
dom4j-1.6.1.jar	用来读写 XML（eXtensible Markup Language，可扩展标记语言）的 API（Application Programming Interface，应用程序编程接口）

续表

JAR 包名	说明
javassist-3.12.0.GA.jar	分析、编辑和创建 Java 字节码的开源类库
jta-1.1.jar	Java 事务处理接口
slf4j-api-1.6.1.jar	用于整合 log4j 的一个接口
hibernate-jpa-2.0-api-1.0.1.Final.jar	JPA 接口开发包
log4j-1.2.17.jar	log4j 日志文件核心 JAR 包
slf4j-log4j12-1.7.12.jar	Hibernate 使用的一个日志系统

准备好这 10 个 JAR 包后，怎样应用到项目中去呢？如果创建的是 Java 项目，则需要先在该项目下创建一个名为 lib 的目录，将这 10 个 JAR 包复制到 lib 目录下，然后选中这 10 个 JAR 包，单击鼠标右键，在弹出的快捷菜单中选择菜单"add to build path"（添加到构建路径）。如果创建的是 Java Web 项目，则需先将这 10 个 JAR 包复制到 WebContent/WEB-INF/lib 目录下，然后进行同样的添加到构建路径的操作。这样，Hibernate 的开发环境就初步搭建好了。

1.3 第一个 Hibernate 项目

下面通过一个简单的项目案例来讲解使用 Hibernate 的基本流程。

项目案例：使用 Hibernate+MySQL 数据库实现对学生信息的增、删、改、查操作。详细步骤如下。

1.3.1 创建项目并导入 JAR 包

首先在 Eclipse 中创建一个 Web 项目 ssh01，将表 1.1 中 Hibernate 所需的 10 个 JAR 包复制到项目的 WEB-INF/lib 目录中，此外，因为还要连接 MySQL 数据库，所以需要添加 MySQL 的驱动包（本书中使用的 MySQL 的驱动版本是 mysql-connector-java-5.1.21.jar）。复制好 11 个 JAR 包后，添加到构建路径中，如图 1.6 所示。

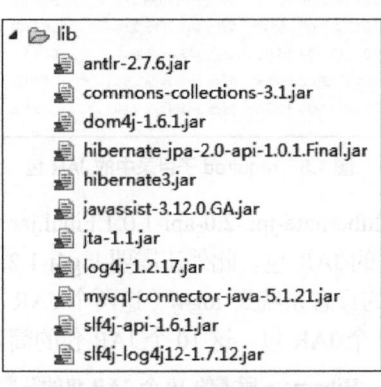

图 1.6　Hibernate 所需的 JAR 包

1.3.2 创建数据库及表

本书使用的数据库为 MySQL 5.7.18，客户端使用 SQLyog。下面在 MySQL 中创建一个名为 studentdb 的数据库，并在此数据库中创建一个名为 student 的数据表。表中有 4 个字段，分别为 id、studentname、gender、age，其中主键为 id，设置为自动增长。表 student 的结构如图 1.7 所示。

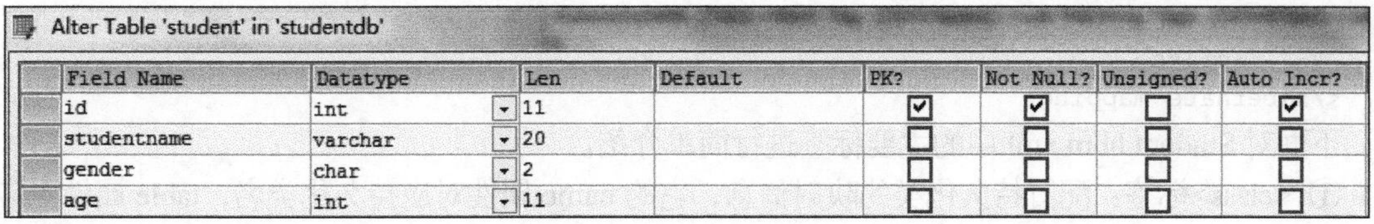

Field Name	Datatype	Len	Default	PK?	Not Null?	Unsigned?	Auto Incr?
id	int ▼	11		☑	☑	☐	☑
studentname	varchar ▼	20		☐	☐	☐	☐
gender	char ▼	2		☐	☐	☐	☐
age	int ▼	11		☐	☐	☐	☐

图 1.7　表 student 的结构

1.3.3　创建持久化类

接下来需要为数据库表 student 编写对应的名为 Student 的持久化类（实体类）。持久化类与数据库表相对应，持久化类的属性的名称、个数、类型都与数据库表的列名、个数、类型一一对应。在项目 src 目录下创建 com.seehope.entity 包，在包中创建持久化类 Student，并在类中创建与 student 数据表中的字段对应的属性，以及相应的 getter（获得属性值的方法）和 setter（设置属性值的方法），代码如下所示。

```
package com.seehope.entity;
public class Student {
    private Integer id;              //主键id
    private String studentName;     //学生姓名
    private String gender;          //性别
    private Integer age;            //年龄
    //省略 getter()、setter()方法
    @Override
    public String toString() {
        return "Student[id=" + id + ", studentname=" + studentName + ", age=" + age +
", gender=" + gender + "]";
    }
}
```

1.3.4　创建映射文件

映射文件的作用是告知 Hibernate 的持久化类映射到数据库中的哪个表，并进一步精确地指定持久化类中的哪个属性对应数据库表中的哪个字段。

在持久化类 Student 所在包中，新建一个名称为 Student.hbm.xml 的映射文件，在该文件中指定持久化类 Student 与数据库 studentdb 中的数据表 student 对应，以及持久化类 Student 中的每一个属性与数据表 student 的字段一一对应，具体代码如下。

```
<?xml version='1.0' encoding='UTF-8'?>
<!DOCTYPE hibernate-mapping PUBLIC
    "-//Hibernate/Hibernate Mapping DTD 3.0//EN"
    "http://www.hibernate.org/dtd/hibernate-mapping-3.0.dtd">
<hibernate-mapping>
    <!-- name 代表的是持久化类名，table 代表的是表名 -->
    <class name="com.seehope.entity.Student" table="student">
        <!-- name=id代表的是持久化类Student中的属性;column=id代表的是数据表student中的字段 -->
        <id name="id" column="id">
            <generator class="native"></generator><!-- 主键生成策略，这里表示主键由数据库生成-->
        </id>
        <!-- 其他属性用<property>标签来映射 -->
        <property name="studentName" column="studentname" type="string"></property>
        <property name="gender" column="gender" type="string"></property>
```

```
        <property name="age" column="age" type="integer"></property>
    </class>
</hibernate-mapping>
```

下面对 Student.hbm.xml 中的主要标签进行简单介绍。

① <class>标签：配置持久化类的映射信息，它的 name 属性对应持久化类名，table 属性对应数据库中的表名。

② <class>标签下必须有一个<id>标签，用来定义持久化类的主键属性（对应数据库表中的主键）。<id>标签的 name 属性对应持久化类的主键属性，column 属性对应数据库表的主键列。<id>标签下还可以有<generator>子标签，用于指定主键的生成策略。这里设置成 "native"，表示主键由数据库自动生成而不是在程序中指定。

③ <class>标签下除了<id>标签还有<property>标签，用于映射实体对象的普通属性，其 name 属性对应实体中的普通属性，column 属性对应数据库表中的普通字段（非主键），type 属性表示其属性的数据类型。

1.3.5　创建核心配置文件

Hibernate 的配置文件主要用来配置数据库连接及 Hibernate 运行时所需要的各个属性的值，具体含义请见下面代码中的注释说明。在项目 src 目录下创建一个名为 hibernate.cfg.xml 的文件，代码如下。该文件将会在 1.5 节中详细介绍。

```
<?xml version='1.0' encoding='UTF-8'?>
<!-- 配置文件的 dtd 信息 -->
<!DOCTYPE hibernate-configuration PUBLIC "-//Hibernate/Hibernate Configuration DTD
3.0//EN"
    "http://hibernate.sourceforge.net/hibernate-configuration-3.0.dtd">
<hibernate-configuration>
    <session-factory>
        <!-- 配置数据库方言 -->
        <property name="hibernate.dialect">org.hibernate.dialect.MySQL5Dialect</property>
        <!-- 指定数据库驱动 -->
        <property name="hibernate.connection.driver_class">com.mysql.jdbc.Driver
    </property>
        <!--连接数据库 URL -->
        <property name="hibernate.connection.url">jdbc:mysql://localhost:3306/studentdb
    </property>
        <!--数据库用户账号 -->
        <property name="hibernate.connection.username">root</property>
        <!-- 数据库用户密码 -->
        <property name="hibernate.connection.password">root</property>
        <!-- 其他一些配置 -->
        <!--是否在控制台显示 SQL -->
        <property name="hibernate.show_sql">true</property>
        <!--是否格式化 SQL -->
        <property name="hibernate.format_sql">true</property>
        <!--将映射文件关联到了 Hibernate 的配置文件中，该文件随即加载进来 -->
        <mapping resource="com/seehope/entity/Student.hbm.xml"/>
    </session-factory>
</hibernate-configuration>
```

注意： 如果是 MySQL 8.0 版的数据库，需要导入 mysql-connector-java-8.0.16.jar 代替 mysql-connector-java-5.1.21.jar，而且上述配置中的数据库驱动和连接数据库 URL 也有所不同，修改如下。

```
<!-- 指定数据库驱动 -->
        <property name="hibernate.connection.driver_class">com.mysql.cj.jdbc.Driver
    </property>
        <!--连接数据库 URL -->
        <property name="hibernate.connection.url">jdbc:mysql://localhost:3306/student?
    useSSL=false&amp;serverTimezone=UTC</property>
```

1.3.6　创建测试类进行增、删、改、查操作

在项目中新建一个名为 com.seehope.test 的包，然后创建文件 Main.java。接下来，在该文件中创建 4 个方法，分别进行增、删、改、查操作，具体步骤如下。

1. 添加数据

首先，在 Main 类中编写添加数据的方法 insertTest()，实现添加一个学生信息的功能，代码如下所示。

```java
public class Main {
    @Test
    public void insertTest() {
        //1.加载 hibernate.cfg.xml 配置文件
        Configuration config = new Configuration().configure();
        //2.获取 SessionFactory 实例
        SessionFactorysessionFactory = config.buildSessionFactory();
        //3.获取一个 Session 实例
        Session session = sessionFactory.openSession();
        //4.开启事务
        Transaction t = session.beginTransaction();
        //5.操作对象
        //5.1 创建对象并给属性赋值
        Student stu = new Student();
        stu.setStudentName("黄飞鸿");
        stu.setAge(20);
        stu.setGender("男");
        //5.2 保存对象，将对象持久化到数据表中
        session.save(stu);
        //6.提交事务
        t.commit();
        //7.关闭相关资源
        session.close();
        sessionFactory.close();
    }
}
```

使用 JUnit 4 测试运行 insertTest()后在 MySQL 数据库中查询数据表 student 的数据，如图 1.8 所示。

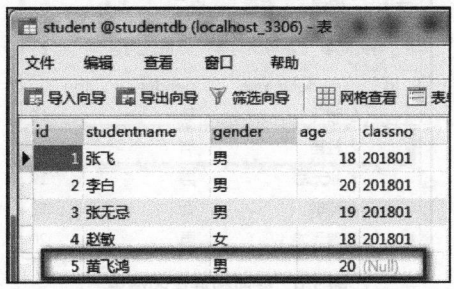

图 1.8　数据表 student 的数据

从图 1.8 中可以看出，数据表 student 中添加数据成功。这里添加数据的关键方法是 session.save(stu)，给人的感觉是保存了 student 对象 stu，而实际结果是数据库中新添加了一条记录。这正是 Hibernate 的重要特性：通过操作对象就能实现数据库的操作。

2. 修改数据

在 Main 类中添加 updateTest()方法，使用 Hibernate 修改 id 为 2 的数据，代码如下所示。

```
@Test
public void updateTest() {
    //1.加载 hibernate.cfg.xml 配置
    Configuration config = new Configuration().configure();
    //2.获取 SessionFactory 实例
    SessionFactory sessionFactory = config.buildSessionFactory();
    //3.获取一个 Session 实例
    Session session = sessionFactory.openSession();
    //4.开启事务
    Transaction t = session.beginTransaction();
    //5.操作对象
    //5.1 创建对象
    Student stu = new Student();
    stu.setId(2);
    stu.setStudentName("杜甫");
    stu.setAge(22);
    stu.setGender("男");
    //5.2 将数据更新到数据表中
    session.update(stu);
    //6.提交事务
    t.commit();
    //7.关闭相关资源
    session.close();
    sessionFactory.close();
}
```

Hibernate 修改数据的基本方法与其保存数据的方法大体相同，只是后面创建了一个对象，且该对象的 id 是要在数据库表中事先存在的，其他属性值则可以设置成与数据库表中对应的值不同。最后通过 session.update()方法执行更新操作，表面上给人的感觉是更新对象 stu，实际上数据会更新到数据库中。

使用 JUnit 4 测试运行 updateTest()方法，其结果如图 1.9 所示，可发现 id 为 2 的记录已由李白改成了杜甫。

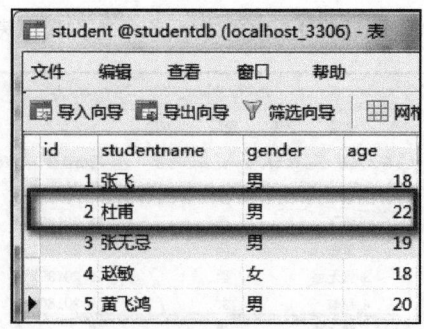

图 1.9　修改数据后的结果

3. 查询单个对象数据

在文件 Main.java 中，添加一个名为 **getByIdTest()** 的方法，用于根据指定 id 查询数据库中的数据。这里查询 id 为 1 的学生数据，代码如下所示。

```java
@Test
public void getByIdTest() {
    //1.加载 hibernate.cfg.xml 配置
    Configuration config = new Configuration().configure();
    //2.获取 SessionFactory 实例
    SessionFactory sessionFactory = config.buildSessionFactory();
    //3.得到一个 Session 实例
    Session session = sessionFactory.openSession();
    //4.开启事务
    Transaction t = session.beginTransaction();
    //5.操作对象
    //根据 id 查找结果，可以使用 get()、load() 方法
    Student stu = (Student) session.get(Student.class, 1);
    //Student stu = (Student) session.load(Student.class, 1);
    System.out.println("姓名: "+stu.getStudentName());
    System.out.println("年龄: "+stu.getAge());
    System.out.println("性别: "+stu.getGender());
    //6.提交事务
    t.commit();
    //7.关闭相关资源
    session.close();
    sessionFactory.close();
}
```

查询操作使用了 **get()** 方法。该方法有两个参数，第一个参数指定要操作的类，第二个参数 id 指明要查找的对象的主键。该方法用于从数据库中查找到指定主键的数据并将该数据封装成对象数据。使用 JUnit 4 测试运行 **getByIdTest()** 方法后，控制台的显示结果如图 1.10 所示。

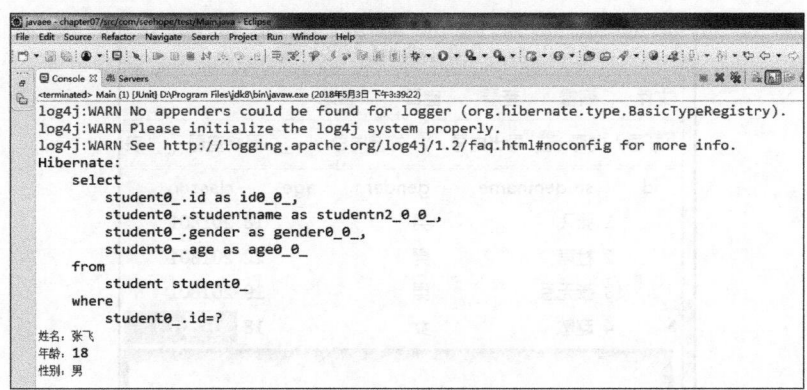

图 1.10　查询结果

图 1.10 所示的结果分析：控制台头部出现了 3 行红色警告信息（前 3 行）。这是因为没有配置 log4j，这里可以不必理会；接着出现了黑色的 SQL 语句信息，这是由于在 hibernate.cfg.xml 文件中配置了显示 SQL 语句和格式化 SQL 的配置信息，因此 Hibernate 发出了 SQL 语句信息，向数据库查询需要的数据；最后出现的是查询结果。

除了使用 Session 的 **get()** 方法查找指定 id 的数据，还有 Session 的 **load()** 方法也可实现同样的功

能。两者区别在于：使用 get()方法加载数据时，如果要查找的记录不存在，则返回 null，不会报错；使用 load()方法加载数据时，如果要查找的记录不存在，则会报出 ObjectNotfoundException 异常。

4. 删除数据

在 Main 类中增加一个名为 deleteByIdTest()的方法后，再使用 Hibernate 删除一条记录（这里删除 id 为 5 的学生数据），代码如下所示。

```
@Test
public void deleteByIdTest() {
    //1.加载 hibernate.cfg.xml 配置
    Configuration config = new Configuration().configure();
    //2.获取 SessionFactory 实例
    SessionFactory sessionFactory = config.buildSessionFactory();
    //3.获取一个 Session 实例
    Session session = sessionFactory.openSession();
    //4.开启事务
    Transaction t = session.beginTransaction();
    //5.操作对象
    //先查询
    Student stu = (Student) session.get(Student.class, 5);
    //再删除
    session.delete(stu);
    //6.提交事务
    t.commit();
    //7.关闭相关资源
    session.close();
    sessionFactory.close();
}
```

首先通过 get()方法获得要删除的对象，然后使用 Session 的 delete()方法将该对象作为参数，从而在数据库中将它删除。从图 1.11 中可以看出，数据表 student 中少了第 5 条，这说明该记录已被成功删除了。

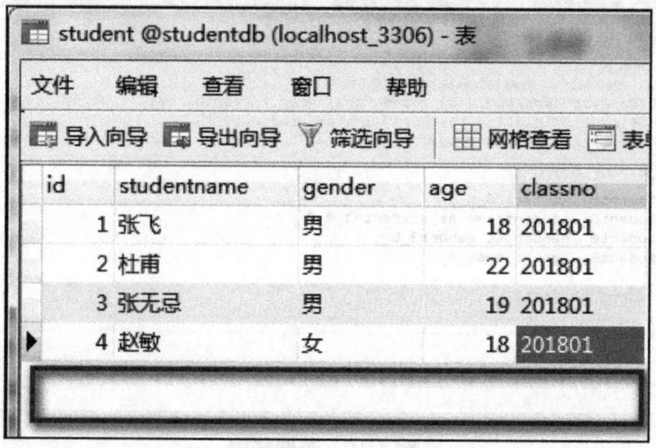

图 1.11　删除操作后的 student 表

1.4　映射文件详解

Hibernate 映射文件用于配置将 POJO 对象持久化到关系型数据库中时所需的相关信息。一个持久化类对应一个映射文件。映射文件的基本结构如下所示。

```
<?xml version='1.0' encoding='UTF-8'?>
<!DOCTYPE hibernate-mapping PUBLIC
"-//Hibernate/Hibernate Mapping DTD 3.0//EN"
"http://www.hibernate.org/dtd/hibernate-mapping-3.0.dtd">
<hibernate-mapping>
    <class name="A" table="B">
        <!—name 表示持久化类名，table 表示对应的数据库表名 -->
        <id name="id" column="id">
            <!-- name="id"代表的是 A 类中的属性；column="id"代表的是 B 表中的字段 -->
            <generator class="native"></generator><!-- 主键生成策略 -->
        </id>
        <!-- 其他属性用 property 标签来映射，表示 A 类中的 aaa 属性对应 B 表中的 bbb 属性 -->
        <property name="aaa" column="bbb" type="string"></property>
    </class>
</hibernate-mapping>
```

其中的主要标签说明如下。

1. <class>标签

<class>标签可用来声明一个持久化类并且指定 Java 持久化类与数据库表之间的映射关系，其常用属性说明如表 1.2 所示。

表 1.2　<class>标签的常用属性及其含义说明

属性名	说明
table	指定持久化类对应的数据库表名
name	指定持久化类的全限定类名
lazy	指定是否使用类级别的延迟加载

2. <id>标签

<id>标签可用来设定持久化类的 OID（全称为 Object Identifier，中文名称为对象标识符，它能唯一地标识一个对象，与表的主键类似）和数据库表的主键的映射关系，其常用属性如表 1.3 所示。

表 1.3　<id>标签的常用属性及其含义说明

属性名	说明
name	指定持久化类中 OID 的属性名
type	指定持久化类中 OID 属性的数据类型
column	指定数据库表的主键字段的列名

3. 主键生成策略

<id>标签还有一个可选的子标签<generator>，用于指定主键的生成方式，也称为主键生成策略。主键既可以通过程序指定，也可以由数据库自动生成，但数据库自动生成主键的方式因数据库类型的不同而有所差别，例如 MySQL 的主键可以通过自增长实现，SQL Server 的主键通过标识列实现，而 Oracle 的主键要通过序列才能实现。通过<generator>标签，就可以指定这些不同的实现方式。

Hibernate 提供了几个内置的主键生成策略，如表 1.4 所示。

表 1.4　主键生成策略

名称	描述
increment	以自动增长的方式生成唯一标识符，每次增长 1，适用于 long、short 或 int 类型
identity	由数据库本身提供的主键生成标识符，适用于支持自动增长数据类型的数据库，如 SQL Server 数据库、MySQL 数据库

续表

名称	描述
sequence	由数据库序列生成标识符，适用于支持序列的数据库如 Oracle
native	根据数据库对自动生成标识符的能力来选择 identity、sequence、hilo 3 种生成器中的一种。这样就能同时适用多种数据库
assigned	在代码中给定主键，如果未指定 id 的 generator 属性，默认使用该主键生成策略

4. <property>标签

<property>标签可用来指定持久化类的普通属性与数据库表中的普通字段的映射关系。<property>标签的常用属性有 name、column 和 type。其中，name 用于指定持久化类中的属性名；column 用于指定数据库表中的对应字段名；type 用于指定持久化类的属性的数据类型。

1.5 配置文件详解

1.5.1 基本配置

配置文件 hibernate.cfg.xml 使用<property>标签来配置 Hibernate 连接数据库的一些重要信息，如数据库的方言、驱动、URL、用户名和密码等，并使用<mapping>标签来加载映射文件的信息。文件名称固定为 hibernate.cfg.xml，一般放置在 src 目录下。配置文件 hibernate.cfg.xml 的常见配置参见 1.3.5 节，其常用属性及用途如表 1.5 所示。

表 1.5 hibernate.cfg.xml 属性及用途

名称	用途
hibernate.dialect	指定数据库方言
hibernate.connection.driver_class	指定数据库驱动程序
hibernate.connection.url	指定数据库 URL
hibernate.connection.username	指定数据库用户名
hibernate.connection.password	指定数据库密码
hibernate.connection.show_sql	指定是否在控制台上输出 SQL 语句（设置 true 或 false）
hibernate.connection.format_sql	指定是否格式化控制台输出的 SQL 语句（设置 true 或 false）
hibernate.hbm2ddl.auto	指定当创建 SessionFactory 时，是否根据映射文件自动验证表结构或自动创建、自动更新数据库表结构。该参数的取值为 validate、update、create 和 create-drop
hibernate.connection.autocommit	指定事务是否自动提交

1.5.2 配置 C3P0 连接池

在 Hibernate 中可以使用 C3P0 连接池进行连接，以提高数据库连接的性能与效率。在下载的 Hibernate 解压缩包的 lib 目录下的子目录 optional 中找到 C3P0 的 JAR 包 c3p0-0.9.1.jar，将其复制到项目 ssh01 的 WebContent/WEB-INF/lib 下，并添加到构建路径，然后在 hibernate.cfg.xml 中新添加如下代码。

```
<!-- C3P0 连接池 -->
        <!-- 使用 C3P0 连接池配置连接池供应商 -->
<property name="connection.provider_class">org.hibernate.connection.C3P0Connection Provider
</property>
        <!-- 连接池中可用的数据库连接的最少数目 -->
        <property name="c3p0.min_size">10</property>
        <!-- 连接池中可用的数据库连接的最多数目 -->
```

```
<property name="c3p0.max_size">30</property>
<!-- 设定数据库连接的过期时间,以毫秒为单位。如果连接池的某个数据库连接处于空闲状态的时间超过了
timeout,则该连接就会被从连接池中清除 -->
<property name="c3p0.timeout">120</property>
<!-- 每 3000 秒检查所有连接池中的空闲连接,以秒为单位 -->
<property name="c3p0.idle_test_period">3000</property>
```

使用 JUnit 4 运行测试类 Main 中的 insertTest() 方法。查看数据库,若插入数据成功,则表明 C3P0 连接池的配置成功。

1.6　Hibernate 持久化对象的状态

持久化指将 Java 运行时的对象的相关数据永久地存储到关系型数据库中。在 Hibernate 中,根据内存中的对象与数据库表中对应记录是否同步关联,持久化对象可分为 3 种状态,分别是瞬时状态、持久状态和游离状态。

1.6.1　持久化对象的状态

1. 瞬时状态

瞬时状态(Transient)指内存中的对象刚刚创建(new)出来,还没有与 Session 关联,与数据库中的数据无任何关联,在数据库中没有对应的记录,在内存中孤立存在着,若无其他操作或引用,则该对象最后将会被 JVM(Java Virtual Machine,Java 虚拟机)当作垃圾回收。瞬时状态对象没有持久化标识 OID。

2. 持久状态

持久状态(Persistent)对象与 Session 关联,且关联的 Session 尚未关闭,在数据库有对应的记录,持久状态对象有持久化标识 OID。

3. 游离状态

当持久化对象关联的 Session 关闭时,该对象就变成了游离状态(Detached)。虽然此时对象仍有 OID,并且数据库中有对应的记录,但该对象没有与 Session 关联,Hibernate 已检测不到它的变化。

1.6.2　持久化对象状态转换

Hibernate 持久化对象的 3 种状态,可以通过 Session 的一系列方法进行转换,如图 1.12 所示。

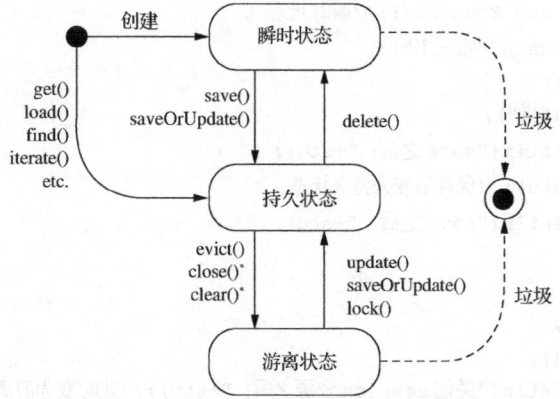

图 1.12　Hibernate 持久化对象的状态转换

持久化对象的三种状态转换的具体描述如下。

1. 瞬时状态对象转换到其他状态

刚刚创建的对象处于瞬时状态。

瞬时状态转换为持久状态：执行 Session 的 save()或 saveOrUpdate()方法。

瞬时状态转换为游离状态：为瞬时状态对象设置持久化标识 OID。瞬时状态和游离状态都没有 Session 的关联，它们的区别在于瞬时状态对象没有 OID，游离状态对象存在 OID。

2. 持久状态对象转换到其他状态

持久化对象可以通过 Session 的 get()、load()方法，或者 Query 查询从数据库中获得。

持久状态转换为瞬时状态：执行 Session 的 delete()方法，持久化对象被删除后，虽然在内存中仍然存在，但不建议再使用，其会由 JVM 自行回收。

持久状态转换为游离状态：执行 Session 的 evict()、close()或 clear()方法。evict()方法用于清除一级缓存中的某一对象。close()方法用于关闭 Session，清除一级缓存。clear()方法用于清除一级缓存的所有对象。

3. 游离状态对象转换到其他状态

游离状态对象不能直接获得，只能由其他状态对象转换而来。游离状态对象转换到其他状态方法如下。

游离状态转换为持久状态：执行 Session 的 update()、saveOrUpdate()或 lock()方法。

游离状态转换为瞬时状态：将游离状态对象的持久化标识 OID 设置为 null。例如，在 BookTest 类中的 session.close()的后面加入代码 book.setId(null)，在程序执行完 book.setId(null)代码后，book 对象由游离状态转换为瞬时状态。持久化对象的状态实例如下。

（1）在 ssh01 项目中的 com.seehope.test 包下新建 TestState 测试类，代码如下。

```
@Test
public void test1() {
    //1.加载 hibernate.cfg.xml 配置
    Configuration config = new Configuration().configure();
    //2.获取 SessionFactory
    SessionFactory sessionFactory = config.buildSessionFactory();
    //3. 获取一个 Session 实例
    Session session = sessionFactory.openSession();
    //4.开启事务
    Transaction t = session.beginTransaction();
    //5.操作对象
    Student stu = new Student();//瞬时状态
    stu.setStudentName("张三丰");
    stu.setAge(18);
    stu.setGender("男");
    System.out.println("save 之前: "+stu);
    session.save(stu);//保存后变为持久状态
    System.out.println("save 之后: "+stu);
    //6.提交事务
    t.commit();
    //7.关闭相关资源
    session.close();
    System.out.println("关闭 session 资源之后: "+stu);//此时变为游离状态
    stu.setId(null);
```

```
System.out.println("OID 设置为空后："+stu);//此时变为瞬时状态
}
```

在上述代码中，stu 对象由 new 关键字创建，此时还未与 Session 进行关联，它的状态为瞬时状态；在执行 session.save(stu)操作后，stu 对象被纳入 Session 的管理范围，这时的 stu 对象变成持久状态；程序执行完 commit()操作并关闭 Session 后，stu 对象与 Session 的关联被关闭，此时 stu 对象就变成游离状态；最后游离状态清除了 OID，stu 对象又变成瞬时状态。

（2）使用 JUnit 4 测试运行，结果如图 1.13 所示。

```
log4j:WARN No appenders could be found for logger (org.hibernate.type.BasicTypeRegistry).
log4j:WARN Please initialize the log4j system properly.
log4j:WARN See http://logging.apache.org/log4j/1.2/faq.html#noconfig for more info.
save之前: Student [id=null, studentname=张三丰, age=18, gender=男]
Hibernate:
    insert
    into
        student
        (studentname, gender, age)
    values
        (?, ?, ?)
save之后: Student [id=13, studentname=张三丰, age=18, gender=男]
关闭资源之后: Student [id=13, studentname=张三丰, age=18, gender=男]
```

图 1.13　运行结果

从图 1.13 中可以看出，在执行 save()方法之前，id 的值为 null，这时 stu 对象属于瞬时状态。在执行了 save()方法之后，stu 对象的 id 的值为 13（持久化标识 OID），表明 stu 对象变成了持久状态。这也证明了瞬时状态对象和持久状态对象的区别是：持久状态对象有 OID 值，并且与 Session 进行了关联。当程序继续向下执行至 session.close()时，stu 对象脱离 Session 的管理，此时 stu 对象变成游离状态，但 stu 对象的 OID 值依然存在，这也证明了游离状态对象与持久状态对象的相同点是都有 OID 值，不同点就是游离状态对象没有了 Session 关联。

1.7　Hibernate 的核心接口简介

在 Hibernate 中有 Configuration、SessionFactory、Session、Transaction、Query、Criteria 6 个常用的核心接口。下面简单介绍前面 4 个接口（后面 2 个接口会在后续的内容中介绍）。

1.7.1　Configuration

Configuration 是最先用到的一个接口，使用 Hibernate 时，首先要创建 Configuration 实例才能开启其他一系列操作。Configuration 实例主要用于启动、加载和管理 Hibernate 的配置文件。Hibernate 启动时，Configuration 实例会查找 Hibernate 配置文件 hibernate.cfg.xml，读取其相关配置，然后创建唯一的 SessionFactory 实例。创建完 SessionFactory 后，Configuration 实例的生命周期结束。

Hibernate 使用下述代码创建 Configuration 实例。

```
Configuration config = new Configuration().configure();
```

这种方法默认会去 src 下读取配置文件 hibernate.cfg.xml。如果配置文件不是放在 src 下也是可以的，但需要指定其实际位置，如下面的代码所示。

```
Configuration config = new Configuration().configure("XML 配置文件位置");
```

1.7.2　SessionFactory

SessionFactory 实例通过 Configuration 实例获取，用于 Hibernate 的初始化和建立 Session 对象，其获取过程如下代码所示。

```
SessionFactory sessionFactory = config.buildSessionFactory();
```

由于 SessionFactory 是线程安全的，它的同一个实例能同时被多个线程共享，并且它是重量级的，不能随便创建和销毁它的实例，因此一个项目中一般只需要一个 SessionFactory 实例就行了（除非一个项目有多个数据源才需要创建多个 SessionFactory 实例），根据这种情况，没必要为每一个操作都重新创建 SessionFactory 实例。例如 ssh01 项目的 Main 类中有增、删、改、查 4 个操作（方法），每个操作都重新创建 SessionFactory 实例，这是没必要的，这 4 个操作可以共用一个 SessionFactory 实例。通常会抽取一个名为 HibernateUtils 的工具类，在该工具类中创建一个静态的 SessionFactory 对象，供各个方法调用。这样，各个方法就能共用一个 SessionFactory 实例，HibernateUtils 工具类中还提供了创建 Session 实例的方法。该工具类的具体使用参见 1.7.3 节。

1.7.3　Session

Session 是 Hibernate 向应用程序提供的操作数据库的接口，它提供了基本的保存、更新、删除和查询的方法。Session 实例由 SessionFactory 实例的 openSession()方法或 getCurrentSession()方法获得。区别是前者要手动关闭，后者则是在提交或回滚时自动关闭。

Session 有以下特点。

① 它不是线程安全的，因此在软件设计时，应该避免多个线程共享同一个 Session 实例。

② Session 实例是轻量级的，它的创建和销毁不需要消耗太多的资源。在程序中可以多次创建和销毁 Session 实例，例如可以为每个方法单独分配一个 Session 实例。

③ Session 还有一个缓存，称为 Hibernate 的一级缓存，用于存放被当前工作单元加载的对象。每个 Session 实例都有自己的缓存，这个 Session 实例的缓存只能被当前工作单元访问。

Session 主要提供下面几种方法。

（1）save()：添加对象，将瞬时状态对象数据存入数据库并变为持久状态。它使用映射文件指定的主键生成器为持久化对象分配唯一的 OID。

（2）update()：修改对象，将游离状态对象转变为持久状态。

（3）saveOrUpdate()：同时包含了 save()与 update()方法的功能，如果传入的参数是瞬时状态对象，则调用 save()方法；如果传入的参数是游离状态对象，则调用 update()方法；如果传入的是持久化对象，则直接返回。

（4）load()/get()：两者都是根据给定的 OID 从数据库中加载一个持久化对象。区别在于，当数据库中不存在与 OID 对应的记录时，load()方法会抛出 ObjectNotFoundException 异常，而 get()方法返回 null。

（5）delete()：用于从数据库删除一个 Java 对象，该方法传入的参数既可以是持久状态对象，也可以是游离状态对象。如果传入的参数是游离状态对象，则会先使游离状态对象被当前 Session 关联，转化为持久状态对象；如果传入的参数是持久状态对象则没有这一步。然后执行 SQL 的 delete 语句，在数据库中删除该对象对应的记录，最后将该对象从 Session 的缓存中删除。

（6）evict()：从缓存中清除参数指定的持久状态对象。

（7）clear()：清空缓存中所有的持久化对象。

使用下述案例中的 HibernateUtils 工具类可以完美地实现 SessionFactory 实例被多个方法（增、删、改、查操作各一个方法）共享的功能，而 Session 实例则由各个方法独立创建。这可以大大简化代码。

项目案例： 使用工具类简化第一个项目。

（1）在 src 目录中新建 com.seehope.util 包，然后在该包下新建文件 HibernateUtils.java，其中包含类 HibernateUtils，该类的参考代码如下所示。

```
public class HibernateUtils {
    //声明一个私有的静态 final 类型的 Configuration 对象
    private static final Configuration config;
    //声明一个私有的静态 final 类型的 SessionFactory 对象
    private static final SessionFactory factory;
    //通过静态代码块初始化 SessionFactory
    static {
        config = new Configuration().configure();
        factory = config.buildSessionFactory();
    }
    //提供一个公有的静态方法供外部获取，并返回一个 Session 对象
    public static Session getSession() {
        return factory.openSession();
    }
}
```

有了上述 HibernateUtils 工具类，其他类就可以直接通过 HibernateUtils.getSession()方法获取
Session 对象，从而简化操作。

（2）下面对 Main 类中的 4 个方法进行简化。在 com.seehope.test 包下新建测试类 Main2，简化原
来 Main 类的 4 个方法如下。

```
public class Main2 {
    //@Test
    public void insertTest() {
        Session session = HibernateUtils.getSession();
        Transaction t = session.beginTransaction();
        Student stu = new Student();
        stu.setStudentName("黄飞鸿");
        stu.setAge(20);
        stu.setGender("男");
        session.save(stu);
        t.commit();
        session.close();
    }
    //@Test
    public void updateTest() {
        Session session = HibernateUtils.getSession();
        Transaction t = session.beginTransaction();
        Student stu = new Student();
        stu.setId(2);
        stu.setStudentName("杜甫");
        stu.setAge(22);
        stu.setGender("男");
        session.update(stu);
        t.commit();
        session.close();
    }
    @Test
    public void getByIdTest() {
        Session session = HibernateUtils.getSession();
        Transaction t = session.beginTransaction();
        Student stu = (Student) session.get(Student.class, 1);
        System.out.println("姓名："+stu.getStudentName());
        System.out.println("年龄："+stu.getAge());
```

```
                    System.out.println("性别: "+stu.getGender());
                    t.commit();
                    session.close();
            }
            //@Test
            public void deleteByIdTest() {
                    Session session = HibernateUtils.getSession();
                    Transaction t = session.beginTransaction();
                    Student stu = (Student) session.get(Student.class, 5);
                    session.delete(stu);
                    t.commit();
                    session.close();
            }
    }
```

与 Main 类相比较，可见其代码简洁不少。

1.7.4 Transaction

Transaction 是 Hibernate 的数据库事务接口。它对底层事务接口进行了封装，底层事务接口包括：JDBC API、JTA（Java Transaction API）、CORBA（Common Object Request Broker Architecture，公用对象请求代理体系结构）API。Hibernate 的应用程序可通过一致的 Transaction 接口来声明事务边界，虽然应用程序也可以绕过 Transaction 接口，直接访问底层的事务接口，但这种方法不值得推荐，因为它不利于应用程序在不同的环境移植。使用 Hibernate 进行增、删、改操作时，必须显式地调用 Transaction。

Transaction 的事务对象通过 Session 对象开启，其开启方式如下面的代码所示。

```
Transaction t = session.beginTransaction();
```

在 Transaction 接口中常用的事务管理方法如下。

① commit()方法：提交事务。

② rollback()方法：撤销事务操作。

③ wasCommitted()方法：事务是否提交。

Session 在进行了数据库的增、删、改操作后，还要使用 Transaction 的 commit()方法进行事务提交才能真正地将对象数据同步到数据库中。如果事务执行过程中发生异常，就需要使用 rollback()方法进行事务回滚，以避免数据不一致。

上机练习

在 MySQL 中创建 productdb 数据库，创建商品数据表 goods（见表 1.6），在 Eclipse 中创建一个 Hibernate 项目。注意要使用工具类 HibernateUtils。

1. 查询 id 为 4 的商品数据。

2. 添加一条新的商品数据。

3. 修改一条商品数据。

4. 删除一条商品数据。

表 1.6   商品数据表 goods

商品编号 id	商品名称 goodsname	商品单价 price/元	商品数量 quantity/台
1	电视机	5 000	100
2	电冰箱	4 000	200

商品编号 id	商品名称 goodsname	商品单价 price/元	商品数量 quantity/台
3	空调	3 000	300
4	洗衣机	3 500	400

思考题

1. 简述 Hibernate 的优缺点。
2. 简述开发 Hibernate 项目的基本流程。
3. Hibernate 持久化对象有哪几种状态?
4. Hibernate 持久化对象状态是怎样互相转化的?
5. Session 接口的特点是什么?

2 第2章 HQL 与 Criteria 查询

本章目标
- ✧ 掌握 HQL 的基本语法
- ✧ 学会在 HQL 中使用参数
- ✧ 熟练掌握 HQL 的各种复杂查询方法
- ✧ 了解 Criteria 查询

2.1 HQL 查询概述

Hibernate 查询语言（Hibernate Query Language，HQL）是一种面向对象的查询语句，形式上与 SQL 相似，但它查询的不是数据库表，而是类（对象），查询的结果通常是对象或对象的集合，而传统的 SQL 的查询结果是结构化的关系模型。

2.1.1 HQL 基本语法

1. from 子句

用于查询指定的对象集合，例如：

```
from Student
```

它指的是查询所有的学生对象，也可用下述能被更好地理解的形式：

```
from com.seehope.entity.Student
```

上述对象用了全路径类名，能直接看出这是个类，而不会被误认为是数据库表。注意 HQL 语句本身不区分大小写，但相关的 Java 包、类、属性要区分大小写。例如，from Student 这个查询语句中 Student 省略了包名是允许的，但 Student 写成 student 就不行。

2. select 子句

通常用来选取查询目标对象的部分属性，例如：

```
select studentName, age from Student
```

或者

```
select st.studentName,st.age from Student as st
```

上述语句可查询学生对象的姓名、年龄两个属性的值。

3. where 子句

用于限定查询条件，与 SQL 类似，但 where 子句中用到的是对象的属性而不是列名, 注意区别, 虽然很多时候属性名跟列名同名, 相关示例如下。

```
from Student where age<21
```

4. order by 子句

用于排序, 升序用 asc, 降序用 desc, 默认升序, 其用法与 SQL 一样。

5. 使用表达式

表达式相当于 SQL 中的各种函数。一般在 where 子句中使用表达式, 例如查询学生姓名的所有字符都转换成大写字母后为 TOM 的学生:

```
from Student where upper(studentName)='TOM'
```

查询出生年份是 2001 年的学生:

```
from Student where year(birthday)=2001
```

2.1.2　HQL 语句的执行

HQL 语句的执行流程是: 首先构建 HQL 语句, 然后创建 Query 对象, 最后使用 Query 对象的 list() 方法、iterate() 方法, 或者 uniqueResult() 方法执行查询, 获取执行结果 (返回值)。

1. 使用 list() 方法执行查询并返回值

项目案例: 查询所有学生的信息并将查询结果输出到控制台。

(1) 将第 1 章的项目复制为 ssh02, 创建测试类 HQLTest, 添加下面的方法。

```
public class HQLTest {
    @Test
    public void TestList() {
        //1.得到一个 Session
        Session session = HibernateUtils.getSession();
        Transaction t = session.beginTransaction();
        //2.构建 HQL 语句
        String hql = "from Student";
        //3.创建 Query 对象
        Query query = session.createQuery(hql);
        //4.执行查询, 返回 Student 类型的泛型集合
        List<Student> list = query.list();
        for (Student student : list) {
            System.out.println(student);
        }
        t.commit();
        session.close();
    }
}
```

(2) 运行结果如下。

```
Hibernate:
    select
        student0_.id as id1_,
        student0_.studentname as studentn2_1_,
        student0_.gender as gender1_,
        student0_.age as age1_
    from
        student student0_
Student [id=1, studentname=李白, age=18, gender=男]
Student [id=2, studentname=杜甫, age=22, gender=男]
Student [id=3, studentname=张无忌, age=19, gender=男]
```

可见 list()方法可以执行 HQL 语句并且返回 list 泛型集合。

2. 使用 iterate()方法执行 HQL 语句

项目案例：查询所有学生。

在 HQLTest 类中添加以下方法。

```
@Test
    public void TestIterate() {
        Session session = HibernateUtils.getSession();
        Transaction t = session.beginTransaction();
        String hql = "from Student";
        Query query = session.createQuery(hql);
        Iterator<Student> students = query.iterate(); //执行查询，返回 Student 类型的迭代器
        Student student=null;
        while(students.hasNext()) {
            student=students.next();
            System.out.println(student);
        }
        t.commit();
        session.close();
    }
```

运行测试，同样能够查询所有学生。

3. 使用 uniqueResult()方法执行查询

项目案例：查询姓名为李白的学生。

在 HQLTest 类中添加以下方法。

```
@Test
    public void TestUniqueResult() {
        Session session = HibernateUtils.getSession();
        Transaction t = session.beginTransaction();
        String hql = "from Student where studentName='李白'"; //假定没有重名
        Query query = session.createQuery(hql);
        Student student = (Student) query.uniqueResult();       //执行查询，返回唯一的结果
        System.out.println(student);
        t.commit();
        session.close();
    }
```

运行测试，控制台只显示一个学生的信息。

注意：在这种情况下，只能使用返回单个对象的 HQL 语句，否则会报错。

2.1.3　在 HQL 查询条件中使用参数

1. 使用占位符"?"绑定参数

HQL 查询条件往往需要用到外部传入的值进行查询，可用参数的形式接收这些外部传入的值。在 HQL 语句中可以使用一个或多个"?"占位符的方式来绑定参数。"?"占位符表示此处对应为一个输入参数，然后在执行 HQL 语句之前给这些参数赋值，使用 Query 对象的 setXxx(参数索引,参数值)方法进行赋值，其中 **Xxx** 表示参数的数据类型，与属性的 Java 类型一致。常见的 setXxx()方法如表 2.1 所示。

表 2.1　setXxx()方法

方法名	说明
setString()	给类型为 String 的参数赋值
setDate()	给类型为 Date 的参数赋值
setDouble()	给类型为 Double 的参数赋值
setBoolean()	给类型为 Boolean 的参数赋值
setInteger()	给类型为 Int 的参数赋值
setTime()	给类型为 Time 的参数赋值

setXxx(参数索引,参数值)方法里面的第一个参数表示 HQL 语句中的第几个 "?" 占位符，从 0 算起，第二个参数表示给该 "?" 占位符赋值。

项目案例：查询年龄为 18 岁且性别为男的学生。

在 HQLTest 类中添加以下方法。

```
@Test//查询年龄为 18 岁的男学生
 public void findStudents1() {
     //得到一个 Session
     Session session = HibernateUtils.getSession();
     Transaction t = session.beginTransaction();
     //编写带占位符 "?" 的 HQL
     String hql = "from Student where age=? and gender=?";
     //创建 Query 对象
     Query query = session.createQuery(hql);
     //分别给各个 "?" 占位符赋值
     query.setInteger(0, 18);
     query.setString(1, "男");
     //执行查询
     List<Student> list = query.list();
     for (Student student : list) {
         System.out.println(student);
     }
     t.commit();
     session.close();
     }
```

上述代码中，"query.setInteger(0, 18);" 表示给第一个 "?" 占位符赋值 18，值的类型是整型；"query.setString(1, "男");" 表示给第二个 "?" 占位符赋值 "男"。这样，原始的 HQL 语句 "from Student where age=? and gender=?"，将会被构建成 "from Student where age=18 and gender='男'" 这样的包含实际值的 HQL 语句再来执行。

2. 使用参数名称进行绑定

使用多个 "?" 占位符有个不方便的地方就是分别赋值时要想一想、算一算是第几个占位符，一不小心就会弄错。改用参数名称进行赋值就不会有这个问题。HQL 语句中参数名称前用 ":" 来标明。赋值时使用 setXxx(参数名称,参数值)方法。参数名称的使用规则：在 HQL 语句中用 ":" 加参数名称——代替之前的 "?" 占位符。

项目案例：查询年龄为 18 岁且性别为男的学生，通过参数名称实现绑定。

在 HQLTest 类中添加以下方法。

```
@Test//查询年龄为 18 岁的男学生
 public void findStudents2() {
```

```
                Session session = HibernateUtils.getSession();
                Transaction t = session.beginTransaction();
                //编写带参数名称的 HQL
                String hql = "from Student where age=:age and gender=:gender";
                //创建 Query 对象
                Query query = session.createQuery(hql);
                //分别给各个名称的参数赋值
                query.setInteger("age", 18);
                query.setString("gender", "男");
                //执行查询
                List<Student> list = query.list();
                for (Student student : list) {
                        System.out.println(student);
                }
                t.commit();
                session.close();
        }
```

这里的 HQL 语句中分别用 ":age" 和 ":gender" 代替之前的 "?" 占位符。在通过 setXxx()方法赋值时用参数名称代替之前的索引数字，所得到的结果同上。

2.1.4 HQL 给参数赋值的其他方法

1. 使用 setParameter()方法给参数赋值

在给 HQL 中的各个参数赋值时，需要一一判断各个参数对应的数据类型，从而调用相应的 setXxx()方法进行赋值。这种方法比较麻烦，而 setParameter()方法则是通用型的，参数为任意数据类型均可使用，解决了选用哪个 setXxx()方法的烦恼。语法如下。

setParameter(第几个占位符或参数名称,参数的值)

项目案例： 查询年龄为 18 岁的男学生。

在 HQLTest 类中添加以下方法。

```
@Test//查询年龄为 18 岁的男学生
 public void findStudents3() {
        Session session = HibernateUtils.getSession();
        Transaction t = session.beginTransaction();
        //编写带参数名称的 HQL
        String hql = "from Student where age=? and gender=?";
        //创建 Query 对象
        Query query = session.createQuery(hql);
        //分别给各个名称的参数赋值
        query.setParameter(0, 18);
        query.setParameter(1, "男");
        //执行查询
        List<Student> list = query.list();
        for (Student student : list) {
                System.out.println(student);
        }
        t.commit();
        session.close();
 }
//@Test    //查询年龄为 18 岁的男学生
public void findStudents4() {
```

```
Session session = HibernateUtils.getSession();
Transaction t = session.beginTransaction();
//编写带参数名称的 HQL
String hql = "from Student where age=:age and gender=:gender";
//创建 Query 对象
Query query = session.createQuery(hql);
//分别给各个名称的参数赋值
query.setParameter("age", 18);
query.setParameter("gender", "男");
//执行查询
List<Student> list = query.list();
for (Student student : list) {
    System.out.println(student);
}
t.commit();
session.close();
}
```

上面代码使用 setParameter()代替了 setXxx()，既适用于 "?" 占位符的情况（见上述 findStudents3()
代码），也适用于使用参数名称的情况（见上述 findStudents4()代码）。测试运行，输出的结果同前。

2. 使用 setProperties()方法给 HQL 中的参数赋值

该方法需要先实例化一个对象，并且给对象中的全部或部分属性赋值，然后调用 Query 的
setProperties(实例化对象)方法。该方法会自动提取实例化对象的各个属性值，并将这些值赋给 HQL
中同名的对应参数。

注意： HQL 中的参数的名称要与对象属性名称一致。

项目案例： 查询年龄为 18 岁的女学生。在 HQLTest 类中添加以下方法。

```
@Test //查询年龄为 18 岁的女学生
 public void findStudents5() {
     Session session = HibernateUtils.getSession();
     Transaction t = session.beginTransaction();
     //编写带参数名称的 HQL
     String hql = "from Student where age=:age and gender=:gender";
     //创建 Query 对象
     Query query = session.createQuery(hql);
     //封装一个学生对象
     Student stu=new Student();
     stu.setAge(18);
     stu.setGender("女");
     //利用学生对象的属性给 HQL 参数赋值
     query.setProperties(stu);
     //执行查询
     List<Student> list = query.list();
     for (Student student : list) {
         System.out.println(student);
     }
     t.commit();
     session.close();
 }
```

在上述代码中，HQL 语句中的两个命名参数，通过 setProperties()方法，分别由封装好的 Student
对象的对应名称的属性进行了赋值。

2.1.5 HQL 模糊查询与动态查询

动态查询适用于查询条件的个数不确定的情况，例如大家上网购物，每个人搜索商品的搜索条件数量不尽相同。setProperties()方法能够使动态查询变得很容易。首先实例化一个持久化类的对象，根据用户输入的条件数量给持久化类对象动态赋值（用户输入多少个条件就给持久化类的多少个属性赋值）。同时动态构建 HQL 语句，用户每输入一个条件，程序就增加一个相应的 HQL 参数查询条件。最后用 setProperties()给参数赋值并执行即可。

项目案例：搜索学生的条件不确定，进行动态查询。

在 HQLTest 中添加 findStudents6()方法，代码如下。

```
@Test //动态查询
public void findStudents6() {
    Session session = HibernateUtils.getSession();
    Transaction t = session.beginTransaction();
    String hql = "from Student where 1=1";
    Scanner input=new Scanner(System.in);
    Student stu=new Student();
    System.out.print("请输入学生 id, 也可输入 0 跳过: ");
    int id=input.nextInt();
    if(id!=0) {
        stu.setId(id);
        hql=hql+" and id=:id";
    }
    System.out.print("请输入学生姓名, 也可输入 0 跳过: ");
    String name=input.next();
    if(!name.equals("0")) {
        stu.setStudentName("%"+name+"%");
        hql=hql+" and studentName like :studentName";
    }
    System.out.print("请输入学生年龄, 也可输入 0 跳过: ");
    int age=input.nextInt();
    if(age!=0) {
        stu.setAge(age);
        hql=hql+" and age=:age";
    }
    System.out.print("请输入学生性别, 也可输入 0 跳过: ");
    String gender=input.next();
    if(!gender.equals("0")) {
        stu.setGender(gender);
        hql=hql+" and gender=:gender";
    }
    //创建 Query 对象
    Query query = session.createQuery(hql);
    //利用学生对象的属性给 HQL 参数赋值
    query.setProperties(stu);
    //执行查询
    List<Student> list = query.list();
    for (Student student : list) {
        System.out.println(student);
    }
    t.commit();
    session.close();
}
```

运行后，可以测试多种不同查询条件的情况。上面查询学生姓名时用到了模糊查询，模糊查询不直接在 HQL 语句中使用%符号，而是在 setXxx()方法中使用%。动态查询通过动态构建 HQL 语句，动态地给对象赋值，恰当地利用了 setProperties()这个方法。

2.1.6　HQL 投影查询

有时，用户并不需要查询一个对象的所有信息（属性），也不需要程序返回完整的对象，而只想查询一部分信息（属性）。这时可以使用 HQL 投影查询。投影查询执行后的返回结果有三种情况。

1．只查询单个属性且将查询结果封装为泛型集合

项目案例：查询所有学生的姓名。

在 HQLTest 中添加 findStudents7()方法，代码如下。

```
@Test
    public void findStudents7() {
        Session session = HibernateUtils.getSession();
        Transaction t = session.beginTransaction();
        String hql = "select studentName from Student";
        Query query = session.createQuery(hql);
        List<String> list = query.list();
        for (String studentname : list) {
            System.out.println(studentname);
        }
        t.commit();
        session.close();
    }
```

测试运行，可发现所有学生姓名都查出来了。这里只查询 studentName 属性，由于它是 String 类型，所以返回值采用 List<String>类型。类似地，如果只查询 age 属性，则返回结果采用 List<Integer>类型。

2．查询多个属性

查询多个属性的返回结果要用 List<Object[]>类型来接收。

项目案例：查询所有学生的姓名与年龄，在 HQLTest 中添加 findStudents8()方法，代码如下。

```
@Test//投影查询，查询多个属性
public void findStudents8() {
    Session session = HibernateUtils.getSession();
    Transaction t = session.beginTransaction();
    String hql = "select studentName,age from Student";
    Query query = session.createQuery(hql);
    //执行查询
    List<Object[]> list = query.list();
    for (Object[] obj : list) {
        System.out.println("学生姓名:"+obj[0]+",学生年龄:"+obj[1]);
    }
    t.commit();
    session.close();
}
```

3．将部分属性封装成对象

首先要在类中添加一个构造方法，例如，若要查询学生的姓名和年龄，就在 Student 类中新增一个带 studentName 和 age 两个参数的构造方法，然后再按下述案例所示的形式构造 HQL 语句。

项目案例：查询所有学生的姓名与年龄。

（1）在持久化类 Student 中添加一个构造方法。

```java
public Student(String studentName,Integer age) {
    this.studentName=studentName;
    this.age=age;
}
public Student() {
}
```

（2）在 HQLTest 类中添加方法 findStudents9()。

```java
//投影查询, 查询多个属性, 封装为对象
@Test
public void findStudents9() {
    Session session = HibernateUtils.getSession();
    Transaction t = session.beginTransaction();
    //编写 HQL, 将要查询的字段使用 new 构造为一个对象
    String hql = "select new Student(studentName,age) from Student";
    Query query = session.createQuery(hql);
    List<Student> list = query.list();
    for (Student student : list) {
        System.out.println("学生姓名: "+student.getStudentName()+", 学生年龄: "+student.getAge());
    }
    t.commit();
    session.close();
}
```

2.1.7　HQL 分页查询

分页查询要用到 Query 对象的 setFirstResult()方法和 setMaxResult()方法，它们的作用如下。

（1）setFirstResult()：设置需要返回的第一条记录的起始下标，下标从 0 算起，类似 MySQL 中的 limit 后的第一个参数。

（2）setMaxResult()：设置最多的返回结果的条数。类似 MySQL 中的 limit 后的第二个参数。

这两个方法要用在 Query 对象的 list()方法之前。分页查询一般还需要确定两个变量：一个是想查询第几页，这里（本项目）暂用变量名 pageNo 来表示；另一个变量就是确定一页显示几条记录，这里暂用变量名 pageSize 来表示。确定好变量后，用表达式(pageNo-1)*pageSize 作为 setFirstResult()方法的参数，用 pageSize 作为 setMaxResult()方法的参数。下面是对学生信息进行分页查询的示例。

```java
@Test
public void findStudents10() {
    Session session = HibernateUtils.getSession();
    Transaction t = session.beginTransaction();
    Scanner input=new Scanner(System.in);
    System.out.print("一页显示几条 pageSize:");
    int pageSize=input.nextInt();
    System.out.print("查询第几页 pageNo:");
    int pageNo=input.nextInt();
    String hql = "from Student";
    Query query = session.createQuery(hql);
    List<Student> list = query.setFirstResult((pageNo-1)*pageSize).setMaxResults
            (pageSize).list();
    for (Student student : list) {
        System.out.println(student);
```

```
    }
    t.commit();
    session.close();
}
```

2.1.8 HQL 聚合函数

在 HQL 语句中可以运用聚合函数，这与 SQL 一致。聚合函数有 count()、sum()、avg()、max()、min() 5 种。

注意：由于只返回单个数据，所以用 Query 的 uniqueResult()方法来执行 HQL 语句，另外整型返回的结果必须是 Long 类型。

下面的示例用于查询学生的人数。在 HQLTest 类中添加方法 findStudents11()的代码如下。

```
@Test //聚合查询，查询学生的总人数
public void findStudents11() {
    Session session = HibernateUtils.getSession();
    Transaction t = session.beginTransaction();
    String hql = "select count(id) from Student";
    Query query = session.createQuery(hql);
    Long count = (Long) query.uniqueResult();
    System.out.println("学生人数:"+count);
    t.commit();
    session.close();
}
```

2.1.9 HQL 分组查询

HQL 使用 group by 子句进行分组查询，这与 SQL 一致。下面的示例用于查询男女生的人数。在 HQLTest 类中添加方法 findStudents12()的代码如下。

```
@Test
public void findStudents12() {
    Session session = HibernateUtils.getSession();
    Transaction t = session.beginTransaction();
    String hql = "select gender,count(id) from Student group by gender";
    Query query = session.createQuery(hql);
    List<Object[]> list = query.list();
    for (Object[] obj : list) {
        System.out.println("性别："+obj[0]+", 学生人数："+obj[1]);
    }
    t.commit();
    session.close();
}
```

运行结果如下。

```
Hibernate:
    select
        student0_.gender as col_0_0_,
        count(student0_.id) as col_1_0_
    from
        student student0_
    group by
        student0_.gender
性别：女, 学生人数：2
性别：男, 学生人数：3
```

2.1.10 使用别名

HQL 语句中也可以使用别名。与 SQL 一样，HQL 中也使用关键字 as 指定别名，且 as 关键字也可以省略。在 HQLTest 类中创建一个名为 aliasTest() 的方法，该方法使用 HQL 别名的方式查询数据，代码如下所示。

```
@Test
public void aliasTest() {
    Session session = HibernateUtils.getSession();
    Transaction t = session.beginTransaction();
    String hql = "from Student as s where s.studentName = '李白'";
    Query query = session.createQuery(hql);
    List<Student> list = query.list();
    for (Student student : list) {
        System.out.println(student);
    }
    t.commit();
    session.close();
}
```

在上述代码中，s 是 Student 类的别名，在 where 条件后，使用其别名查询 studentName="李白" 的对象。

2.2 Criteria 查询

Criteria 是一个面向对象的、可扩展的条件查询 HibernateAPI。Criteria 查询与 HQL 查询的不同之处在于它不需要考虑数据库的底层实现及 HQL 语句是如何编写的。Criteria 实例化对象通过下列代码实现。

```
//创建 Criteria 对象
Criteria criteria = session.createCriteria(Student.class);
```

可见，Criteria 对象仍然由 session 创建。

2.2.1 Criteria 简单查询

创建好 Criteria 对象后，再利用 Criterion 对象设定查询条件，然后使用 Criteria 对象的 add() 方法添加查询条件，最后使用 list() 方法或 uniqueResult() 执行查询即可实现简单查询。设定 Criterion 查询条件和添加查询条件的代码如下所示。

```
//设定查询条件
Criterion criterion = Restrictions.eq("name", "张三");
//添加查询条件
criteria.add(criterion);
```

上面提到的 Criterion 是 Hibernate 中的一个面向对象的查询条件接口。Criterion 对象通过 Restrictions 类来创建。Restrictions 类中包含了大量的用来创建查询条件的静态方法，其常用的方法如表 2.2 所示。

表 2.2 Restrictions 方法

方法名	说明
Restrictions.eq	等于
Restrictions.allEq	使用 Map，使用 key/value 进行多个等于的比较

续表

方法名	说明
Restrictions.gt	大于（>）
Restrictions.ge	大于等于（>=）
Restrictions.lt	小于（<）
Restrictions.le	小于等于（<=）
Restrictions.between	对应 SQL 的 between 子句
Restrictions.like	对应 SQL 的 like 子句
Restrictions.in	对应 SQL 的 in 子句
Restrictions.and	and 关系
Restrictions.or	or 关系
Restrictions.sqlRestriction	SQL 限定查询

项目案例：使用 Criteria 查询姓名为李白的学生。

在项目 ssh02 的 com.seehope.test 包中新建一个名为 CriteriaTest 的类，在类中添加一个 criteriaTest1()方法，代码如下所示。

```java
public class CriteriaTest {
    @Test
    public void criteriaTest1() {
        //1.获得 Session
        Session session = HibernateUtils.getSession();
        Transaction t = session.beginTransaction();
        //2.通过 Session 获得 Criteria 对象
        Criteria criteria = session.createCriteria(Student.class);
        //3.使用Restrictions 的 eq 方法设定查询条件为 studentName="李白"
        Criterion criterion = Restrictions.eq("studentName", "李白");
        //4.向 Criteria 对象中添加 name="李白"的查询条件
        criteria.add(criterion);
        //5.执行 Criteria 的 list()获得结果
        List<Student> list = criteria.list();
        for (Student student : list) {
            System.out.println(student);
        }
        t.commit();
        session.close();
    }
}
```

使用 JUnit 4 测试运行，控制台的显示结果如图 2.1 所示。

```
Hibernate:
    select
        this_.id as id0_0_,
        this_.studentname as studentn2_0_0_,
        this_.gender as gender0_0_,
        this_.age as age0_0_
    from
        student this_
    where
        this_.studentname=?
Student [id=1, studentname=李白, age=28, gender=男]
```

图 2.1　使用 Criteria 进行简单查询的显示结果

2.2.2　Criteria 多条件查询

结合表 2.2 及下面的案例学习多条件查询的相关知识。

项目案例： 查询 id=2 或者 studentName="李白"的学生。在 Criteriatest 类中建立一个名为 criteriaTest2()的方法，代码如下所示。

```
//查询 id=2 或者 studentName="李白"的学生
    //@Test
    public void criteriaTest2() {
        Session session = HibernateUtils.getSession();
        Transaction t = session.beginTransaction();
        Criteria criteria= session.createCriteria(Student.class);
        //设定查询条件
        Criterion criterion = Restrictions.or(Restrictions.eq("id", 2),Restrictions.eq
    ("studentName", "李白"));
        //添加查询条件
        criteria.add(criterion);
        //执行查询并返回查询结果
        List<Student> list = criteria.list();
        for (Student student : list) {
            System.out.println(student);
        }
        t.commit();
        session.close();
    }
```

在上述代码中，Restrictions.or()方法就相当于 SQL 中的 or 关系，Restrictions.eq()方法就相当于 SQL 中的等于。测试运行，控制台的输出结果如图 2.2 所示。

```
Hibernate:
    select
        this_.id as id0_0_,
        this_.studentname as studentn2_0_0_,
        this_.gender as gender0_0_,
        this_.age as age0_0_
    from
        student this_
    where
        (
            this_.id=?
            or this_.studentname=?
        )
Student [id=1, studentname=李白, age=28, gender=男]
Student [id=2, studentname=杜甫, age=22, gender=男]
```

图 2.2　使用 Criteria 进行条件查询的输出结果

2.2.3　Criteria 分页查询

Criteria 同样可以实现分页查询：通过 Criteria 对象的 setFirstResult(int firstResult) 和 setMaxResult(int maxResult)这两个方法共同来实现。setFirstResult(int firstResult)方法用于指定从哪个对象开始检索，序号从 0 算起。setMaxResult(int maxResult)方法用于指定一次最多检索的对象数，即每页显示几条记录。

在测试类 CriteriaTest 中编写 criteriaTest3()方法，代码如下所示。

```
//Criteria 分页查询，每页 3 条，查询第 1 页
//@Test
```

```
public void criteriaTest3() {
    Session session = HibernateUtils.getSession();
    Transaction t = session.beginTransaction();
    Criteria criteria= session.createCriteria(Student.class);
    //从第一个对象开始查询(默认第一个对象序号为0)
    criteria.setFirstResult(0);
    //每次从查询结果中返回3个对象
    criteria.setMaxResults(3);
    //执行查询返回查询结果
    List<Student> list = criteria.list();
    for (Student student : list) {
        System.out.println(student);
    }
    t.commit();
    session.close();
}
```

上述查询的是第 1 页, 每页显示 3 条, 假定页码用 **pageNo** 变量表示, 每页大小用 **pageSize** 变量表示, 则通用查询代码如下。

```
criteria.setFirstResult((pageNo-1)*pageSize);
criteria.setMaxResults(pageSize);
```

使用 JUnit 4 测试运行 criteriaTest3()方法后, 控制台的输出结果如图 2.3 所示。

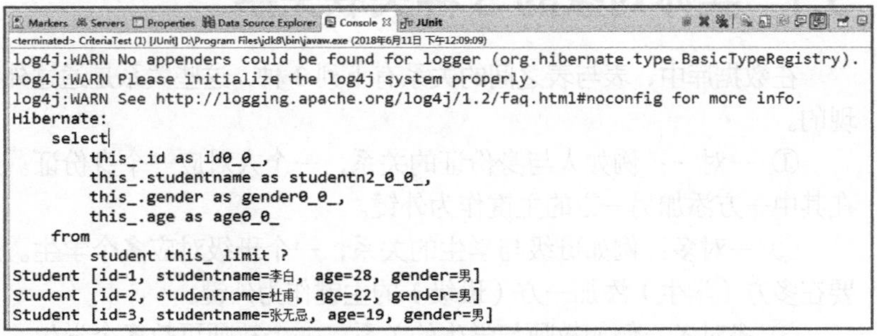

图 2.3　使用 Criteria 进行分页查询的结果

上机练习

在第 1 章的商品数据库的基础上进行如下操作。

1. 查询所有商品的信息。
2. 查询商品名称中包含 "电" 字的商品信息。
3. 查询所有商品的名称与价格。
4. 查询商品的总数量。

思考题

1. 在条件查询中, 给参数赋值的方法有哪些?
2. 简述 HQL 查询与 Criteria 查询的区别。

3 第 3 章 Hibernate 关联映射

本章目标

✧ 掌握单向关联与双向关联的概念
✧ 掌握一对多关联关系的使用方法
✧ 掌握多对多关联关系的使用方法
✧ 掌握关联关系中的反转和级联的使用方法
✧ 掌握延迟加载的使用方法

3.1 实体对象的 3 种关联关系

在数据库中，表与表之间的关系有下列 3 种，这些关系是通过外键来实现的。

① 一对一：例如人与身份证的关系，一个人对应一个身份证。这时需在其中一方添加另一方的主键作为外键。

② 一对多：例如班级与学生的关系，一个班级对应多个学生。这时需要在多方（学生）添加一方（班级）的主键作为外键。

③ 多对多：例如教师与学生的关系，一个教师可教多个学生，一个学生可被多个教师教。这时需要一个中间表，添加两个表的主键作为外键。

在 Hibernate 中，数据库对应的实体对象之间同样存在上述 3 种类型的关联关系。在设计持久化类时，需要在类中进行特别设置以体现它们之间的关联关系，具体规则如下。

① 一对一：在其中一个类中定义对方类型的对象，如在 A 类中定义 B 类类型的属性 b，在 B 类中定义 A 类类型的属性 a。

② 一对多：假如 A 类是一方，B 类是多方，这时，需要在 A 类中以 Set 集合的方式引入 B 类类型的对象，同时在 B 类中定义 A 类类型的属性 a。

③ 多对多：在 A 类中定义 B 类类型的 Set 集合，在 B 类中定义 A 类类型的 Set 集合，使用 Set 集合的原因是为了避免数据的重复（如果采用 List 集合，则有可能重复）。

实体对象之间的 3 种关联关系，除了在类中进行上述设置，还要在映射文件中进行相应配置，具体看下面案例。一对一关联关系的操作同一对多关联关系，在此不单独介绍。

3.1.1　单向关联与双向关联

以班级和学生为例讲解单向关联与双向关联的含义。一个班级对应多个学生是典型的一对多关系。假设班级 Classes 类是"一方"，学生 Student 类是"多方"，如果在"一方"Classes 类中定义了"多方"Student 类型的 Set 集合属性，并且"多方"Student 类中也定义了"一方"Classes 类型的属性，这就是双向关联。如果在 Classes 类中定义了 Student 类型的 Set 集合属性，但在 Student 类中没有定义 Classes 类型的属性，或者反过来，在 Student 类中定义了 Classes 类型的属性，而在 Classes 类中没有定义 Student 类型的 Set 集合属性，这两种情况都属于单向关联。可根据业务需要来选用单向关联或双向关联。例如，如果业务只需要查询某个班的学生信息，而不需要查询某个学生所在的班级信息。这时就只需要设置从 Classes 到 Student 方向的一对多单向关联即可，可以减少代码量。

3.1.2　一对多关联关系

一对多（或多对一）关联关系是业务中较为常见的映射关系，首先在数据库方面，需要在"多方"数据表中增加一个外键，用来指向"一方"的数据表主键。以班级和学生为例，数据库中的班级表 classes 和学生表 student 的关联关系如图 3.1 所示。

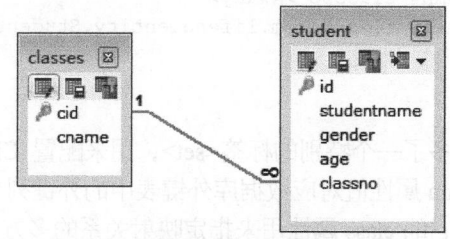

图 3.1　班级表和学生表的关联关系图

classes 表以 cid 作为主键。student 表以 id 为主键、classno 为外键（指向班级表的主键 cid）。数据库设置好后，接下来就按上述一对多的规则来设置映射类。在班级类 Classes 中以集合 Set 的方式引入 Student 类型的学生对象集合属性，在映射文件中通过\<set\>标签进行映射。

项目案例： 设置班级类 Classes 和学生类 Student 之间一对多的关联关系。

实现步骤如下。

（1）在数据库中添加上述 classes 表，cid 和 cname 均为 varchar 类型，同时修改 student 表，添加一个名为 classno 的属性，并且建立两表之间的外键关系（见图 3.1）。将第 1 章的项目 ssh01 复制为 ssh31，在 com.lifeng.entity 包下创建 Classes 类，代码如下所示。

```
public class Classes {
    private String cid;
    private String cname;
    //本类作为一方，定义了多方类型的 Set 集合的属性 students
    private Set<Student> students=new HashSet<Student>();
    //省略 getter()、setter()方法
```

在上述代码中定义了一个班级实体类 Classes，其中的 Set 集合的属性 students 用来标识一个班级有多个学生。

（2）修改原有的 Student 类，添加 classes 属性，代码如下所示。

```
public class Student {
    private Integer id;          //主键 id
```

```
        private String studentName;                    //学生姓名
        private String gender;                          //性别
        private Integer age;                            //年龄
        //本类作为多方，设置了一方类型的属性
        private Classes classes = new Classes();        //学生所在班级
        //省略getter()、setter()方法
}
```

（3）在 com.lifeng.entity 包下创建映射文件 Classes.hbm.xml，代码如下所示。

```xml
<?xml version='1.0' encoding='UTF-8'?>
<!DOCTYPE hibernate-mapping PUBLIC
    "-//Hibernate/Hibernate Mapping DTD 3.0//EN"
    "http://www.hibernate.org/dtd/hibernate-mapping-3.0.dtd">
<hibernate-mapping>
    <class name="com.lifeng.entity.Classes" table="classes">
        <id name="cid" column="cid">
            <generator class="assigned"></generator>
        </id>
        <property name="cname" column="cname" length="20"></property>
        <set name="students">
            <key column="classno"></key>
            <one-to-many class="com.lifeng.entity.Student"/>
        </set>
    </class>
</hibernate-mapping>
```

在上述映射文件代码中，多了一个特别的标签<set>，用来配置 Classes 类中的 Set 集合的属性 students；子标签<key>的 column 属性值对应数据库外键表中的外键列名；<one-to-many>子标签用来描述持久化类的一对多关联，它的 class 属性用来指定映射关系的多方类。

（4）在 com.lifeng.entity 包下创建一个名为 Student.hbm.xml 的映射文件，代码如下所示。

```xml
<?xml version='1.0' encoding='UTF-8'?>
<!DOCTYPE hibernate-mapping PUBLIC
    "-//Hibernate/Hibernate Mapping DTD 3.0//EN"
    "http://www.hibernate.org/dtd/hibernate-mapping-3.0.dtd">
<hibernate-mapping>
    <class name="com.lifeng.entity.Student" table="student">
        <id name="id" column="id">
            <generator class="native"></generator>
        </id>
        <property name="studentName" column="studentname" type="string"></property>
        <property name="gender" column="gender" type="string"></property>
        <property name="age" column="age" type="integer"></property>
        <!-- 多对一关系映射 -->
        <many-to-one name="classes" class="com.lifeng.entity.Classes" column="classno">
        </many-to-one>
    </class>
</hibernate-mapping>
```

在上述代码中，<many-to-one>标签定义了实体对象之间的一对多关联。<many-to-one>标签的 name 属性用来配置关联的一方类型的属性名称，class 属性用来指定一方的全限定性类名，column 属性值同样对应表中的外键列名。

（5）在 src 目录下创建一个名为 com.seehope.util 的包，将第 2 章的 HibernateUtils 类添加到此包中，并在 src 目录下创建配置文件 hibernate.cfg.xml，在该文件中配置好数据库连接，将如下映射文件信息添加到配置文件中。

```
<!-- 关联 hbm 配置文件 -->
<mapping resource="com/lifeng/entity/Classes.hbm.xml"/>
<mapping resource="com/lifeng/entity/Student.hbm.xml"/>
```

（6）在 com.lifeng.entity 包下创建一个名为 OneToManyTest 的类，关键代码如下所示。

```
@Test
public static void test1() {
    Session session = HibernateUtils.getSession();
    Transaction t = session.beginTransaction();
    // 创建一个班级对象
    Classes c = new Classes();
    c.setCid("201803");
    c.setCname("Java EE 班");
    // 创建两个学生对象
    Student stu1 = new Student();
    stu1.setStudentName("苏东坡");
    stu1.setAge(23);
    Student stu2 = new Student();
    stu2.setStudentName("周瑜");
    stu2.setAge(25);
    // 描述关系：学生属于某个班级，从学生到班级的单向关联
    stu1.setClasses(c);
    stu2.setClasses(c);
    //描述关系：班级有多个学生，给班级添加学生，从班级到学生的单向关联，到此双向关联建立
    c.getStudents().add(stu1);
    c.getStudents().add(stu2);
    //先保存班级，再保存学生，即先保存主表，再保存从表
    session.save(c);
    session.save(stu1);
    session.save(stu2);
    t.commit();
    session.close();
}
```

上述代码分别创建了一个班级对象和两个学生对象，两个学生 stu1 和 stu2 都通过调用 setClasses(c) 方法被设置为班级 c 的学生，班级 c 调用 getStudents().add()方法拥有多个学生。这样就完成了一对多的双向关联关系的设置。测试运行，输出结果如图 3.2 所示。

图 3.2　输出结果

从图 3.2 的输出结果可以看出，控制台输出了 3 条 insert 语句和 2 条 update 语句，此时查询数据库中 2 个表及表中的数据，查询结果如图 3.3 所示。

 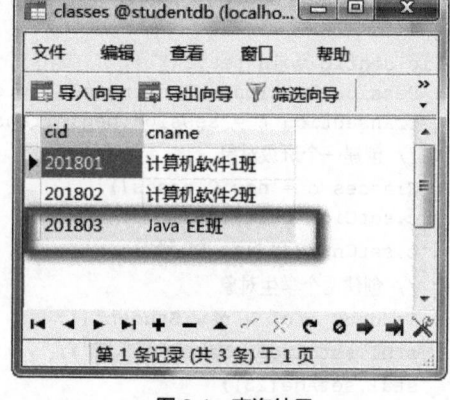

图 3.3　查询结果　　　　　　　　　　　　　　图 3.4　查询结果

从图 3.4 的查询结果可以看出，两个表均成功地插入了相应的数据。图 3.2 中出现的两条 update 语句，是由持久化类之间的双向关联造成的，如果是单向关联就不会有多余的 update 语句。试着注释掉 test1()方法中的以下代码：

```
            //描述关系：班级有多个学生
//          c.getStudents().add(stu1);
//          c.getStudents().add(stu2);
```

同时删除数据库中刚刚插入的数据，重新运行 test1()方法，这时控制台仅输出 insert 语句，而没有输出 update 语句了，如图 3.5 所示。

```
Hibernate:
    insert
    into
        classes
        (cname, cid)
    values
        (?, ?)
Hibernate:
    insert
    into
        student
        (studentname, gender, age, classno)
    values
        (?, ?, ?, ?)
Hibernate:
    insert
    into
        student
        (studentname, gender, age, classno)
    values
        (?, ?, ?, ?)
```

图 3.5　输出结果（仅输出 insert 语句）

再次查询数据库，结果不变。刚才注释掉的是描述一个班级有多个学生的两行业务代码，即取消了从班级到学生的单向关联。注释掉之后，两个持久化类之间的映射关系就变成了一对多的单向关联，而不再是双向关联了。试着再把 Classes 类中 Set 集合的属性 students 注释掉，同时把映射文件 Classes.hbm.xml 中的<set>标签注释掉，再次运行测试，结果一样。这证明在单向关联关系中，其中的一个类（包括映射文件）可以没有对方的任何配置信息。

结合上面的案例，总结一下一对多的双向关联与单向关联。

（1）双向关联：两个持久化类都需要设置对方类型的属性，其中一方设置 Set<对方类型>的集合属性。在"一方"映射文件中使用<set>标签进行关联配置，"多方"映射文件中使用<many-to-one>标签进行关联配置。然后在业务代码中，两个类的实例化对象要互相配置对方的值（其中"一方"的集合属性用 add()方法添加"多方"）。

（2）单向关联：只在其中一个类（根据业务需要选择"一方"或"多方"）中设置对方类型的属性，并且在该类对应的映射文件中配置<set>标签（如果选择的是"一方"）或<many-to-one>标签（如果选择的是"多方"）。对方类及它的映射文件则可以无任何关联配置（如有也不影响）。然后在业务代码中，只在其中一方（根据业务需要选择的"一方"或"多方"）配置对方的值。

3.1.3　多对多关联关系

下面以学生 Student 类和课程 Course 类的关联关系为例阐述多对多关联关系。首先设计好数据库，为了体现学生与课程的多对多关系，还需要一个中间表 studentcourse。课程表、中间表和学生表之间的关系如图 3.6 所示。从图 3.6 所示可看出多对多其实就是分拆为两个一对多。

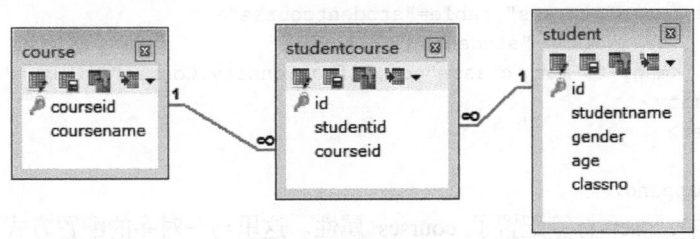

图 3.6　多对多关联关系

由于一个学生可以学习多门课程，一门课程也可以被多个学生学习，因此学生和课程的关系是多对多关系，中间表 studentcourse 中有一个外键指向 course 表，有一个外键指向 student 表。学生类 Student 和课程类 Course 中分别以集合 Set 的方式引入对方类型的对象集合属性，并在映射文件中通过<set>标签进行映射。

项目案例：设置 student 与 course 之间的多对多关联关系，具体步骤如下。

（1）将项目 ssh31 复制为 ssh32，修改持久化类 Student，代码如下。

```
package com.lifeng.entity;
import java.util.HashSet;
import java.util.Set;
public class Student {
    private Integer id;                                     //主键 id
    private String studentName;                            //学生姓名
    private String gender;                                 //性别
    private Integer age;                                   //年龄
    private Set<Course> courses=new HashSet<Course>();     //省略 setter()、getter()方法
}
```

上面代码用 Set 集合引入了课程对象，表示同一个学生可以选修多个课程。

（2）在 com.lifeng.entity 包下创建 Course 类，代码如下所示。

```
public class Course {
    private Integer courseid;
    private String coursename;
    private Set<Student> students = new HashSet<Student>();
    //省略 setter()、getter()方法
}
```

上面代码用 Set 集合引入了学生对象，表示同一个课程可以被多个学生选修。

（3）在 com.lifeng.entity 包下修改映射文件 Student.hbm.xml，代码如下所示。

```xml
<?xml version='1.0' encoding='UTF-8'?>
<?xml version="1.0" encoding="UTF-8"?>
<!DOCTYPE hibernate-mapping PUBLIC
    "-//Hibernate/Hibernate Mapping DTD 3.0//EN"
    "http://www.hibernate.org/dtd/hibernate-mapping-3.0.dtd">
<hibernate-mapping>
        <!--name 表示持久化类名, table 表示表名 -->
        <class name="com.lifeng.entity.Student" table="student">
            <id name="id" column="id">
                <generator class="native"></generator>
            </id>
            <property name="studentName" column="studentname" type="string"></property>
            <property name="gender" column="gender" type="string"></property>
            <property name="age" column="age" type="integer"></property>
            <!-- 多对多关联映射 -->
            <set name="courses" table="studentcourse">
                <key column="studentid"></key>
                <many-to-many class="com.lifeng.entity.Course" column="courseid"></many-
            to-many>
            </set>
        </class>
</hibernate-mapping>
```

在此映射文件中，<set>标签配置了 courses 属性。这里与一对多的配置方式不同的是<set>标签多了个 table 属性，这个属性指定中间表的名称。<key>标签的 column 属性用于描述 student 表在中间表中的外键列名称。<many-to-many>子标签用于定义两个持久化类的多对多关联，其中，class 属性指定多对多关系的另一个关联类 Course，column 属性用于描述 course 表在中间表中的外键列的名称。

（4）在 com.lifeng.entity 包下创建映射文件 Course.hbm.xml，代码如下所示。

```xml
<?xml version="1.0" encoding="UTF-8"?>
<!DOCTYPE hibernate-mapping PUBLIC
    "-//Hibernate/Hibernate Mapping DTD 3.0//EN"
    "http://www.hibernate.org/dtd/hibernate-mapping-3.0.dtd">
<hibernate-mapping>
        <class name="com.lifeng.entity.Course" table="course">
            <id name="courseid" column="courseid">
                <generator class="native"></generator>
            </id>
            <property name="coursename" column="coursename" type="string"></property>
            <!-- 多对多关联映射 -->
            <set name="students" table="studentcourse">
                <key column="courseid"></key>
                <many-to-many class="com.lifeng.entity.Student" column="studentid">
            </many- to-many>
            </set>
        </class>
</hibernate-mapping>
```

（5）在 hibernate.cfg.xml 中添加与 Student 类和 Course 类相关的映射文件的信息，添加代码如下所示（为避免冲突，暂时注释掉其他映射文件）。

```xml
<mapping resource="com/lifeng/entity/Student.hbm.xml"/>
<mapping resource="com/lifeng/entity/Course.hbm.xml"/>
```

（6）在 com.lifeng.test 包下创建测试类 TestManyToMany，代码如下所示。

```
public class TestManyToMany {
    public static void main(String[] args) {
        Session session = HibernateUtils.getSession();
        Transaction t = session.beginTransaction();
        //创建两个学生
        Student s1 = new Student();
        s1.setStudentName("白云飞");
        Student s2 = new Student();
        s2.setStudentName("风飘飘");
        //创建两个科目
        Course c1 = new Course();
        c1.setCoursename("Python");
        Course c2 = new Course();
        c2.setCoursename("HTML5");
        //建立关联关系
        //学生关联课程
        s1.getCourses().add(c1);
        s1.getCourses().add(c2);
        s2.getCourses().add(c1);
        s2.getCourses().add(c2);
        //课程关联学生，这个暂不用，否则，中间表会多出重复的4行
        //c1.getStudents().add(s1);
        //c1.getStudents().add(s2);
        //c2.getStudents().add(s1);
        //c2.getStudents().add(s2);  //存储
        session.save(c1);
        session.save(c2);
        session.save(s1);
        session.save(s2);
        t.commit();
        session.close();
    }
}
```

上述代码用于创建学生对课程的单向关联（这里暂不建立双向关联，否则，中间表会出现重复的 4 行）。多对多的双向关联将在后面内容中讲解。

使用 JUnit 4 测试运行 test1()方法，运行成功后，控制台输出 8 条 insert 语句，其中第 1 条和第 2 条 insert 语句用于向 student 表中插入数据。对 student 表查询的结果如图 3.7 所示。

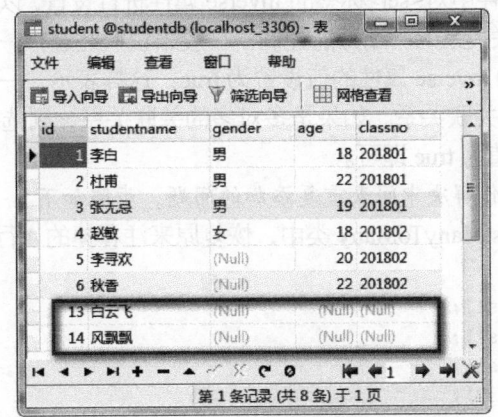

图 3.7 对 student 表查询的结果

第 3 条和第 4 条语句用于向 course 表中插入数据。对 course 表查询的结果如图 3.8 所示。

最后 4 条语句用于向中间表 studentcourse 插入关联数据。对 studentcourse 表查询的结果如图 3.9 所示。

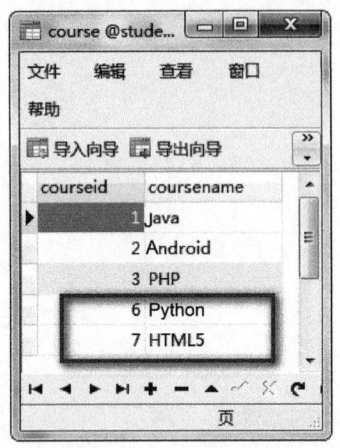

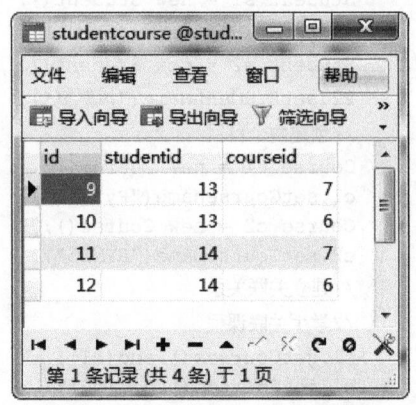

图 3.8 对 course 表查询的结果	图 3.9 对 studentcourse 表查询的结果

图 3.7～图 3.9 所示的结果表明多对多的关联关系已经实现。一对一的关联关系可以参考一对多的关系。

在步骤（6）中，如果取消课程关联学生那几行代码的注释，重新运行程序，将会发现中间表多了 4 条重复的记录，这是因为出现了多余的 SQL 语句。这个问题的原因及解决方案将在 3.2.1 节讨论。

3.2　关联关系中的反转与级联

3.2.1　反转操作

前面一对多及多对多关联关系的案例均出现产生多余的 SQL 语句的情况。这是因为在默认情况下关联关系的两端都可控制，两端均发出 SQL 语句，这样就会造成多余或重复的 SQL 操作。解决办法之一是进行单向关联，此外还有另一种办法就是在映射文件中进行反转操作。

反转操作就是在映射文件中对<set>标签的 inverse 属性进行设置，以控制关联关系。inverse 属性的默认值为 false，表示关联关系的两端都能控制。一般来说，在进行一对多关联时，需在"一方"的映射文件中将<set>标签的 inverse 属性的值设置为 true，这样表示"一方"放弃维护关联关系；而仅由"多方"来维护一对多关联关系。如果是多对多的关联关系，则选择任意一方的映射文件设置<set>标签的 inverse 属性的值为 true 即可。

项目案例：使用反转操作解决中间表重复添加的问题，步骤如下。

（1）在项目 ssh32 的 TestManyToMany 类中，恢复原来注释掉的 4 行代码，如下所示。

```
//课程关联学生
c1.getStudents().add(s1);
c1.getStudents().add(s2);
c2.getStudents().add(s1);
c2.getStudents().add(s2);
```

重新运行，结果发现中间表重复插入了 4 条记录。这表明课程关联学生这个方向也会向中间表插入数据，而这是多余的，因为之前学生关联课程这个方向已经向中间表插入过一次数据了。解决方法之一是注释掉重复的 4 行代码，不要双向关联，仅保留学生关联课程方向的关联，如果不注释掉这些代码，就用第二种方法，就是反转操作，即在其中一方的映射文件中将<set>标签的 inverse 属性的值设置为 true。

（2）下面在映射文件 Course.hbm.xml 中设置<set>标签的 inverse 属性的值为 true，代码如下所示。

```
<set name="students" table="studentcourse" inverse="true">
    <key column="courseid"></key>
    <many-to-many class="com.seehope.manytomany.Student"
column="studentid"></many-to-many>
</set>
```

观察测试结果会发现中间表不再产生重复的数据。如果换成在 Student.hbm.xml 中进行类似的操作，结果一样，表明 inverse 在多对多的任意一方设置均可。这种反转操作既不影响双向关联关系，又不会造成中间表数据重复。通常的做法是，在双向关联中，"一方"的<set>标签加入 inverse="true" 反转维护关系，即"一方"放弃对另一端关系的维护，而仅由"多方"来维护关系。

注意： inverse 只对<set>、<one-to-many>或<many-to-many>标签有效，对<many-to-one>和<one-to-one>标签无效。

3.2.2　级联操作

若在关联关系的业务代码中新建了两个关联关系的对象，只保存其中一个对象，但在执行代码后另外一个关联对象也得以保存，则这种情况就是"级联保存"，类似的操作还有级联删除、级联更新，这些操作统称为级联操作。级联操作指当主控方执行保存、更新或者删除操作时，其关联对象（被控方）也会执行相同的操作。这时只需要在主控方映射文件中对 cascade 属性进行设置就可以实现级联操作。级联操作对各种关联关系（一对一、一对多、多对多）都是有效的。cascade 属性可以设置为下列值。

① save-update：在执行 save、update 或 saveOrUpdate 时进行级联操作。

② delete：在执行 delete 时进行级联操作。

③ delete-orphan：表示孤儿删除，即删除所有和当前对象存在关联关系的对象。

④ all：在所有情况下均进行关联操作，但不包含 delete-orphan 操作。

⑤ all-delete-orphan：在所有情况下均进行关联操作。

⑥ none：在所有情况下均不进行关联操作。这是默认值。

了解了 cascade 的相关属性值后，下面结合案例来学习 cascade 在级联操作中的实际应用。

1.　一对多关系的级联保存

在 3.1.1 节讲解一对多关联关系映射的案例中，是用保存数据的案例来演示班级和学生的关系的。在演示的过程中，首先创建了两者的关联关系，然后对学生和班级先后进行了保存，下面来演示仅保存班级的情况。

项目案例： 保存新建班级对象的同时级联保存新建的学生对象。

（1）将 ssh31 复制为 ssh33，修改 Classes.hbm.xml，代码如下。

```
<?xml version="1.0" encoding="UTF-8"?>
<!DOCTYPE hibernate-mapping PUBLIC
    "-//Hibernate/Hibernate Mapping DTD 3.0//EN"
    "http://www.hibernate.org/dtd/hibernate-mapping-3.0.dtd">
<hibernate-mapping>
    <class name="com.lifeng.entity.Classes" table="classes">
```

```
            <id name="cid" column="cid">
                <generator class="assigned"></generator>
            </id>
            <property name="cname" column="cname" type="string"></property>
            <set name="students" inverse="true">
                <key column="classno"></key>
                <one-to-many class="com.lifeng.entity.Student"/>
            </set>
        </class>
    </hibernate-mapping>
```

（2）在 com.lifeng.test 包下新建测试类 CascadeTest，新建 addClassesAndStudent()方法，代码
如下。

```
package com.lifeng.test;
import org.hibernate.Session;
import org.hibernate.Transaction;
import com.lifeng.entity.Classes;
import com.lifeng.entity.Student;
import com.lifeng.utils.HibernateUtils;
public class CascadeTest {
    public static void main(String[] args) {
        addClassesAndStudent();
    }
    //级联保存，添加一个新的班级，同时为该班级添加两个学生
    private static void addClassesAndStudent() {
        Session session = HibernateUtils.getSession();
        Transaction t = session.beginTransaction();
        // 创建一个班级
        Classes c = new Classes();
        c.setCid("201807");
        c.setCname("Java 第 4 阶段班");
        //创建1个学生
        Student stu1 = new Student();
        stu1.setStudentName("苏小小");
        stu1.setAge(23);
        //描述关系--学生属于某个班级      student------->classes
        stu1.setClasses(c);
        //描述关系--班级有多个学生，给班级添加学生  classes------->student
        c.getStudents().add(stu1);
        //只保存班级，不保存学生
        session.save(c);
        //session.save(stu1);
        t.commit();
        session.close();
        }
    }
```

该方法只有保存班级 Classes 的操作而没有保存学生 Student 的操作，结果报出以下错误。

```
Exception in thread "main" org.hibernate.TransientObjectException: object references an
unsaved transient instance - save the transient instance before flushing: com.lifeng.
entity.Student
```

这个异常的意思是持久态对象 Classes 关联了瞬时态对象 Student。在这种情况下，不允许保存。
解决的办法是在 Hibernate 映射文件中设置级联保存。在映射文件 Classes.hbm.xml 的<set>标签中设

置 cascade="save-update"即可。注意，如果未出现上述报错信息，删除 inverse="true"再试。

（3）修改文件 Classes.hbm.xml，代码如下。

```xml
<?xml version="1.0" encoding="UTF-8"?>
<!DOCTYPE hibernate-mapping PUBLIC
    "-//Hibernate/Hibernate Mapping DTD 3.0//EN"
    "http://www.hibernate.org/dtd/hibernate-mapping-3.0.dtd">
<hibernate-mapping>
    <!--name 表示持久化类名, table 表示表名 -->
    <class name="com.lifeng.entity.Classes" table="classes">
        <!-- name=cid 代表的是 Student 类中的属性; column=cid 代表的是 table 表中的字段 -->
        <id name="cid" column="cid">
            <generator class="assigned"></generator><!-- 主键生成策略，这里表示主键由程序
        指定-->
        </id>
        <!-- 其他属性用<property>标签来映射 -->
        <property name="cname" column="cname" type="string"></property>
        <set name="students" cascade="save-update" inverse="true">
            <key column="classno"></key>
            <one-to-many class="com.lifeng.entity.Student"/>
        </set>
    </class>
</hibernate-mapping>
```

上述<set>标签中添加了一个 cascade="save-update"属性，表示启用级联保存关联对象。如果只需级联删除就使用 cascade="delete"。如果同时启用级联保存与删除就用 cascade="save-update,delete"。

（4）再次测试运行 addClassesAndStudent()方法，查询数据库后发现两个表都保存成功了。

测试类只有保存班级对象的业务代码，并没有保存学生对象的业务代码，但在保存班级对象（"一方"）的同时，学生对象（"多方"）也保存到数据库了，证明实现了一对多关系的级联保存。

2. 一对多关系的级联删除

在班级和学生的关系中，如果使用级联操作删除了班级对象，那么该班级的相应学生也会被删除。

（1）在测试类 CascadeTest 中添加方法 deleteClassesAndStudent()，代码如下所示。

```java
package com.lifeng.test;
import org.hibernate.Session;
import org.hibernate.Transaction;
import com.lifeng.entity.Classes;
import com.lifeng.entity.Student;
import com.lifeng.utils.HibernateUtils;
public class CascadeTest {
    public static void main(String[] args) {
        deleteClassesAndStudent ();
        //addClassesAndStudent();
    }
    //级联删除，删除一个班级的同时删除该班的所有学生
    private static void deleteClassesAndStudent() {
        Session session = HibernateUtils.getSession();
        Transaction t = session.beginTransaction();
        Classes c = (Classes) session.get(Classes.class, "201803");
        session.delete(c);
        t.commit();
        session.close();
    }
//省略其他方法
}
```

在上述代码中，首先查询了 id 为 "201803" 的班级对象，然后通过 Session 的 delete()方法删除该班级对象。

（2）在 Classes.hbm.xml 的<set>标签中设置 cascade 属性，添加值 delete。具体配置代码如下所示。

```
<set name="students" cascade="save-update,delete">
    <key column="classno"></key>
    <one-to-many class="com.seehope.onetomanycascade.Student"/>
</set>
```

测试运行 deleteClassesAndStudent()方法，发现两个表的数据都删除了，即删除班级表的同时级联删除了学生表。上述代码中的 cascade="save-update,delete"，也可用 cascade="all"代替。

3. 孤儿删除

在班级和学生的关系中，如果没有设置级联删除，则在删除班级后，该班级所关联的学生的 classno 值将被设置为 null。这时我们可以把这些学生数据比喻为 "孤儿"，而所谓的孤儿删除就是自动删除与某个班级解除关系的学生。

（1）分别向数据库中的 student 表和 classes 表中添加数据，数据如图 3.10 所示。

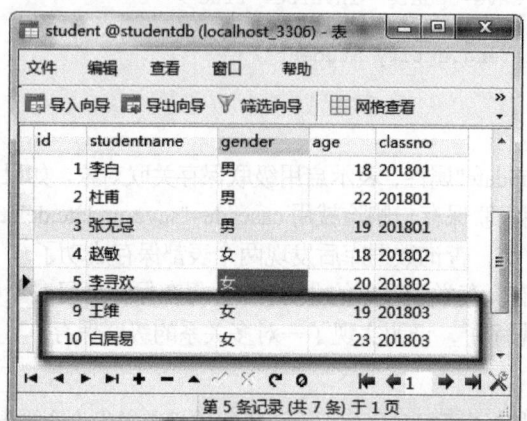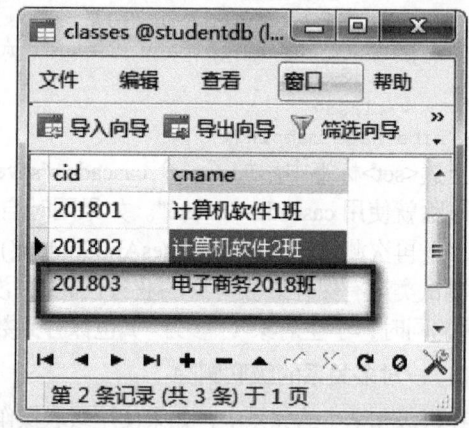

图 3.10　准备数据

（2）在 CascadeTest 类中添加 delete_orphan()方法，代码如下所示。查询 id 为 "201803" 的班级和 id 为 10 的学生，然后解除它们之间的关系，办法是获取 Classes 对象的 Student 集合，再从集合中移除学生对象。

```
public void delete_orphan () {
    Session session = HibernateUtils.getSession();
    Transaction t = session.beginTransaction();
    //查询班级
    Classes c = (Classes) session.get(Classes.class, "201803");
    // 查询学生
    Student student = (Student) session.get(Student.class, 10);
    // 解除关系
    c.getStudents().remove(student);
    t.commit();
    session.close();
    }
```

（3）在 Classes.hbm.xml 中，为 cascade 属性添加一个值 "delete-orphan" 并进行孤儿删除，具体配置代码如下所示。

```
<set name="students" cascade="save-update,delete,delete-orphan" inverse="true">
        <key column="classno"></key>
```

```
            <one-to-many class="com.lifeng.entity.Student"/>
    </set>
```

（4）测试运行 delete_orphan()方法，运行成功后，查询数据库会发现 id 为 "201803" 的班级及其关联的 id 为 9 的学生数据还在，而 id 为 10 的学生在与班级解除关系后被成功删除。这说明使用 cascade 进行的孤儿删除的功能已经实现。在上述代码中，cascade="save-update,delete,delete-orphan"可用 cascade="all-delete-orphan"代替。

4. 多对多关系的级联保存

项目案例：保存学生的同时级联保存其选修的课程。

（1）复制项目 ssh32 为 ssh34，修改任意一个映射文件的<set>标签。这里选择 Student.hbm.xml 文件，为其<set>标签添加 cascade 属性，值为 "save-update"。

```
<set name="courses" table="studentcourse" cascade="save-update ">
    <key column="studentid"></key>
    <many-to-many class="com.lifeng.entity.Course" column="courseid"></many-to-many>
</set>
```

（2）在 com.seehope.test 包下新建测试类 ManyToManyCascadeTest，其方法 addStudentAndCourse() 的代码如下。

```
//级联保存
private static void addStudentAndCourse() {
    Session session = HibernateUtils.getSession();
    Transaction t = session.beginTransaction();
    // 创建课程对象
    Course c = new Course();
    c.setCoursename("C++实战宝典");
    // 创建学生
    Student s = new Student();
    s.setStudentName("欧阳锋");
    //关联：学生关联课程
    s.getCourses().add(c);
    //保存学生
    session.save(s);
    t.commit();
    session.close();

}
```

在上述代码中，先后定义了课程与学生两个实例化对象，然后学生对象单向关联了课程对象，且只保存学生对象，由于学生对象对应的映射文件设置了级联保存关联对象，因此保存学生对象的同时也会保存关联的课程对象。

（3）测试运行 addStudentAndCourse()方法，所得到的结果显示数据保存成功，3 个表均插入了数据。

5. 多对多关系的级联删除

项目案例：当删除某个学生时，该学生关联的课程要被删除，与被关联课程关联的其他学生的选课记录也应该要被删除。

（1）在测试类 ManyToManyCascadeTest.java 中添加 deleteStudentAndCourse()方法，代码如下所示。

```
//级联删除
public void deleteStudentAndCourse () {
```

```
Session session = HibernateUtils.getSession();
Transaction t = session.beginTransaction();
Student s = (Student)session.get(Student.class, 1);
session.delete(s);
t.commit();
session.close();
}
```

上述代码删除了 id 为 1 的学生，如果不继续进行下面的级联配置，运行结果将会是删除该学生，以及与该学生有关的中间表数据，但该学生所关联的课程不会被删除。

（2）在 Student.hbm.xml 的<set>标签中配置级联删除，具体代码如下所示。这样，程序在删除某个 Student 对象的同时将会级联删除与它关联的 Course 对象。

```
<set name="courses" table="studentcourse" cascade="save-update,delete">
    <key column="studentid"></key>
    <many-to-many class="com.lifeng.entity.Course" column="courseid"></many-to-many>
</set>
```

级联删除 Course 对象后，又会继续级联删除与该 Course 对象关联的 Student 对象。

（3）测试运行 deleteStudentAndCourse()方法，运行成功后，查询数据库，发现 id 为 1 的学生被删除了，它所关联的课程也被删除了，同时该课程关联的其他学生也全部被删除了。这代表多对多关系的双向级联删除已经成功实现。

3.3 延迟加载

在上述一对多的关联关系中，若查询 Classes 对象的同时，立即查询并加载与它相关联的 Student 对象集合，这种查询策略称为立即加载。立即加载在某些情况下可能会降低系统的性能。例如，某项目业务只需要查询班级 Classes 本身的信息，不需要该班级相关的学生 Student 信息，这时查询加载学生信息显然是浪费资源。一般来说，立即加载会造成以下问题：执行多余的 SQL 语句，加载大量用不到的对象，增加系统负担。

为了解决这些问题，Hibernate 提供了延迟加载策略。通过配置延迟加载，可以避免加载不需要访问的关联对象，从而提高系统性能。那如何配置延迟加载呢？只需要在对象映射文件中使用 lazy 属性进行配置。lazy 属性具体的使用位置及其取值如表 3.1 所示。

表 3.1 lazy 属性

级别	lazy 属性的使用位置及取值
类级别	放在<class>标签中，lazy 属性的可取值为 true（延迟加载）和 false（立即加载），默认为 true
一对多或多对多关联级别	放在<set>标签中，lazy 属性的可取值为 true（延迟加载）、extra（增强延迟加载）和 false（立即加载），默认为 true
多对一关联级别	放在<many-to-one>标签中，lazy 属性的可取值为 proxy（延迟加载）、no-proxy（无代理延迟加载）和 false（立即加载），默认为 proxy

可见 Hibernate 默认是采用延迟加载的。

3.3.1 类级别的查询策略

在映射文件的<class>标签中设置 lazy 属性的值为 true 或 false 就是类级别的查询策略，如果设置为 true 则表示延迟加载，如果设置为 false 则表示立即加载。

项目案例：设置 Classes 对象的类级别的延迟加载。

（1）将项目 ssh31 复制为 ssh35，为文件 Classes.hbm.xml 中的<class>标签添加 lazy="false"属性，

开启类级别的立即加载。

```xml
<?xml version="1.0" encoding="UTF-8"?>
<!DOCTYPE hibernate-mapping PUBLIC
    "-//Hibernate/Hibernate Mapping DTD 3.0//EN"
    "http://www.hibernate.org/dtd/hibernate-mapping-3.0.dtd">
<hibernate-mapping>
    <class name="com.lifeng.entity.Classes" lazy="false" table="classes">
        <id name="cid" column="cid">
            <generator class="assigned"></generator>
        </id>
        <property name="cname" column="cname" type="string"></property>
        <set name="students">
            <key column="classno"></key>
            <one-to-many class="com.lifeng.entity.Student"/>
        </set>
    </class>
</hibernate-mapping>
```

（2）在 com.lifeng.test 包下新建测试类 TestLazy。

```java
public class LazyTest {
    public static void main(String[] args) {
        TestLazy1 ();
    }
    //测试类级别的立即加载或延迟加载
    private static void TestLazy1() {
        Session session = HibernateUtils.getSession();
        Transaction t = session.beginTransaction();
        //操作对象
        //创建一个班级
        Classes c = (Classes) session.get(Classes.class, "201801");
        Student student=new Student();
        student.setStudentName("黄飞鸿");
        student.setClasses(c);
        session.save(student);
        System.out.println("学生保存成功, 注意控制台输出的 SQL 语句, 判断 Classes 是延迟加载还是
    立即加载! ");
        t.commit();
        //关闭资源
        session.close();
    }}
```

（3）测试运行，控制台输出的结果如下。

```
Hibernate:
    select
        classes0_.cid as cid1_0_,
        classes0_.cname as cname1_0_
    from
        classes classes0_
    where
        classes0_.cid=?
Hibernate:
    insert
    into
        student
        (studentname, gender, age, classno)
```

```
    values
        (?, ?, ?, ?)
```

学生保存成功，注意控制台输出的 SQL 语句，判断 Classes 是延迟加载还是立即加载！

输出结果中的两条 SQL 语句，其中第二条语句是添加学生数据到数据库，而第一条 select 语句表示查询数据库表 classes，获取到 id 为 "201801" 的数据。这表明 Classes 对象已经立即加载进来了。这种情况就是类级别的立即加载。

（4）修改 Classes.hbm.xml，将<class>标签中属性 lazy="false"改为 lazy="true"，设置为延迟加载。

```
<class name="com.lifeng.entity.Classes" lazy="true" table="classes" >
```

（5）再次执行测试类 LazyTest，控制台输出的结果如下。

```
Hibernate:
    insert
    into
        student
        (studentname, gender, age, classno)
    values
        (?, ?, ?, ?)
```

学生保存成功，注意控制台输出的 SQL 语句，判断 Classes 是延迟加载还是立即加载！

控制台输出的结果只有一条 insert 语句，学生数据成功添加进数据库，没有了 select 语句。这表明 Classes 没有立即加载进来。这就是类级别的延迟加载。Classes 没有立即加载进来，为什么 "Classes c = (Classes) session.load(Classes.class, "201801");" 这条语句却没有报错呢？这是因为在延迟加载机制下，Hibernate 通过 load()方法加载的是 Classes 的代理实例，而该实例除了 OID 外的其他属性值都是 null。如果应用程序只需要用到代理类的 OID 值，这时用代理类 getCid()方法可返回 OID 值，Hibernate 将不会发出 select 语句，事实上代理实例已经有 OID 了，没必要再查数据库（从添加 student 的 SQL 语句可知，只需要用班级 Classes 对象的 OID 插入 calssno 即可）。但如果想要获取 OID 以外的属性值，代理类就不能满足要求了，这时 Hibernate 才会发出 select 语句。由此可见，Hibernate 已经尽可能延迟发出 SQL 语句，实现了延迟加载。

但如果使用的不是 load()方法，而是 get()方法，则只会立即加载，不会延迟加载。这是 get()与 load()的另一个重要区别。

3.3.2 一对多及多对多的查询策略

项目案例：设置一对多及多对多级别的延迟加载。

（1）在项目 ssh35 中，将映射文件 Classes.hbm.xml 中<set>标签的 lazy 属性的值设置为 "false"。

```
<set name="students" lazy="false">
    <key column="classno"></key>
    <one-to-many class="com.lifeng.entity.Student"/>
</set>
```

（2）在测试类 LazyTest 中新建方法 TestLazy2()。

```
//测试一对多级别的延迟加载
    private static void TestLazy2() {
        Session session = HibernateUtils.getSession();
        Transaction t = session.beginTransaction();
        Classes c = (Classes) session.load(Classes.class, "201801");
        Set<Student> students=c.getStudents();
        //Hibernate.initialize(students);
        System.out.println("Classes 加载成功,注意控制台输出的 SQL 语句,判断 Classes 的 Student
        集合是延迟加载还是立即加载! ");
        t.commit();
        session.close();
    }
```

第 3 章 Hibernate 关联映射

（3）测试运行，控制台输出的结果如下。

```
Hibernate:
    select
        classes0_.cid as cid1_0_,
        classes0_.cname as cname1_0_
    from
        classes classes0_
    where
        classes0_.cid=?
Hibernate:
    select
        students0_.classno as classno1_1_,
        students0_.id as id1_,
        students0_.id as id0_0_,
        students0_.studentname as studentn2_0_0_,
        students0_.gender as gender0_0_,
        students0_.age as age0_0_,
        students0_.classno as classno0_0_
    from
        student students0_
    where
        students0_.classno=?
```

Classes 加载成功，注意控制台输出的 SQL 语句，判断 Classes 的 Student 集合是延迟加载还是立即加载！

从控制台输出的结果可以发现，Hibernate 发出了两条 SQL 语句，一条是查询 Classes，另一条是查询 Student，证明了 Classes 中的 Student 类型的 Set 集合是立即加载进来的。

（4）修改映射文件 Classes.hbm.xml 中<set>标签的 lazy 属性的值为 "true"。

```
<set name="students" lazy="true">
    <key column="classno"></key>
    <one-to-many class="com.lifeng.entity.Student"/>
</set>
```

再次运行上面的方法。结果如下。

```
Hibernate:
    select
        classes0_.cid as cid1_0_,
        classes0_.cname as cname1_0_
    from
        classes classes0_
    where
        classes0_.cid=?
```

Classes 加载成功，注意控制台输出的 SQL 语句，判断 Classes 的 Student 集合是延迟加载还是立即加载！

这时控制台只有查询 Classes 的一条 SQL 语句，而没有查询 Student 的 SQL 语句，说明它关联的 Set<Student>子集合并没有加载进来，实现了延迟加载。Set<Student>集合没有加载进来，Classes 对象却没有报错，是因为代理类起的作用，Classes 的 students 属性引用了一个没有被初始化的集合代理类实例。

在这种情况下，何时才会实际加载 Set<Student>子集合呢？也就是这个集合代理类何时会初始化呢？也可以说延迟到什么时候才会真正加载 Set<Student>子集合呢？

集合代理类一旦初始化了，就会发出 select 语句查询数据库，从而真正加载。在以下两种情况下会触发集合代理类的初始化。

① Session 关闭前，应用程序第一次访问该集合，并且调用了 iterator()、size()、isEmpty()或 contains()方法。在测试类 LazyTest 中添加 TestLazy3()方法，代码如下。

```
public static void TestLazy3 () {
    Session session = HibernateUtils.getSession();
    Transaction t = session.beginTransaction();
    Classes c = (Classes) session.load(Classes.class, "201801");
    Set<Student> students=c.getStudents();
    int count=students.size();
    System.out.println(count);
    System.out.println("Classes 加载成功,注意控制台输出的 SQL 语句, 判断 Classes 的 Student 集合
是延迟加载还是立即加载! ");
    t.commit();
    session.close();
}
```

运行程序后会发现结果出现了两条 SQL 语句，证明集合代理类被初始化了，Set 的<Student>属性 students 被真正加载了。

② session 关闭前，通过 Hibernate 的 initialize()方法手动强制初始化。在测试类 LazyTest 中添加 TestLazy4()方法，代码如下。

```
public static void TestLazy4() {
    Session session = HibernateUtils.getSession();
    Transaction t = session.beginTransaction();
    Classes c = (Classes) session.load(Classes.class, "201801");
    Set<Student> students=c.getStudents();
    Hibernate.initialize(students);
    System.out.println("Classes 加载成功,注意控制台输出的 SQL 语句, 判断 Classes 的 Student 集合
是延迟加载还是立即加载! ");
    t.commit();
    session.close();
}
```

观察控制台输出的结果，会发现输出了两条 select 语句，证明集合代理类已初始化，真正加载了 students 属性。

（5）修改映射文件 Classes.hbm.xml 中<set>标签的 lazy 属性的值为 "extra"。

```
<set name="students" lazy="extra">
    <key column="classno"></key>
    <one-to-many class="com.seehope.onetomany.Student"/>
</set>
```

这样会进一步延迟 Classes 对象的 students 集合的属性的加载时机，即 Session 关闭前，应用程序第一次访问该集合，并且调用了 size()、isEmpty()或 contains()方法，Hibernate 都不会初始化集合代理类，只有使用 iterator()方法进行时才能初始化，从而真正加载。

3.3.3 多对一关联的查询策略

项目案例：测试多对一级别的延迟加载。

（1）在项目 ssh35 中，设置配置文件 Student.hbm.xml 中<many-to-one>标签的 lazy 属性的值，代码如下。

```
<many-to-one name="classes" class="com.lifeng.entity.Classes" column="classno" lazy=
"proxy"></many-to-one>
```

（2）在测试类 LazyTest 中添加 TestLazy5()方法。

```
//测试多对一的延迟加载
private static void TestLazy5() {
    Session session = HibernateUtils.getSession();
    Transaction t = session.beginTransaction();
```

```
Student student=(Student) session.get(Student.class, 1);
//返回 Classes 代理类实例，表明没有真正加载
Classes classes=student.getClasses();
//触发代理类的初始化，发出 select 语句，表明真正加载
System.out.println(classes.getCname());
//这个使用代理类就行，不必真实加载
//System.out.println(classes.getCid());
t.commit();
//关闭资源
session.close();
}
```

如果给"Classes classes=student.getClasses();"这一条语句添加断点，那么在调试执行时就会发现"Classes classes=student.getClasses();"本身不发出 SQL 语句，没有真正加载，用的是代理类的实例。运行到"System.out.println(classes.getCname());"才发出 SQL 语句，真正加载。如果将"System.out.println(classes.getCname());"改为"System.out.println(classes.getCid());"则延迟加载，用代理类的实例就能满足要求。

（3）在 Student.hbm.xml 文件中，修改<many-to-one>标签的 lazy 属性的值，代码如下。

```
<many-to-one name="classes" class="com.lifeng.entity.Classes" column="classno" lazy="no-proxy"> </many-to-one>
```

这种情况称为无代理延迟加载。在这种情况下，TestLazy5()方法中的"Classes classes=student.getClasses();"语句却是真正加载了。这是因为没有代理类，"Classes classes=student.getClasses();"这条语句只能立即加载。所以有代理比无代理能进一步延长加载时机。

（4）在 com.seehope.onetomany 包下，修改 Student.hbm.xml 文件中<many-to-one>标签的 lazy 属性的值，代码如下。

```
<many-to-one name="classes" class="com.lifeng.entity.Classes" column="classno" lazy="false"></many-to-one>
```

这种情况是立即加载。这时 TestLazy5()方法中的"Student student=(Student) session.get(Student.class, 1);"就发出了两条 SQL 语句，代表立即加载。

上机练习

修改第 2 章的数据库，新增一个表 category（种类），字段有 categoryid 类型 int、categoryname（类别名称）类型 varchar（20）。添加几条记录，如 1 家电类、2 家具类、3 IT 类、4 食品类等。修改 goods 表，新增一个列 categoryid，建立外键关联，并分别给现有 goods 表数据加上类别 id 数据。然后编程实现如下功能。

1．添加一个商品类别的同时添加一个该类别的商品，业务代码仅保存类别，无冗余 SQL 语句（一对多关联）。

2．删除一个商品类别的同时也删除该类别下的所有商品。

思考题

1．一对多关联怎么实现？
2．多对多关联怎么实现？
3．反转操作的原理是什么？

4 第 4 章 HQL 连接查询与缓存

本章目标

◇ 掌握内连接与外连接的相关知识
◇ 掌握子查询的相关知识
◇ 掌握一级缓存的相关知识
◇ 掌握二级缓存的相关知识

4.1 HQL 连接查询

SQL 有内连接、外连接等查询方式，HQL 同样可以实现多个关联对象之间的连接查询。图 4.1 所示为 HQL 连接的分类。HQL 连接查询的前提是先配置好一对多或多对多关联。

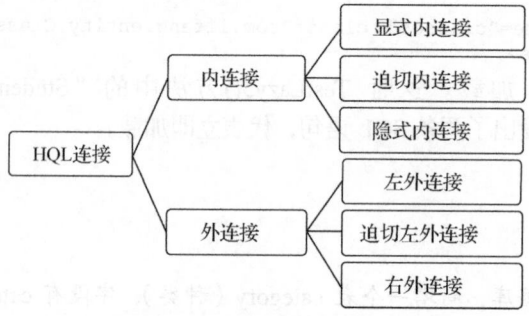

图 4.1 HQL 连接的分类

4.1.1 内连接

内连接有三种：显式内连接、迫切内连接和隐式内连接。

1. 显式内连接和迫切内连接

显式内连接与迫切内连接比较接近，易混淆，下面介绍它们的语法，并分别举例说明。

显式内连接的语法：from Entity [inner] join Entity.property。返回类型：List<Object[]>。

迫切内连接的语法：from Entity [inner] join fetch Entity.property。返回类型：List<Entity>。

根据下面的案例，了解两者之间的区别。

项目案例：查询所有班级及关联的学生。

（1）复制项目 ssh31 为 ssh41，在 com.lifeng.test 包下新建测试类 JoinTest、新建方法 test1()，使用显式内连接，代码如下。

```
public static void test1() {
    Session session = HibernateUtils.getSession();
    Transaction t = session.beginTransaction();
    t.commit();
    //显式内连接查询，查询所有班级及关联的学生
    List<Object[]> list=session.createQuery("from Classes c inner join c.students").list();
    for(Object[] object:list) {
        System.out.println("班级对象: "+object[0]);
        System.out.println("学生对象: "+object[1]);
    }
    session.close();
}
```

（2）测试运行，结果如下。

```
Hibernate:
    select
        classes0_.cid as cid1_0_,
        students1_.id as id0_1_,
        classes0_.cname as cname1_0_,
        students1_.studentname as studentn2_0_1_,
        students1_.gender as gender0_1_,
        students1_.age as age0_1_,
        students1_.classno as classno0_1_
    from
        classes classes0_
    inner join
        student students1_
            on classes0_.cid=students1_.classno
班级对象: com.seehope.entity.Classes@14e5011
学生对象: Student [id=1, studentname=李白, age=28, gender=男]
班级对象: com.seehope.entity.Classes@14e5011
学生对象: Student [id=2, studentname=杜甫, age=22, gender=男]
班级对象: com.seehope.entity.Classes@14e5011
学生对象: Student [id=3, studentname=张无忌, age=19, gender=男]
班级对象: com.seehope.entity.Classes@14e5011
学生对象: Student [id=20, studentname=黄飞鸿, age=null, gender=null]
班级对象: com.seehope.entity.Classes@a0ee18
学生对象: Student [id=4, studentname=赵敏, age=18, gender=女]
班级对象: com.seehope.entity.Classes@a0ee18
学生对象: Student [id=5, studentname=李寻欢, age=20, gender=女]
```

从控制台输出的结果可以发现，它发出的正是两表连接查询的 SQL 语句，List 集合中的每一个元素都是一个 Object 数组，其中数组的第一个元素(object[0])是 Classes 对象，第二个元素(object[1])是 Student 对象。

（3）在 JoinTest 类中添加方法 test2()，代码如下，使用迫切内连接查询。

```
public static void test2() {
    Session session = HibernateUtils.getSession();
```

```
        Transaction t = session.beginTransaction();
        //迫切内连接查询，查询所有班级及关联的学生
        List<Classes> list=session.createQuery("from Classes c inner join fetch
c.students").list();
        for(Classes classes:list) {
            System.out.println("\n 班 级 对 象 ： 班 级 编 号 ： "+classes.getCid()+" ，名 称 ：
"+classes.getCname());

            for(Student stu:classes.getStudents()) {
                System.out.println("学生对象: "+stu);
            }
        }
        t.commit();
        session.close();
    }
```

（4）运行测试，发现结果中有重复内容，修改 HQL 语句，添加关键字 distinct，代码如下所示。

```
    List<Classes> list=session.createQuery("select distinct c from Classes c inner join fetch
c.students").list();
```

最终结果如下。

```
Hibernate:
    select
        distinct classes0_.cid as cid1_0_,
        students1_.id as id0_1_,
        classes0_.cname as cname1_0_,
        students1_.studentname as studentn2_0_1_,
        students1_.gender as gender0_1_,
        students1_.age as age0_1_,
        students1_.classno as classno0_1_,
        students1_.classno as classno1_0__,
        students1_.id as id0__
    from
        classes classes0_
    inner join
        student students1_
            on classes0_.cid=students1_.classno
```

班级对象: 班级编号: 201801, 名称: 计算机软件 1 班

学生对象: Student [id=2, studentname=杜甫, age=22, gender=男]

学生对象: Student [id=1, studentname=李白, age=28, gender=男]

学生对象: Student [id=20, studentname=黄飞鸿, age=null, gender=null]

学生对象: Student [id=3, studentname=张无忌, age=19, gender=男]

班级对象: 班级编号: 201802, 名称: 计算机软件 2 班

学生对象: Student [id=4, studentname=赵敏, age=18, gender=女]

学生对象: Student [id=5, studentname=李寻欢, age=20, gender=女]

班级对象: 班级编号: 201803, 名称: 电子商务 2018 班

学生对象: Student [id=9, studentname=王维, age=19, gender=女]

班级对象: 班级编号: 201804, 名称: Java EE班

学生对象: Student [id=16, studentname=苏东坡, age=23, gender=null]

学生对象: Student [id=17, studentname=周瑜, age=25, gender=null]

上述代码使用 fetch 将查询出来的 Student 对象立即填充到对应的 Classes 对象的 Set<Student>集合属性中。这个案例介绍了显式内连接与迫切内连接的区别。

2. 隐式内连接

如果 HQL 查询涉及两个对象的信息，却没用到 inner join 关键字，而是通过对象属性导航的方式自然地引入另一个对象，那么这种查询方式就是隐式内连接。

项目案例：查询"计算机软件 1 班"的学生。

（1）在 JoinTest 类中添加方法 test3()，代码如下。

```
//隐式内连接，查询计算机软件1班的学生
public static void test3() {
    Session session = HibernateUtils.getSession();
    Transaction t = session.beginTransaction();
    t.commit();
    List<Student> list=session.createQuery("from Student s where s.classes.cname=?").
setString(0, "计算机软件1班").list();
    for(Student student:list) {
        System.out.println(student);
    }
    session.close();
}
```

（2）运行上述程序，控制台输出的结果如下。

```
Hibernate:
    select
        student0_.id as id0_,
        student0_.studentname as studentn2_0_,
        student0_.gender as gender0_,
        student0_.age as age0_,
        student0_.classno as classno0_
    from
        student student0_ cross
    join
        classes classes1_
    where
        student0_.classno=classes1_.cid
        and classes1_.cname=?
Student [id=1, studentname=李白, age=28, gender=男]
Student [id=2, studentname=杜甫, age=22, gender=男]
Student [id=3, studentname=张无忌, age=19, gender=男]
Student [id=20, studentname=黄飞鸿, age=null, gender=null]
Student [id=21, studentname=黄飞鸿, age=null, gender=null]
```

可见 Hibernate 发出的 SQL 语句是多表连接查询。该类 HQL 查询语句并没用到 inner join，而是以对象属性导航的形式引入关联对象，这就是隐式内连接。对象属性导航也可用在 select 子句中，代码示例如下所示。

```
select s.studentName s.classes.cname from Student s
```

这也是一种隐式内连接。

4.1.2 外连接

外连接的含义与 SQL 的外连接相同，可分为左外连接、迫切左外连接与右外连接。它们的语法格式如下。

（1）左外连接语法。

```
from Entity left [outer] join [fetch] Entity.property
```

其中，outer 可要可不要，若使用 fetch 的话，就变成了迫切左外连接，其含义、用法与迫切内连接相同。

（2）右外连接语法。

```
from Entity right [outer] join Entity.property
```

注意： 右外连接不能使用 fetch，因为左边可能是空。

项目案例： 查询所有的班级及学生，包括有些没有学生的班级。

（1）首先在数据库 classes 表添加一个新班级 201805 安卓班。运行上述案例中的 test2() 方法，发现这个新班级没有查询出来。这是因为 test2 用的是内连接，新加的班级没有与它相关的学生。

（2）在 JoinTest 类中添加方法 test4()，代码如下。

```
public static void test4() {
    Session session = HibernateUtils.getSession();
    Transaction t = session.beginTransaction();
    t.commit();
    //内连接查询, 查询所有班级及关联的学生
//List<Classes> list=session.createQuery("from Classes c left join fetch c.students"). list();
    List<Classes> list=session.createQuery("select distinct c from Classes c left join
fetch c.students").list();
    for(Classes classes:list) {
        System.out.println("\n 班级对象：班级编号："+classes.getCid()+", 名称："+classes.
getCname());

        for(Student stu:classes.getStudents()) {
            System.out.println("学生对象: "+stu);
        }
    }
    session.close();
}
```

（3）执行 test4() 方法，运行结果如下。

```
select
    distinct classes0_.cid as cid1_0_,
    students1_.id as id0_1_,
    classes0_.cname as cname1_0_,
    students1_.studentname as studentn2_0_1_,
    students1_.gender as gender0_1_,
    students1_.age as age0_1_,
    students1_.classno as classno0_1_,
    students1_.classno as classno1_0__,
    students1_.id as id0__
from
    classes classes0_
left outer join
    student students1_
        on classes0_.cid=students1_.classno
```

班级对象：班级编号：201801, 名称：计算机软件1班
学生对象: Student [id=2, studentname=杜甫, age=22, gender=男]
学生对象: Student [id=1, studentname=李白, age=28, gender=男]
学生对象: Student [id=20, studentname=黄飞鸿, age=null, gender=null]
学生对象: Student [id=3, studentname=张无忌, age=19, gender=男]

班级对象：班级编号：201802, 名称：计算机软件2班

学生对象：Student [id=4, studentname=赵敏, age=18, gender=女]
学生对象：Student [id=5, studentname=李寻欢, age=20, gender=女]

班级对象：班级编号：201803，名称：电子商务 2018 班
学生对象：Student [id=9, studentname=王维, age=19, gender=女]

班级对象：班级编号：201804，名称：Java EE 班
学生对象：Student [id=16, studentname=苏东坡, age=23, gender=null]
学生对象：Student [id=17, studentname=周瑜, age=25, gender=null]

班级对象：班级编号：201805，名称：安卓班

从上述运行结果可以发现新班级 201805 安卓班查出来了，虽然它没有学生。这就是外连接与内连接的区别。

4.2　HQL 子查询

HQL 子查询是指在当前查询的查询语句（父查询）中使用()嵌套了独立功能的子查询语句，()里面的子查询会返回一条或多条记录供父查询使用。如果子查询返回的是一条记录，则使用=、>、<等与父查询连接；如果返回的是多条记录，则通常使用下列关键词进行连接。

① all：代表子查询返回的全部记录。
② any：代表子查询返回的任意一条记录。
③ in：等同 any。
④ exists：代表子查询返回至少一条记录，否则，就是 false。

子查询通常建立在一对多或多对多关联映射的基础上，所以首先要配置好一对多或多对多等关联映射。

项目案例：查询所有学生都大于 17 岁的班级。

在项目 ssh41 的 com.lifeng.test 包下新建 TestSubQuery 类，创建方法 test1()，注意下列代码中用到的子查询语句。

```
public static void test1 () {
    Session session = HibernateUtils.getSession();
    Transaction t = session.beginTransaction();
    String hql = "from Classes c where 17<all(select age from c.students) ";
    Query query = session.createQuery(hql);
    List<Classes> list = query.list();
    for (Classes classes : list) {
        System.out.println("班级 id: "+classes.getCid()+", 班级名称: "+classes.
    getCname());
    }
    t.commit();
    session.close();
}
```

测试运行，控制台输出的结果如下。

```
Hibernate:
    select
        classes0_.cid as cid0_,
        classes0_.cname as cname0_
    from
        classes classes0_
```

```
        where
            17<all (
                select
                    students1_.age
                from
                    student students1_
                where
                    classes0_.cid=students1_.classno
            )
```

班级 id: 201801, 班级名称：计算机软件 1 班

班级 id: 201802, 班级名称：计算机软件 2 班

项目案例：查询有（任意）一个学生大于 20 岁的班级，注意其中的 HQL 语句，在 TestSubQuery 类中添加方法 test2()。

```java
//查询有（任意）一个学生大于 20 岁的班级
public static void test2() {
    Session session = HibernateUtils.getSession();
    Transaction t = session.beginTransaction();
    String hql = "from Classes c where 20<any(select age from c.students) ";
    Query query = session.createQuery(hql);
    List<Classes> list = query.list();
    for (Classes classes : list) {
        System.out.println(" 班级 id : "+classes.getCid()+" , 班级名称 : "+classes.
getCname());
    }
    t.commit();
    session.close();
}
```

如果要查询正好有一个学生等于 20 岁的班级，只需要把上面程序的 HQL 语句中的"<"改为"="即可。

项目案例：查询至少有 1 个学生的班级，注意其中的 HQL 语句。

```java
//查询至少有 1 个学生的班级
public static void test3() {
    Session session = HibernateUtils.getSession();
    Transaction t = session.beginTransaction();
    String hql = "from Classes c where exists(from c.students) ";
    Query query = session.createQuery(hql);
    List<Classes> list = query.list();
    for (Classes classes : list) {
        System.out.println(" 班级 id : "+classes.getCid()+" , 班级名称 : "+classes.
getCname());
    }
    t.commit();
    session.close();
}
```

4.3 HQL 操作集合的函数或属性

HQL 提供下列操作集合的函数或属性。

① size 或 size()：返回集合中的元素的个数。

② maxIndex 或 maxIndex()：返回最大的索引。

③ minIndex 或 minIndex()：返回最小的索引。

④ minElement 或 minElement()：返回集合中值最小的元素。

⑤ maxElement 或 maxElement()：返回集合中值最大的元素。

⑥ elements()：返回集合中的所有元素。

项目案例：查询指定学生所在的班级。

在项目的 com.lifeng.text 包下中创建类 TestSet，创建方法 test1()，代码如下。

```java
public static void test1() {
    Session session = HibernateUtils.getSession();
    Transaction t = session.beginTransaction();
    Student student=new Student();
    student.setId(1);
    String hql = "from Classes c where ? in elements(c.students)";
    Query query = session.createQuery(hql);
    List<Classes> list = query.setParameter(0, student).list();
    for (Classes classes : list) {
        System.out.println("班级 id: "+classes.getCid()+", 班级名称: "+classes.getCname());
    }
    t.commit();
    session.close();
}
```

控制台输出的结果如下。

```
Hibernate:
    select
        classes0_.cid as cid1_,
        classes0_.cname as cname1_
    from
        classes classes0_
    where
        ? in (
            select
                students1_.id
            from
                student students1_
            where
                classes0_.cid=students1_.classno
        )
班级 id: 201801, 班级名称: 计算机软件 1 班
```

以上 HQL 等价于如下子查询。

```
from Classes c where ? in (from c.students)
```

项目案例：查询学生人数大于 2 人的班级。

在 TestSet 类中添加方法 test2()，代码如下。

```java
//查询学生人数大于 2 人的班级
public static void test2() {
    Session session = HibernateUtils.getSession();
    Transaction t = session.beginTransaction();
    Student student=new Student();
    student.setId(1);
    String hql = "from Classes c where c.students.size>2";
    Query query = session.createQuery(hql);
    List<Classes> list = query.list();
    for (Classes classes : list) {
        System.out.println("班级 id: "+classes.getCid()+", 班级名称: "+classes.getCname());
    }
```

```
        t.commit();
        session.close();
}
```
控制台输出的结果如下。
```
Hibernate:
    select
        classes0_.cid as cid1_,
        classes0_.cname as cname1_
    from
        classes classes0_
    where
        (
        select
            count(students1_.classno)
        from
            student students1_
        where
            classes0_.cid=students1_.classno
        )>2
```
班级 id: 201801，班级名称：计算机软件 1 班

上面的 HQL 语句也可用下面这条语句代替。
```
from Classes c where size(c.students)>2
```

4.4　一级缓存

　　Hibernate 的缓存是指程序运行时的一块内存空间，里面存储了一些数据库数据的备份，这样程序再次用到该数据时就不用重新从数据库查找，而是从缓存中快速获取，从而提高数据查询的效率与速度，提升系统的性能。缓存又分为一级缓存和二级缓存：一级缓存就是指 Session 级别的缓存，只在同一个 Session 范围内有效；二级缓存是 SessionFactory 级别的缓存，可以在不同的 Session 之间使用。

4.4.1　一级缓存的原理

　　Hibernate 查询对象的时候，首先会根据对象的属性的 OID 值在 Hibernate 的一级缓存中进行查找。如果找得到就直接将该对象从一级缓存中取出使用，不再查询数据库；如果没有找到，就会去数据库中查找相应的数据并获得相应的对象，再存入一级缓存中。一级缓存的生命周期是在同一个 Session 中，一旦该 Session 关闭则缓存清除。另一个 Session 无法使用当前 Session 的缓存。

　　具体而言，调用 Session 接口的不同方法时，程序对一级缓存的操作是不一样的。

　　① 调用 save()、update()、saveOrUpdate()方法时，如果缓存中没有相应的对象，则 Hibernate 就会把相应对象的数据存进一级缓存中。

　　② 调用 Session 接口的 load()、get()方法或 Query 接口的 list()、iterator()方法时，会先查找缓存中是否存在该对象。如果有则返回该对象，不再查询数据库；如果没有则查询数据库获得相应对象，再将该对象存进一级缓存中。

　　③ 调用 close()方法时，会清空一级缓存。

　　Hibernate 中的 Session 根据缓存中的对象的变化，在某些时间点，执行相关的 SQL 语句来同步更新数据库。这一过程被称为刷出（flush）缓存。Session 会在如下几种时间点刷出缓存。

　　① 当调用 Transaction 的 commit()方法时，先刷出缓存（此时会调用 Session 的 flush()方法），然

后才会向数据库提交事务。

② 直接调用 Session 的 flush()方法。

③ 当执行一些查询操作时，如果缓存中的持久化对象的属性已经发生了变化，则会先刷出缓存，以保证查询结果能够反映持久化对象的最新状态。

一级缓存无须干预，只需了解其原理即可。下面通过具体案例证明 Session 一级缓存的存在。

在项目 ssh41 中新建 CacheTest 类中，添加 test1()方法，代码如下所示。

```
public void test1() {
    Session session = HibernateUtils.getSession();
    Transaction t = session.beginTransaction();
    //获取 s1 对象时，一级缓存无数据，发出 SQL 语句从数据库中查出数据
    Student s1 = (Student) session.get(Student.class, 1);
    System.out.println(s1);
    //获取 s2 对象时，一级缓存有数据，直接从缓存中获取，不再发出 SQL 语句
    Student s2 = (Student) session.get(Student.class, 1);
    System.out.println(s2);
    t.commit();
    session.close();
}
```

控制台输出的结果如下所示。

```
Hibernate:
    select
        student0_.id as id0_0_,
        student0_.studentname as studentn2_0_0_,
        student0_.gender as gender0_0_,
        student0_.age as age0_0_,
        student0_.classno as classno0_0_
    from
        student student0_
    where
        student0_.id=?
Student [id=1, studentname=李白, age=28, gender=男]
Student [id=1, studentname=李白, age=28, gender=男]
```

可以发现上述程序使用了两次 get()方法，但只发出了一次 SQL 语句，因为第二次是直接从缓存中取数据，不再需要查询数据库，如果加断点调试，则能更加清楚地看到两次调用 get()方法的区别。

4.4.2 Hibernate 快照

当 Hibernate 向一级缓存中存入数据时，会同时复制一份数据存入 Hibernate 快照中。当使用 commit()方法提交事务时，会先触发 flush()方法。这时会根据 OID 判断一级缓存中的对象和快照中的对象是否一致。如果 OID 一致且两个对象中的属性发生变化，则执行 update 语句，将缓存的内容同步到数据库，并更新快照。如果 OID 一致但两个对象中的属性没有发生变化，则不会执行 update 语句。

接下来通过具体案例演示 Hibernate 快照的应用。在 CacheTest 类中添加 test2()方法，其代码如下。

```
@Test
public void test2() {
    Session session = HibernateUtils.getSession();
    Transaction t = session.beginTransaction();
    Student student = new Student();
    Classes classes=new Classes();
    classes.setCid("201801");
```

```
        student.setClasses(classes);
        student.setStudentName("西门吹雪");
        student.setAge(18);
        session.save(student);
        student.setStudentName("西门吹水");
        t.commit();
        session.close();
    }
```

控制台输出的结果如下。

```
Hibernate:
    select
        classes_.cid,
        classes_.cname as cname1_
    from
        classes classes_
    where
        classes_.cid=?
Hibernate:
    insert
    into
        student
        (studentname, gender, age, classno)
    values
        (?, ?, ?, ?)
Hibernate:
    update
        student
    set
        studentname=?,
        gender=?,
        age=?,
        classno=?
    where
        id=?
```

从输出结果可以看出，在执行"session.save(student);"时发出第一条 insert 语句，在使用"t.commit();"提交事务时发出第二条 update 语句。在执行"session.save(student);"时，Hibernate 一级缓存中存入了 student 对象的数据，并且会复制一份数据放入 Hibernate 快照中。随后执行了"student.setStudentName("西门吹水");"，导致一级缓存中的 Student 对象数据发生了改变（快照的数据没变）。接着执行 commit 操作时，会先触发 flush()方法。这时 Hibernate 会检测快照中的数据与一级缓存的数据是否一致，结果发现快照中的数据与一级缓存中的数据已经不一致了，因此发出了 update 语句，更新了 Hibernate 一级缓存中的数据，使缓存中的对象与数据库一致，同时更新快照。

4.4.3 一级缓存的常用操作

一级缓存有刷出（flush）、清除（clear）和刷新（refresh）3 个常见的操作。

1. 刷出

Hibernate 在调用 Session 的 flush()方法时，会执行刷出缓存操作。

在 CacheTest 类中添加 test3()方法，其代码如下所示。

```
@Test
public void test3() {
    Session session = HibernateUtils.getSession();
```

```
Transaction t = session.beginTransaction();
Student student = (Student) session.get(Student.class, 2);
student.setStudentName("杜牧");
session.flush();
t.commit();
session.close();
}
```

在"session.flush();"处设置断点，用 debug 的方式执行程序，当执行"session.flush();"代码时，控制台会输出 update 语句。控制台输出的结果如下。

```
Hibernate:
    select
        student0_.id as id0_0_,
        student0_.studentname as studentn2_0_0_,
        student0_.gender as gender0_0_,
        student0_.age as age0_0_,
        student0_.classno as classno0_0_
    from
        student student0_
    where
        student0_.id=?
Hibernate:
    update
        student
    set
        studentname=?,
        gender=?,
        age=?,
        classno=?
    where
        id=?
```

2. 清除

调用 Session 的 clear()方法时，可以执行清除缓存的操作。接下来，通过具体示例来演示一级缓存的清除功能。在 CacheTest 类中添加一个名为 test4()的方法，其代码如下所示。

```
@Test
public void test4() {
    Session session = HibernateUtils.getSession();
    Transaction t = session.beginTransaction();
    Student student = (Student) session.get(Student.class, 2);
    System.out.println(student);
    student.setStudentName("杜甫");
    session.clear();
    t.commit();
    session.close();
}
```

控制台输出的结果如下。

```
Hibernate:
    select
        student0_.id as id0_0_,
        student0_.studentname as studentn2_0_0_,
        student0_.gender as gender0_0_,
        student0_.age as age0_0_,
        student0_.classno as classno0_0_
    from
        student student0_
```

```
where
    student0_.id=?
Student[id=2, studentname=杜牧, age=22, gender=男]
```

从结果中可发现 test4()方法中只输出了查询语句，而没有输出 update 语句。数据库中的记录也没有发生改变。这是因为在执行 clear()方法时，清空了一级缓存内的数据，导致 Student 对象的修改操作没有起到作用。用 session.evict()方法替换 session.clear()方法，能起到相同的作用，其中，evict()方法用于清除一级缓存中的某个对象。

3. 刷新

调用 Session 的 refresh()方法时，会重新查询数据库，更新 Hibernate 快照区和一级缓存，使快照区和一级缓存与数据库一致。接下来，通过具体案例来演示一级缓存的刷新功能，在 CacheTest 类中添加一个名为 test5()的方法，其代码如下所示。

```
@Test
public void test5() {
    Session session = HibernateUtils.getSession();
    Transaction t = session.beginTransaction();
    Student student = (Student) session.get(Student.class, 2);
    student.setStudentName("杜甫");
    System.out.println("刷新之前: " + student);
    session.refresh(student);
    System.out.println("刷新之后: " + student);
    t.commit();
    session.close();
}
```

输出结果如下。

```
Hibernate:
    select
        student0_.id as id0_0_,
        student0_.studentname as studentn2_0_0_,
        student0_.gender as gender0_0_,
        student0_.age as age0_0_,
        student0_.classno as classno0_0_
    from
        student student0_
    where
        student0_.id=?
刷新之前:
Student [id=2, studentname=杜甫, age=22, gender=男]
Hibernate:
    select
        student0_.id as id0_0_,
        student0_.studentname as studentn2_0_0_,
        student0_.gender as gender0_0_,
        student0_.age as age0_0_,
        student0_.classno as classno0_0_
    from
        student student0_
    where
        student0_.id=?
刷新之后:
Student [id=2, studentname=杜牧, age=22, gender=男]
```

从结果可以看出，在执行 refresh()方法之前，Student 对象的 studentname 属性的值为"杜甫"，在程序执行 refresh()方法之后，Student 对象的 studentname 属性的值变成了"杜牧"，这与数据库的原有值一致。这说明了 Session 的 refresh()方法重新查询了数据库，使得 Hibernate 快照区和一级缓存的数据与数据库保存一致。

4.5　二级缓存

一级缓存只能在同一个 Session 中起作用，不可以跨 Session 使用，而二级缓存能在不同的 Session 中使用。二级缓存默认不启用，需要时通过配置启用。

4.5.1　二级缓存的原理

若启用了二级缓存，当要查找某个指定的对象时，首先从一级缓存中查找，找到就直接使用，找不到就会转到二级缓存中查找。如果在二级缓存中找到，就直接使用，否则会查询数据库，并将查询结果放到一级缓存和二级缓存中。

4.5.2　二级缓存的配置和使用

Hibernate 的二级缓存是通过配置二级缓存的插件来实现的，常用的是 EHCache 缓存插件，具体步骤如下。

1．导入 EHCache 的 JAR 包

从 EHCache 的官网下载 Ehcache 2.10.4.tar.gz 文件，在解压的文件夹中找到 ehcache-2.10.4\lib\ehcache-2.10.4.jar，将此 JAR 包复制到 ssh41 项目的 lib 目录下即可。

2．配置文件 ehcache.xml

可以从 Hibernate 的解压缩包的 hibernate-distribution-3.6.10.Final\project\etc 目录下找到该文件，将它复制到项目 ssh41 的 src 目录下。ehcache.xml 文件中的主要代码示例如下。

```
<ehcache>
<diskStore path="java.io.tmpdir"/>
<defaultCache
    maxElementsInMemory="10000"
    eternal="false"
    timeToIdleSeconds="120"
    timeToLiveSeconds="120"
    overflowToDisk="true"
    />
<cache name="sampleCache1"
    maxElementsInMemory="10000"
    eternal="false"
    timeToIdleSeconds="300"
    timeToLiveSeconds="600"
    overflowToDisk="true"
    />
</ehcache>
```

上述标签及其属性的相关说明如下。

① <diskStore>标签：用于设置缓存数据文件的存储目录。

② <defaultCache>标签：用于设置缓存默认的数据过期策略。

③ <cache>标签：用于设置具体的缓存（被命名）的数据过期策略。

④ maxElementsInMemory 属性用于设置缓存对象的最大数目。eternal 属性用于指定是否永不过

期，true 为不过期，false 为过期。

⑤ timeToIdleSeconds 属性用于设置对象处于空闲状态的最长时间（秒）。

⑥ timeToLiveSeconds 属性用于设置对象处于缓存状态的最长时间（秒）。

⑦ overflowToDisk 属性用于设置内存溢出时是否将溢出对象写入硬盘。

3. 启用二级缓存

在 Hibernate 的配置文件 hibernate.cfg.xml 里进行配置，以启用二级缓存，并指定哪些持久化类需要二级缓存，其配置代码如下所示。

```
<!-- 开启二级缓存 -->
<property name="hibernate.cache.use_second_level_cache">
true
</property>
<!-- 指定二级缓存的供应商 -->
<property name="hibernate.cache.provider_class">
org.hibernate.cache.EhCacheProvider
</property>
<!-- 关联配置文件 hbm -->
<mapping resource="com/seehope/entity/Student.hbm.xml"/>
<!-- 指定哪些数据存储到二级缓存中 -->
<class-cache usage="read-write" class="com.seehope.entity.Student"/>
```

在上述配置代码中，首先通过 hibernate.cache.use_second_level_cache 开启二级缓存，然后通过 hibernate.cache.provider_class 指定二级缓存的供应商。最后，使用<class-cache>标签配置 Student 对象使用二级缓存，其中 usage 属性用来指定缓存策略。

注意： <class-cache>标签必须放在<mapping>标签后面。

4. 编写测试方法 test6()

通过比较查询结果，演示二级缓存的使用，代码如下所示。

```
@Test
publicvoid test6() {
    Session session1 = HibernateUtils.getSession();
    Transaction t1 = session1.beginTransaction();
    Student student1 = (Student) session1.get(Student.class, 1);
    Student student2 = (Student) session1.get(Student.class, 1);
    System.out.println(student1 == student2);
    t1.commit();
    session1.close();
    Session session2 = HibernateUtils.getSession();
    Transaction t2 = session2.beginTransaction();
    Student student3 = (Student) session2.get(Student.class, 1);
    Student student4 = (Student) session2.get(Student.class, 1);
    System.out.println(student1 == student3);
    System.out.println(student3 == student4);
    t2.commit();
    session2.close();
}
}
```

使用 JUnit 4 测试运行 test6()方法后，控制台输出的结果如下。

```
Hibernate:
    select
        student0_.id as id0_0_,
        student0_.studentname as studentn2_0_0_,
        student0_.gender as gender0_0_,
```

```
        student0_.age as age0_0_,
        student0_.classno as classno0_0_
    from
        student student0_
    where
        student0_.id=?
true
false
true
```

在 test6()方法中开启了两个 Session，并发出 4 次 get 查询。但控制台实际只发出了一次 SQL 语句，这说明 Hibernate 只去数据库中查询了一次。

第一个 Session 获取 student1 时，由于一二级缓存中均没有相应数据，所以需要从数据库中查询，控制台发出的 SQL 即此时查询的 SQL 语句。

查询出 Student 对象后，Student 对象会同时被存储到一二级缓存。在获取 student2 时，因为 Session 没有关闭，所以 student2 会从一级缓存中取出 student 数据。由于此时 student1 和 student2 都是一级缓存中的同一数据，所以输出结果为 true。

提交事务 1 并关闭第一个 Session，此时一级缓存中的数据会被清除。

接下来开启第二个 Session 和事务，获取 student3。首先查找一级缓存，由于这是新的 Session，一级缓存为空，所以找不到。接着查找二级缓存，发现 student3，便从二级缓存中取出。但由于二级缓存中存放的是散装数据，它们会重新创建一个对象，所以 student3 是一个新的对象，故第二次输出的结果为 false。取出后二级缓存会与一级缓存做一个同步，这时 student3 又在一级缓存中存在了。

获取 student4 时，Hibernate 去一级缓存的 Session 中获取，由于 Session 中存在此对象，所以输出结果为 true。

上机练习

在第 3 章学习的数据库的基础上，完成如下操作，必要时自行添加一些数据测试。

1. 查找每个类别的商品，并且输出该类别下的所有商品（使用显式内连接查询）。
2. 查找每个类别的商品，并且输出该类别下的所有商品（使用迫切内连接查询）。
3. 新添加一个类别，商品表暂时没有该类别的商品，查找每个类别的商品，并且输出该类别下的所有商品（使用外连接查询）。
4. 查找该类别下所有款式的价格都大于 3 500 元的商品。
5. 查找该类别下有一个款式的价格大于 3 500 元的商品。
6. 查找该类别下的款式多于两款的商品。
7. 查找某一款商品所属的商品类别信息。

思考题

1. 显式内连接与迫切内连接查询的语法是怎样的？
2. 隐式内连接有哪些实现方法？
3. 子查询返回的结果为单个和多个各怎样处理？
4. 一级缓存的原理是什么？
5. 二级缓存的原理是什么？

5 第 5 章 Struts 2 入门

本章目标

❖ 掌握 MVC 设计模式的相关知识
❖ 了解 Struts 2 框架的原理及其优势
❖ 了解 Struts 2 的执行流程
❖ 掌握搭建 Struts 2 的开发环境的方法
❖ 会使用 Struts 2 实现简单的登录

5.1 Struts 2 简介

Struts 是 Apache 软件基金会（Apache Software Foundation，ASF）赞助的一个开源项目，它通过采用 Java Servlet/JSP 技术，实现了基于 Java EE 的 Web 应用的 Model-View-Controller（MVC）设计模式的应用框架。

在 Java EE 的 Web 应用发展的初期，在 JSP 源代码中，普遍采用 HTML（HyperText Markup Language，超文本标记语言）与 Java 代码混合的方式进行开发，将表现层与业务逻辑层代码混合在一起。这增加了前期开发与后期维护的复杂度。为了将业务逻辑代码从表现层中清晰地分离出来，2000 年，克雷格·麦克拉汉（Craig McClanahan）采用了 MVC 的设计模式开发了 Struts。

2006 年，WebWork 与 Struts 的 Java EE Web 框架的开发团体合作，决定共同开发一个新的、整合了 WebWork 与 Struts 的优点且更加优雅、扩展性更强的框架——"Struts 2"（原 Struts 的 1.x 版本产品称为 "Struts 1"）。Struts 项目并行提供与维护两个主要版本的框架产品——Struts 1 与 Struts 2。在 2008 年 12 月，Struts 1 发布了最后一个正式版（1.3.10）。2013 年 4 月 5 日，Struts 开发组宣布终止了 Struts 1 的软件开发周期。

Struts 1 设计的第一目标就是使 MVC 设计模式应用于 Web 程序设计。Struts 在 Web 应用方面所做的工作是值得肯定的。在某些方面，Struts 社区注意到这一框架的局限性，所以这个活跃的社区通过对 MVC 设计模式的重新理解并同时引入一些新的建筑学方面的设计理念后，新的 Struts 2 框架结构更清晰，使用更灵活、更方便。

这一新的结构包含：应用逻辑的横切面拦截器，基于注释的配置以减少和去除 XML 形式的配置文件，功能强大的表达式语言，支持可更改、可重用 UI 组件的基于微 MVC 的标签库。Struts 2 有两方面的技术优势，一是所有的 Struts 2 应用程序都基于客户端/服务端（client/server）HTTP 交换协议，二是 The JavaServlet API 揭示了 Java Servlet 只是 Java API 的一个很小子集。这样，我们就可以在业务逻辑部分使用功能强大的 Java 语言进行程序设计。

　　Struts 2 提供了对 MVC 的一个清晰的实现。这一实现包含了很多对请求进行处理的关键组件，如拦截器、OGNL 表达式语言、堆栈。Struts 2 是一个用于创建企业级 Java Web 应用程序的简洁、可扩展的框架。它在构建、部署、应用程序维护方面简化了整个开发周期。

5.1.1　MVC 设计模式

　　在学习 Struts 2 之前，首先要了解什么是 MVC 设计模式。MVC 设计模式是软件工程中的一种软件架构模式，其把软件系统分为 3 个基本部分：控制器（Controller）、视图（View）和模型（Model）。

　　（1）控制器——负责转发请求，对请求进行处理。

　　（2）视图——提供用户交互界面。

　　（3）模型——功能接口，用来编写程序的业务逻辑功能、数据库访问功能等。

　　MVC 设计模式使应用程序的输入、处理和输出分开。模型、视图、控制器各自分工处理自己的任务。例如 JSP + Servlet + JavaBean 的模式就是一种典型的 MVC 设计模式，其中，JSP 作为视图为用户提供交互界面，Servlet 作为控制器负责接收用户的请求和调用 JavaBean 进行处理，JavaBean 负责程序功能如查询数据库等。MVC 设计模式的基本原理如图 5.1 所示。

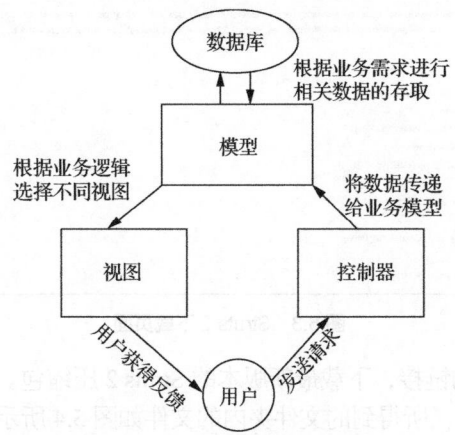

图 5.1　MVC 设计模式的基本原理

5.1.2　Struts 2 的优点

　　Struts 2 功能强大，其主要优点如下。

　　（1）基于 MVC 架构，层次与分工清晰。

　　（2）大量标签库可供使用，功能强大并可减少页面代码。

　　（3）提供 Ajax（Asynchronous JavaScript and XML，异步 JavaScript 和 XML）标签，提供良好的 Ajax 技术支持。

　　（4）方便拓展，用户可以自定义拦截器、自定义标签、自定义结果类型等。

　　（5）提供了对服务端的数据进行验证的功能。

　　（6）为多种视图技术（JSP、Freemarker、Velocity、XSLT 等）提供支持。

5.1.3　搭建 Struts 2 的开发环境

　　在搭建 Struts 2 的开发环境之前，首先从 ApacheStruts 官网下载 Struts 2，如图 5.2 所示。

图 5.2　Apache Struts 官网主页

单击"Download"按钮后，进入 Struts 2 的下载页面，如图 5.3 所示。

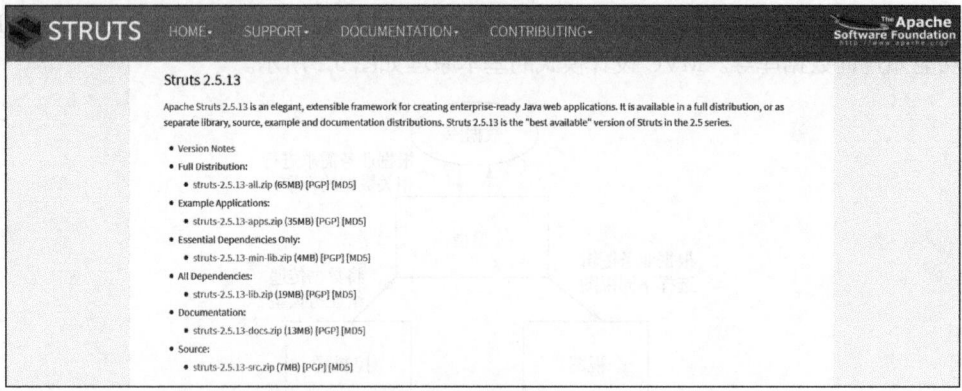

图 5.3　Struts 2 下载页面

选择 Full Distribution 下的链接，下载最新版本的 Struts 2 压缩包。

将下载的压缩包进行解压，所得到的文件夹内的文件如图 5.4 所示，其子目录的相关说明如下。

① apps：用于存放官方提供的 Struts 2 示例程序。

② docs：用于存放官方提供的 Struts 2 文档，包括 API 文档、快速入门等。

③ lib：用于存放 Struts 2 的核心类库，以及 Struts 2 的第三方插件类库。

④ src：用于存放该版本的 Struts 2 的源代码。

apps	2017-08-23 13:26	文件夹	
docs	2017-08-23 13:26	文件夹	
lib	2017-08-23 13:26	文件夹	
src	2017-08-23 13:26	文件夹	
CLASSWORLDS-LICENSE.txt	2017-08-23 13:10	文本文档	2 KB
FREEMARKER-LICENSE.txt	2017-08-23 13:10	文本文档	3 KB
LICENSE.txt	2017-08-23 13:10	文本文档	10 KB
NOTICE.txt	2017-08-23 13:10	文本文档	1 KB
OGNL-LICENSE.txt	2017-08-23 13:10	文本文档	3 KB
OVAL-LICENSE.txt	2017-08-23 13:10	文本文档	12 KB
SITEMESH-LICENSE.txt	2017-08-23 13:10	文本文档	3 KB
XPP3-LICENSE.txt	2017-08-23 13:10	文本文档	3 KB
XSTREAM-LICENSE.txt	2017-08-23 13:10	文本文档	2 KB

图 5.4　Struts 2 文件夹结构

打开子目录 lib，里面有 97 个 JAR 包（在不同的版本中，JAR 包的数量可能不同），但只需要选择其中的部分 JAR 包用于 Struts 2 项目的开发即可，如图 5.5 所示。

asm-5.2.jar	2017-07-31 12:06	好压 JAR 压缩文件	53 KB
asm-commons-5.2.jar	2017-07-31 12:06	好压 JAR 压缩文件	47 KB
asm-tree-5.2.jar	2017-07-31 12:06	好压 JAR 压缩文件	29 KB
commons-fileupload-1.3.3.jar	2017-07-06 07:47	好压 JAR 压缩文件	69 KB
commons-io-2.5.jar	2016-09-14 20:03	好压 JAR 压缩文件	204 KB
commons-lang3-3.6.jar	2017-06-22 08:33	好压 JAR 压缩文件	484 KB
commons-logging-1.1.3.jar	2013-11-23 17:55	好压 JAR 压缩文件	61 KB
freemarker-2.3.23.jar	2015-10-13 09:19	好压 JAR 压缩文件	1,319 KB
javassist-3.20.0-GA.jar	2016-03-16 08:28	好压 JAR 压缩文件	733 KB
log4j-api-2.8.2.jar	2017-04-22 17:43	好压 JAR 压缩文件	223 KB
ognl-3.1.15.jar	2017-08-01 10:23	好压 JAR 压缩文件	230 KB
struts2-core-2.5.13.jar	2017-08-23 13:12	好压 JAR 压缩文件	1,578 KB

图 5.5　Struts 2 项目开发中所依赖的基础 JAR 包

这些 JAR 包的简单说明如下。

① asm-5.2.jar：操作字节码文件。

② asm-commons-5.2.jar：提供基于事件的表现形式。

③ asm-tree-5.2.jar：提供基于对象的表现形式。

④ commons-fileupload-1.3.3.jar：文件上传下载。

⑤ commons-io-2.5.jar：封装了 I/O 工具类。

⑥ commons-lang3-3.6.jar：对 java.lang.*的扩展，包含一些数据类型工具。

⑦ commons-logging-1.1.3.jar：Apache 通用日志接口。

⑧ freemarker-2.3.23.jar：模板引擎，并用来生成输出文本（HTML 网页、配置文件等）的通用工具。

⑨ javassist-3.20.0-GA.jar：JavaScript 字节码解释器。

⑩ log4j-api-2.8.2.jar：日志管理的依赖包的 API。

⑪ ognl-3.1.15.jar：OGNL 表达式，用来获取和设置 Java 对象属性。

⑫ Struts 2-core-2.5.13.jar：Struts 2 核心包，融合了 WebWork 核心库（xwork-core）。

5.2　第一个 Struts 2 项目

项目案例：使用 Struts 2 技术，项目运行后，首页 index.jsp 有一个超链接，单击该链接转到 success.jsp 页面，该页面的内容为"这是我的第一个 Struts"。

开发思路如下。

① 加载 Struts 2 类库，项目中导入与 Struts 2 相关的 JAR 包。

② 配置 web.xml，拦截所有请求并由 Struts 2 核心控制器转发给对应的 Action 处理。

③ 定义动作类，用于处理用户的请求。

④ 配置 struts.xml，配置请求与动作类之间的映射。

⑤ 设计视图页面展示给用户。

⑥ 部署并运行项目。

实现步骤如下。

（1）使用 Eclipse 创建 Web 项目 ssh05。打开 Eclipse 软件，选择 File→New→Dynamic Web Project

命令，在打开的对话框中单击 "finish" 按钮，完成项目的创建。

（2）导入与 Struts 2 项目相关的 JAR 包。为了获取 Struts 2 框架的支持，必须先安装 Struts 2。安装时，需将与 Struts 2 项目相关的 JAR 文件复制到 Web 项目中的 WEB-INF/lib 路径下，如图 5.6 所示。选中所有的 JAR 包，单击鼠标右键，在弹出的快捷菜单中选择 BuildPath→Add to Build Path 命令即可。

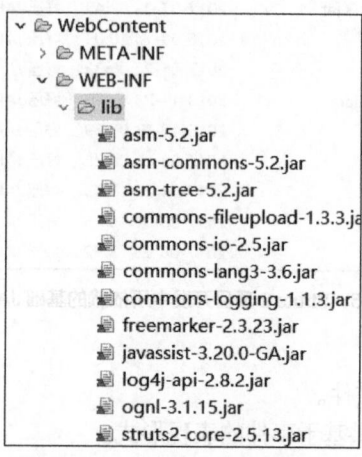

图 5.6　Struts 2 项目所需要的 JAR 包

（3）在 web.xml 中配置核心过滤器。打开 Web 项目下的配置文件 web.xml，配置 Struts 2 的核心过滤器。此过滤器的全类名为 org.apache.Struts 2.dispatcher.filter.StrutsPrepareAndExecuteFilter。

注意：不同版本的 Struts 2 过滤器的全类名可能不同。以下代码表示拦截一切请求，都交由 Struts 2 统一调配。

```
<?xmlversion="1.0"encoding="UTF-8"?>
<web-appxmlns:xsi="http://www.w3.org/2001/XMLSchema-instance"
    xmlns="http://xmlns.jcp.org/xml/ns/javaee"
    xsi:schemaLocation="http://xmlns.jcp.org/xml/ns/javaee
    http://xmlns.jcp.org/xml/ns/javaee/web-app_3_1.xsd"
    version="3.1">
<display-name>ssh05</display-name>
<!-- 配置 Struts 2 的核心控制器（过滤器） -->
<filter>
<filter-name>struts 2</filter-name><filter-class>org.apache.struts 2.dispatcher. filter.
StrutsPrepareAndExecuteFilter</filter-class>
</filter>
<filter-mapping>
<filter-name>Struts 2</filter-name>
<!—拦截所有请求 -->
<url-pattern>/*</url-pattern>
</filter-mapping>
</web-app>
```

（4）创建定义处理用户请求的动作类。在 src 目录下，新建一个名为 com. seehope. action 的包，在包中新建一个名为 HelloStrutsAction 的类，并继承 ActionSupport 类，实现 execute()方法的代码如下，此方法的返回值为 String 类型。

```
package com.seehope.action;
import com.opensymphony.xwork2.ActionSupport;
public class HelloStrutsAction extends ActionSupport{
    public String execute() throws Exception{
```

```
        return SUCCESS;
    }
}
```

在这个 HelloStrutsAction 类的 execute()方法中，返回值必须对应配置文件 struts.xml 中<result>标签的 name 属性的值。SUCCESS 是一个内置的静态常量，其真实的值是 String 类型的 "success"。

（5）配置 struts.xml。在 src 目录下新建一个 XML 文件，并命名为 struts.xml，代码如下。

```
<?xml version="1.0" encoding="UTF-8"?>
<!-- 声明 Struts 2 的配置文件的约束规范 -->
<!DOCTYPE struts PUBLIC
"-//Apache Software Foundation//DTD Struts Configuration 2.0//EN"
"http://struts.apache.org/dtds/struts-2.5.dtd">
<!-Struts 2 的配置文件的根元素 -->
<struts>
    <!-- 创建一个 default 包空间，继承自 Struts 2 的 struts-default 包，用于存放动作类-->
    <package name="default" namespace="/" extends="struts-default">
        <!-- 定义动作类，该动作类对应 com.seehope.action.HelloStrutsAction 类 -->
        <action name="helloStrutsAction" class="com.seehope.action.HelloStruts Action">
            <!-- 定义处理结果（动作方法返回值）和视图资源之间的对应关系 -->
            <result name="success">/success.jsp</result>
        </action>
    </package>
</struts>
```

（6）创建视图页面。在 WebContent 目录下创建 index.jsp 页面，里面写用于发送请求到指定的动作类的超链接。

```
<%@page language="java" contentType="text/html; charset=UTF-8" pageEncoding="UTF-8"%>
<!DOCTYPEhtmlPUBLIC"-//W3C//DTD HTML 4.01 Transitional//EN""http://www.w3.org/TR/html4/loose.dtd">
<html>
<head>
<meta http-equiv="Content-Type" content="text/html; charset=UTF-8">
<title>首页</title>
</head>
<body>
    <a href="${pageContext.request.contextPath }/helloStrutsAction.action">hello Struts</a>
</body>
</html>
```

然后在 WebContent 目录下创建 success.jsp 页面，作为请求处理成功后跳转的页面，代码如下。

```
<%@page language="java" contentType="text/html; charset=UTF-8" pageEncoding="UTF-8"%>
<!DOCTYPEhtmlPUBLIC"-//W3C//DTD HTML 4.01 Transitional//EN""http://www.w3.org/TR/html4/loose.dtd">
<html>
<head>
<meta http-equiv="Content-Type" content="text/html; charset=UTF-8">
<title>成功页面</title>
</head>
<body>
    我的第一个 Struts 页面
</body>
</html>
```

（7）部署并运行项目，结果如图 5.7 所示。在图 5.7 所示的页面中单击超链接 "hello Struts"，运行结果如图 5.8 所示。

图 5.7　index.jsp 展示页面

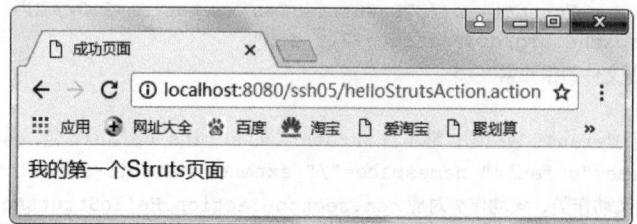

图 5.8　success.jsp 展示页面

5.3　利用 Struts 2 实现登录

项目案例：利用 Struts 2 实现用户登录功能。通过此案例，读者可以了解前台页面表单中填写的数据提交到后台 Action 后，Action 通过什么办法接收数据，在 Action 中的数据又怎么传回前台。

（1）在项目 ssh05 中，新建 login.jsp 页面，代码如下。

```
<body>
    <form action="login" method="post">
        用户名:<input type="text" name="username"><br/>
        密码:<input type="password" name="password"><br/>
        <input type="submit" value="登录">
    </form>
</body>
```

（2）在 com.seehope.action 包下新建 LoginAction 类。

```
public class LoginAction extends ActionSupport{
    private String username;
    private String password;
    @Override
    public String execute() throws Exception {
        //判断用户名和密码是否正确
        if("seehope".equals(username)&&"123".equals(password)){
            return SUCCESS; //登录成功
        }else{
            return ERROR; //登录失败
        }
    }
    public String getUsername() {
        return username;
    }
    public void setUsername(String username) {
        this.username = username;
    }
```

```
public String getPassword() {
    return password;
}
public void setPassword(String password) {
    this.password = password;
}
}
```

注意：其中的属性 username 与 password 要有 getter()、setter()方法，此外这两个属性的名称必须与前台表单的 name 属性的名称一致。这样前台表单的数据提交给 Action 处理后，Action 对应的属性才能自动获取到对应名称的表单域的值。

（3）在 struts.xml 中添加 Action 配置。

```
<action name="login" class="com.seehope.action.LoginAction">
    <result name="success">successLogin.jsp</result>
    <result name="error">errorLogin.jsp</result>
</action>
```

（4）前台 successLogin.jsp 的代码如下。

```
<%@ page language="java" contentType="text/html; charset=utf-8"
    pageEncoding="utf-8"%>
<%@ taglib uri="/struts-tags" prefix="s"%>
<!DOCTYPE html>
<html>
<head>
<meta charset="utf-8">
<title>successLogin</title>
</head>
<body>
<h1>success</h1>
<h2>欢迎您: <s:property value="username"/> ! </h2>
</body>
</html>
```

使用<property>标签即可把 Action 中的属性 username 的值在 JSP 页面中显示出来。

（5）前台 errorLogin.jsp 的代码如下。

```
<body>
<h2>用户名或密码错误!登录失败!</h2>
</body>
```

（6）运行测试，效果如图 5.9 与图 5.10 所示。

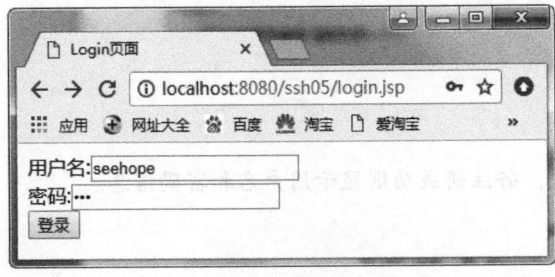

图 5.9　登录界面

图 5.10　登录成功后的界面

5.4　Struts 2 的执行流程

图 5.11 所示为 Struts 2 的执行流程图，具体流程如下所述。

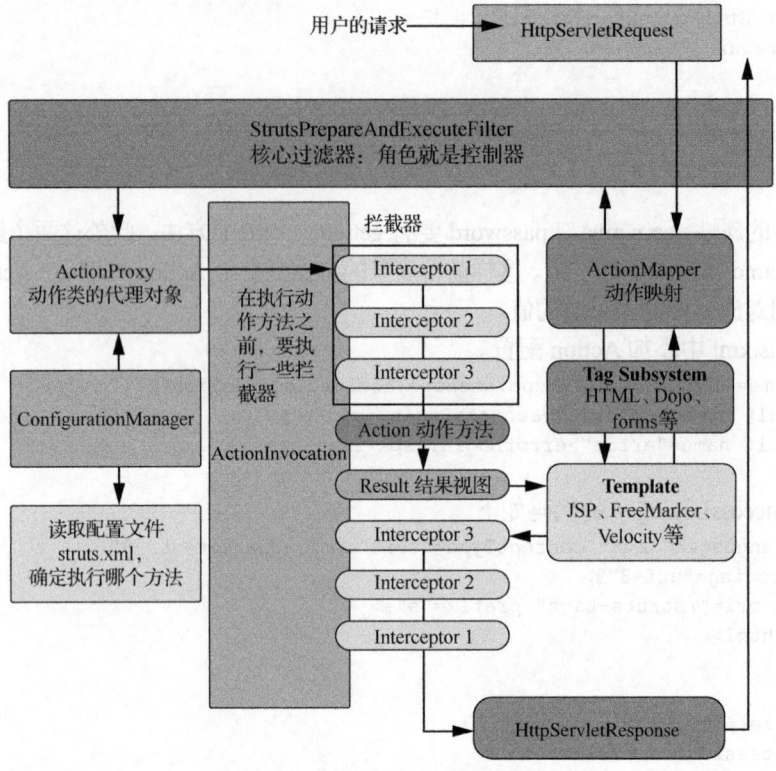

图 5.11　Struts 2 的执行流程图

（1）客户端通过浏览器发起一个 HTTP 请求。

（2）Struts 2 的核心控制器 StrutsPrepareAndExecuteFilter 拦截请求。

（3）核心控制器通过 ActionMapper 判断请求是否有对应的业务控制器类。如果有，进入下一步执行流程；如果没有，就将请求转发给对应的 Web 组件。

（4）核心控制器创建 ActionProxy 对象。ActionProxy 对象通过 ConfigurationManager 对象加载 Struts 2 的配置文件，获得当前访问的 Action 的相关配置信息。

（5）ActionProxy 根据获得的 Action 的配置信息，创建 ActionInvocation 实例化对象。

（6）再通过 ActionInvocation 对象使 Action 前面的拦截器被一一执行，最后执行 Action。

（7）最后通过 ActionInvocation 获得 Action 执行后的逻辑视图，根据逻辑视图找到物理视图，返回给客户端响应。

上机练习

完成用户注册功能，界面上有用户名和密码，若注册成功则显示用户名和密码信息。

思考题

1. Struts 2 基于什么模式？有哪些优点？
2. 描述 Struts 2 的执行流程。

6 第6章 Struts 2 的配置文件

本章目标

✧ 掌握配置文件 struts.xml 的结构

✧ 学会使用通配符进行动态配置的方法

✧ 理解 Action 如何获取参数

✧ 熟悉<result>的配置

6.1 配置文件简介

下面从文件结构、配置常量、<include>的配置等方面来全面认识配置文件 struts.xml。

6.1.1 认识 struts.xml 的文件结构

struts.xml 文件是 Struts 2 的核心配置文件，主要用来配置客户端的请求与服务端的 Action 动作类之间的映射关系，以及在 Action 动作类处理完毕后响应的视图资源。通过对 struts.xml 的配置，可以确定某个客户端的请求，由服务端的哪个 Action 类来处理，以及 Action 类处理完毕后返回哪个视图给客户端。

struts.xml 在设计时一般放在项目的 src 目录下，运行服务器后会自动加载到 WEB-INF/classes 目录下。struts 2.xml 的基本结构如下所示。

```
<?xml version="1.0" encoding="UTF-8"?>
<!-- 声明 Struts 2 配置文件的约束规范 -->
<!DOCTYPE struts PUBLIC
"-//Apache Software Foundation//DTD Struts Configuration 2.0//EN"
"http://struts.apache.org/dtds/struts-2.0.dtd">
<!-- Struts 2 配置文件的根元素 -->
<struts>
    <!-- constant 元素的常量配置 -->
    <constant name="struts.enable.DynamicMethodInvocation" value=
"false"></constant>
    <constant name="struts.devMode" value="true"></constant>
    <!-- 创建一个 default 包空间，继承自 Struts 2 的 struts-default 包，
用于存放动作类-->
    <package name="default" namespace="/" extends="struts- default">
```

```
                 <!-- 定义动作类，该动作类对应 com.seehope.action.HelloStruts2Action 类 -->
        <action name="helloAction" class="com.seehope.action.HelloStrutsAction">
                 <!-- 定义处理结果（动作方法返回值）和视图资源之间的对应关系 -->
                 <result name="success">/success.jsp</result>
        </action>
    </package>
    <!-- include 元素用于包含其他配置，如果有其他配置的话 -->
    <include file="other.xml"></include>
</struts>
```

在上述的 struts.xml 中，<package>标签包含以下多个属性。

（1）name 属性：用于指定包名，必须指定且唯一。

（2）extends 属性：指定要继承的包，一般设置为继承 struts-default 包即可。struts-default 包由 struts 框架定义，内置了大量的基本功能，若当前包继承了 struts-default 包就具有了 Struts 2 框架默认的拦截器等功能，否则不会自动有这些功能。

（3）namespace 属性：当前包的命名空间。对应的 URL 请求路径应先有命名空间，再有 Action。没有特殊要求的命名空间可设置为 "/"，表示根命名空间。对应的 URL 只需 "/action" 即可。如果命名空间为 namespace="/aa"，则 URL 应为 "/aa/action"。

<package>标签下可以包含多个 Action 和拦截器。包实质上就是 Action 和拦截器及拦截器引用的集合。除<package>标签外，还可能会涉及其他的标签配置，如<include>标签，用来在配置文件 struts.xml 中包含其他的配置文件，以及下面即将介绍的<constant>标签。

配置文件 struts.xml 第二行开始的代码是 DTD 约束信息。这些代码无须死记。在核心 JAR 包 Struts 2-core-2.5.13.jar 下找到 struts-2.6.dtd 文件并打开，在第 30～33 行就有如下所示的代码。

```
<!DOCTYPE struts PUBLIC
    "-//ApacheSoftwareFoundation//DTDStrutsConfiguration 2.5//EN"
    "http://struts.apache.org/dtds/struts-2.5.dtd">
```

复制过来即可。

6.1.2 配置常量

Struts 默认配置了大量的常量，可以通过配置常量来实现各种特定的功能。如果需要修改这些常量，只要在配置文件中对常量进行重新配置（覆盖掉默认配置）即可。有下列三种方式可以配置常量。

1．通过<constant>标签配置常量

在 struts.xml 中通过<constant>标签配置常量。通过设置<constant>标签的 name 和 value 属性来配置。代码如下所示。

```
<!-- constant 标签用于常量的配置 -->
    <!-- 设置开发者模式 -->
    <constant name="struts.devMode" value="true"/>
    <!-- 配置常量设置默认编码集为 UTF-8 -->
    <constant name="struts.i18n.encoding" value="UTF-8"/>
```

name 属性设定了当前常量的常量名，value 属性设定了当前常量的常量值。从上面代码可以发现，通过配置常量可以设置开发者模式、设置编码集等。

2．使用文件 struts.properties 配置常量

在项目的 src 下创建文件 struts.properties，编译运行后，Eclipse 自动将其加载到类的路径下。在 struts.properties 中配置常量的方式具体如下。

###设置默认编码集为 UTF-8

```
struts.i18n.encoding=UTF-8
```

###设置不使用开发者模式

```
struts.devMode=false
```

在上面的代码示例中，等号左边为常量名称，等号右边为常量值，此外三个"#"后表示的是当前配置文件的注释信息，用于说明当前常量的作用。

3. 在 web.xml 中配置常量

在 web.xml 中配置项目的核心过滤器时，可以通过初始化参数来配置常量，代码如下所示。

```
<!-- 配置 Struts 2 的核心控制器（过滤器）-->
<filter>
<filter-name>struts 2</filter-name><filter-class>org.apache.struts 2.dispatcher.filter.
StrutsPrepareAndExecuteFilter</filter-class>
    <!-- 配置常量，设置默认编码集为 UTF-8-->
<init-param>
     <param-name>struts.i18n.encoding</param-name>        此处为初始
     <param-value>UTF-8</param-value>                      化参数
</init-param>
</filter>
```

<init-param>用来配置常量，它的子标签<param-name>代表常量名称，子标签<param-value>代表常量值。如果要配置多个常量，可以使用多对<init-param></init-param>标签。

Struts 2 支持哪些常量呢？在 Struts 2 的核心开发包的解压路径下，有一个名为 default.properties 的文件，此文件为所有 Struts 2 常量提供了默认值，打开此文件可了解 Struts 2 所支持的常量。

6.1.3　<include>的配置

小型项目只用一个配置文件（struts.xml）就够了，但较大型的项目功能模块多、分工多，单用一个配置文件的话，不方便分工合作。在这种情况下，可以将功能模块或系统架构拆分为多个配置文件，但 Struts 2 默认只加载 WEB-INF/classes 下的 struts.xml（主配置文件），其他配置文件默认不加载。这时可以通过在 struts.xml 中用<include>标签的配置将其他配置文件包含进来。示例如下。

```
<include file="struts-sales.xml"/>
<include file="struts-finance.xml"/>
<include file="struts-project.xml"/>
```

Struts 2 默认会到 src 目录下查找上述代码中的配置文件，若这些配置文件未放在 src 根目录下，则需要指定配置文件所在包的路径。

所有这些被包含的配置文件都必须是标准的 Struts 2 配置文件，与 struts.xml（主配置文件）一样包含 DTD 信息、Struts 配置文件的根元素。在项目启动时，Struts 2 会先加载主配置文件（struts.xml）。若 struts.xml 还包含其他配置文件，则 Struts 2 会将其他配置文件也一并加载进来，最后形成完整的配置信息。

6.2　配置 Action

6.2.1　创建 Action 类

核心控制器接收请求后，需要有对应的 Action 类来处理请求，其作用类似 Servlet。那么，如何创建这样的类呢？一般可使用以下两种方式去创建。

1. 实现 Action 接口

在 com.opensymphony.xwork2 包下，Struts 2 提供了一个 Action 接口，此接口的代码如下所示，包含 5 个常量和 1 个抽象方法。

```
package com.opensymphony.xwork2;
public interface Action {
    public static final String SUCCESS = "success";
    public static final String NONE = "none";
    public static final String ERROR = "error";
    public static final String INPUT = "input";
    public static final String LOGIN = "login";
    public String execute() throws Exception;
}
```

创建一个类，只要该类实现了上述接口，那么这个类就成了 Struts 2 中的 Action 类。在 Action 类处理用户请求后，对 execute()方法的返回值的处理，不同的程序员可能会采用不同的方法。为了方便项目中的各模块的统一和管理，推荐上述接口代码的 5 个常量，这样可统一 execute()方法的返回值。

2. 继承 ActionSupport 类

ActionSupport 类实现了 Action 接口，并且功能更为强大。示例代码如下。

```
package com.seehope.action;
import com.opensymphony.xwork2.ActionSupport;
public class HelloStrutsAction extends ActionSupport{
    private static final long serialVersionUID = 1L;
    @Override
    public String execute() throws Exception {
        return "success";
    }
}
```

开发中常用这个方法创建 Action 类。

6.2.2 配置 Action 类

当客户端发送了一个 URL 请求后，需要将此 URL 请求映射到对应的 Action 进行处理。通常不同的 URL 请求映射到不同的 Action 进行处理，所以需要在 struts.xml 中配置好 URL 请求与 Action 之间的映射关系，以便每个 URL 请求都能找得到自己该对哪个 Action 进行处理。

在 struts.xml 中对 Action 配置的典型代码如下所示。

```
<action name="helloStrutsAction" class="com.seehope.action.HelloStrutsAction">
    <result name="success">/success.jsp</result>
</action>
```

在 struts.xml 中，每一对<action></action>标签都对应一个 URL 请求与 Action 之间的映射，可以有多对<action></action>标签。

<action>标签的常见属性的相关说明如表 6.1 所示。

表 6.1　<action>标签的常见属性的相关说明

属性名	属性值说明
name	表示当前 Action，指定了 Action 所处理的请求 URL
class	指定当前 Action 对应的实现类
method	指定请求 Action 时调用的方法。可以不指定

如果不指定 method 属性，则会默认使用实现类的 execute()方法进行处理。子标签<result>指明了

当前 Action 处理结果的逻辑视图和物理视图的映射，其中，name 属性指定的是逻辑视图，内部包含的值对应的是物理视图。

如果 method 属性指定了一个值（方法名称），则不再使用 Action 类默认的 execute()方法，而使用指定的这个方法进行处理，示例如下。

```
<action name="loginAction" class="com.seehope.action.HelloStrutsAction" method= "login">
    <result name="success">/success.jsp</result>
</action>
```

上述配置指的是调用 HelloStrutsAction 类中的 login()方法，而不再调用默认的 execute()方法。如果只用默认的 execute()方法，弊端就是一个 Action 类只能有一个 execute()方法，只能对应一个请求，这时，如果有多个请求，就不得不创建多个 Action 类进行处理。而使用了 method 参数后，一个 Action 类就可以自定义多个方法，分别对应多个不同的 Action。

```
<action name="loginAction" class="com.seehope.action.HelloStrutsAction" method= "login">
    <result name="success">/admin.jsp</result>
</action>
<action name="registerAction" class="com.seehope.action.HelloStrutsAction" method=
"register">
    <result name="success">/register.jsp</result>
</action>
```

在上述配置中，两个 Action 其实调用的都是同一个类，但通过 method 的配置调用了不同的方法。假如不用 method 配置，那么就只能使用两个类才能实现同样的功能。

6.2.3　Action 访问 Servlet API 对象

Struts 2 不能直接访问 Servlet API，这是因为 Struts 2 没有直接和 Servlet API 耦合，但在实际业务中，却经常需要访问 Request、Session、Application 等 Servlet 对象，那么 Struts 2 如何才能访问这些 Servlet API 对象呢？Struts 提供了下述三种访问 Servlet API 对象的方法。

1. 使用 ActionContext 类

Struts 2 提供了 Action 的上下文对象 ActionContext。ActionContext 中提供了多种方法，可以获取 Request、Session、Application、Parameters 对应的 Map 对象。具体方法如表 6.2 所示。

表 6.2　ActionContext 的常用方法及相关说明

方法名称	返回值类型	说明
getContext()	static ActionContext	获取当前线程的 ActionContext
getApplication()	Map<String,Object>	返回 Application 级的 Map 对象
getParameters()	Map<String,Object>	返回包含所有 request 参数信息的 Map 对象
getSession()	Map<String,Object>	返回 Map 类型的 HttpSession 对象
get(Stringkey)	Object	通过 key 查找当前 ActionContext 的值
put(String key,Object value)	oid	将数据以 key-value 形式放入 ActionContext 中，类似 Servlet API 域对象的 setAttribute()

从表 6.2 可以发现，ActionContext 并没有提供类似 getRequest()的方法来获取 HttpServlet Request 对应的 Map 对象，那有什么办法可以获取 HttpServletRequest 对应的 Map 对象呢？需要用到表 6.2 中的 get()方法传递 request 参数即可。代码示例如下。

```
ActionContext context=ActionContext.getContext();
Map request=(Map)context.get("request");
```

获取 HttpSession 对应的 Map 对象的代码示例如下。

```
ActionContext context=ActionContext.getContext();
```

```
Map session=(Map)context.getSession();
```

获取 Application 对应的 Map 对象的代码示例如下。

```
ActionContext context=ActionContext.getContext();
Map application=(Map)context.getApplication();
```

项目案例：使用 ActionContext 访问 ServletAPI 对象。

（1）将项目 ssh05 复制为 ssh06，清除无关代码，在 WebContent 目录下新建一个名为 login.jsp 的登录页面，代码如下所示。

```
<%@pagelanguage="java"contentType="text/html; charset=utf-8"pageEncoding="utf-8"%>
<!DOCTYPEhtml>
<html>
<head>
<metacharset="utf-8">
<title> Login 页面</title>
</head>
<body>
    <form action="${pageContext.request.contextPath }/login" method="post">
        用户名:<input type="text" name="username"><br>
        密码:<input type="password" name="password"><br>
        <input type="submit" value="Login">
    </form>
</body>
</html>
```

（2）在 src 目录下创建配置文件 struts.xml，代码如下所示。

```
<?xml version="1.0" encoding="UTF-8"?>
<!DOCTYPEstrutsPUBLIC
"-//Apache Software Foundation//DTD Struts Configuration 2.0//EN"
"http://struts.apache.org/dtds/struts-2.5.dtd">
<struts>
    <package name="default" namespace="/" extends="struts-default">
        <action name="login" class="com.seehope.action.LoginAction">
            <result name="success">/success.jsp</result>
            <result name="error">error.jsp</result>
        </action>
    </package>
</struts>
```

（3）在 com.seehope.action 包下创建 LoginAction 类，继承 ActionSupport 类，代码如下所示。

```
package com.seehope.action;
import com.opensymphony.xwork2.ActionContext;
import com.opensymphony.xwork2.ActionSupport;
public class LoginAction extends ActionSupport{
    private String username;
    private String password;
    @Override
    public String execute() throws Exception {
        //通过 ActionContext 的静态方法获取 ActionContext 对象
        ActionContext context=ActionContext.getContext();
        Map<String,Object> session=context.getSession();
        if("seehope".equals(username)&&"123".equals(password)){
            //将用户名、密码保存在 Context 对象中
            session.put("username", username);
            session.put("password", password);
            session.put("success", "登录成功!");
```

```
                return SUCCESS;
            }else{
                session.put("error", "用户名或密码错误");
                return ERROR;
            }
        }
//省略 getter()、setter()方法
}
```

（4）在 WebContent 目录下创建 success.jsp，代码如下所示。

```
<%@page language="java" contentType="text/html; charset=utf-8"pageEncoding="utf-8"%>
<!DOCTYPE html>
<html>
<head>
<meta charset="utf-8">
<title> Success 页面</title>
</head>
<body>
    <h1>${sessionScope.success}</h1>
    <h2>用户信息</h2>
    <h3>用户名: ${sessionScope.username}</h3>
    <h3>密码: ${sessionScope.password}</h3>
</body>
</html>
```

（5）在 WebContent 目录下创建 error.jsp，代码如下所示。

```
<%@page language="java" contentType="text/html; charset=utf-8"pageEncoding="utf-8"%>
<!DOCTYPE html>
<html>
<head>
<meta charset="utf-8">
<title> errorLogin</title>
</head>
<body>
    <h2>${sessionScope.error}</h2>
</body>
</html>
```

（6）部署运行，在浏览器的地址栏中输入 "http://127.0.0.1/ssh06/login.jsp"，成功访问后，浏览器显示如图 6.1 所示，输入用户名 "seehope" 和密码 "123"。

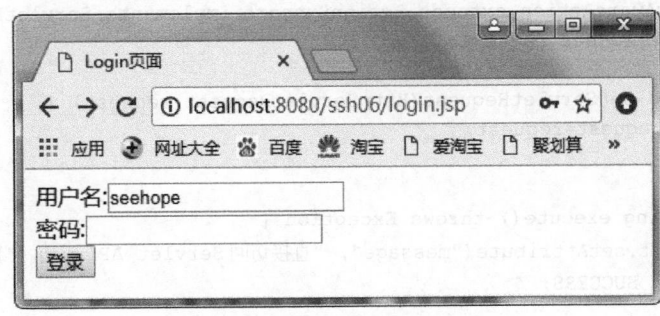

图 6.1　登录页面

（7）单击 "登录" 按钮，页面跳转的结果如图 6.2 所示。

（8）返回登录页面，输入错误密码，单击 "登录" 按钮，可看到图 6.3 所示的页面。

图 6.2　登录后跳转到 success.jsp

图 6.3　登录后跳转到 error.jsp

2. 使用 ServletRequestAware 等接口

通过 ActionContext 类访问 Servlet API 不能直接获得 Servlet API 实例，为了能在 Action 中直接访问 Servlet API，Struts 2 提供了一些接口，如 ServletRequestAware 接口。

项目案例：使用 ServletRequestAware 接口在 Action 中访问 HttpServletRequest 实例。

（1）在 com.seehope.action 包下创建 MyAwareAction 类，继承 ActionSupport 类并实现 Servlet-RequestAware 接口，重写 ServletRequestAware 接口中的方法和 execute()方法，具体代码如下。

```
package com.seehope.action;
import javax.servlet.http.HttpServletRequest;
import org.apache.struts 2.interceptor.ServletRequestAware;
import com.opensymphony.xwork2.ActionSupport;
public class MyAwareAction extends ActionSupport implements ServletRequestAware{
    HttpServletRequest request;
    @Override
    Public void setServletRequest(HttpServletRequest request) {
        this.request=request;
    }
    @Override
    public String execute() throws Exception {
        request.setAttribute("message", "直接访问 Servlet API 成功。");
        return SUCCESS;
    }
}
```

（2）为配置文件 struts.xml 增加当前类对应的<action>标签。

```
<!-- MyAwareAction 类对应的 Action 配置 -->
<action name="message" class="com.seehope.action.MyAwareAction">
```

```
        <result name="success">/message.jsp</result>
    </action>
```

（3）在 WebContent 目录下创建 message.jsp，核心代码如下所示。

```
<%@page language="java" contentType="text/html; charset=UTF-8"
pageEncoding="UTF-8"%>
<!DOCTYPE html PUBLIC "-//W3C//DTD HTML 4.01 Transitional//EN" "http://www.w3.
org/TR/html4/loose.dtd">
<html>
<head>
<meta http-equiv="Content-Type" content="text/html; charset=UTF-8">
<title>Message 页面</title>
</head>
<body>
<h2>${requestScope.message }</h2>
</body>
</html>
```

（4）重新部署项目，在浏览器的地址栏中输入 http://localhost:8080/ssh06/message，成功访问后的页面如图 6.4 所示。

图 6.4　成功访问后的页面

除了在上述案例中用到的 ServletRequestAware 接口，还有一些类似的 Servlet API 访问接口。

① ServletRequestAware：实现此接口后，Action 可以直接访问 Web 应用的 HttpServletRequest 实例。

② ServletResponseAware：实现此接口后，Action 可以直接访问 Web 应用的 HttpServletResponse 实例。

③ SessionAware：实现此接口后，Action 可以直接访问 Web 应用的 HttpSession 实例。

④ ServletContextAware：实现此接口后，Action 可以直接访问 Web 应用的 ServletContext 实例。

3. 通过 ServletActionContext 类访问

Struts 2 框架提供了 ServletActionContext 类，用于直接访问 Servlet API。该类提供表 6.3 所示的静态方法。

表 6.3　ServletActionContext 类的常用静态方法

返回值	方法声明	方法说明
Static HttpServletRequest	getRequest()	获取 Web 项目的 HttpServletRequest 对象
Static HttpServletResponse	getResponse()	获取 Web 项目的 HttpServletResponse 对象
Static ServletContext	getServletContext()	获取 Web 项目的 ServletContext 对象
Static PageContext	getPageContext()	获取 Web 项目的 PageContext 对象

下面举例说明 ServletActionContext 类访问 Servlet API 的具体步骤。

（1）在 com.seehope.action 包下创建 InfoAction 类，此类的具体信息如下所示。

```
package com.seehope.action;
importorg.apache.struts 2.ServletActionContext;
import com.opensymphony.xwork2.ActionSupport;
public class InfoAction extends ActionSupport{
    @Override
    public String execute() throws Exception {
        ServletActionContext.getRequest().setAttribute("Info", "通过ServletAction Context
直接访问Servlet API 成功。");
        Return SUCCESS;
    }
}
```

（2）配置 struts.xml，在 package 中添加名为 info 的 Action 配置信息。代码如下。

```
<!-- InfoAction 类对应的 Action 配置 -->
    <action name="info" class="com.seehope.action.InfoAction">
        <result name="success">/info.jsp</result>
    </action>
```

（3）在 WebContent 下新建 info.jsp 页面，代码如下所示。

```
<%@page language="java" contentType="text/html; charset=UTF-8"
pageEncoding="UTF-8"%>
<!DOCTYPE html PUBLIC "-//W3C//DTD HTML 4.01 Transitional//EN" "http://www.w3.org/TR/
html4/loose.dtd">
<html>
<head>
<meta http-equiv="Content-Type" content="text/html; charset=UTF-8">
<title>Info 页面</title>
</head>
<body>
<h2>${requestScope.Info }</h2>
</body>
</html>
```

重新部署并运行 ssh06 项目，在浏览器的地址栏中输入 http://localhost:8080/ssh06/info，成功访问后，运行结果如图 6.5 所示。

图 6.5　运行结果

需要注意的是，以上两种方法虽然不需要实现接口，但是 Action 类和 Servlet API 直接耦合，不利于程序解耦，所以在实际开发中，优先选择 ActionContext 方式，以避免和 Servlet API 直接耦合。

6.2.4　动态方法调用

一个 Web 应用程序可能需要在 struts.xml 中配置大量的 Action，这会使 struts.xml 变得臃肿。使用动态方法就可以在一定程度上减少 Action 的配置数量。使用动态方法的前提是同一个 Action 类的不同方法要处理的请求使用相同的 Result 配置。

　　动态方法调用是指表单的 Action 属性不是直接使用某个 Action 的名称，而是用一种特定的格式，语法如下。

```
actionName!methodName.action
```

其中，第一个单词 actionName 代表 Action 的名称，感叹号"!"右边的 methodName 代表方法名称。例如 user!login.action 表示调用 user 这个 Action 的 login()方法。user!register.action 表示调用 user 这个 Action 的 register()方法。

　　项目案例：使用动态方法实现登录与注册。

（1）创建 UserAction 这个 Action 类，里面有 login()和 register()两个方法。

```java
public class UserAction extends ActionSupport{
    private String username;
    private String password;
    public String login() throws Exception {
        //通过 ActionContext 的静态方法获取 ActionContext 对象
        ActionContext context=ActionContext.getContext();
        Map<String,Object> session=context.getSession();
        //判断用户名、密码是否正确
        if("seehope".equals(username)&&"123".equals(password)){
            //将用户名、密码保存在 Context 对象中
            session.put("username", username);
            session.put("password", password);
            session.put("success", "登录成功!");
            return SUCCESS;
        }else{
            //登录失败
            session.put("errorLogin", "用户名或密码错误");
            return ERROR;
        }
    }
    public String register() throws Exception {
        //通过 ActionContext 的静态方法获取 ActionContext 对象
        ActionContext context=ActionContext.getContext();
        Map<String,Object> session=context.getSession();
        //将用户名、密码保存在 Context 对象中
        session.put("username", username);
        session.put("password", password);
        session.put("success", "注册成功!");
        return SUCCESS;
    }
    //省略 getter()、setter()方法
}
```

（2）创建 login2.jsp，代码如下。

```jsp
<body>
    <form action="user!login.action" method="post">
        用户名: <input type="text" name="username"><br/>
        密码: <input type="password" name="password"><br/>
        <input type="submit" value="登录">
    </form>
</body>
```

其中，表单 Action 属性对应的值为 user!login.action，表示提交到 user 这个 Action 的 login()方法。

（3）创建 register.jsp，代码如下。

```
<body>
    <form action="user!register.action" method="post">
        用户名: <input type="text" name="username"><br/>
        密码: <input type="password" name="password"><br/>
        <input type="submit" value="注册">
    </form>
</body>
```

其中，表单 Action 属性对应的值为 user!register.action，表示提交到 user 这个 Action 的 register()
方法。

（4）配置 Struts.xml。注意头部约束信息是 2.5 版，与 JAR 包的版本一致。要配置启用动态方法，
还要添加<global-allowed-methods>regex:.*</global-allowed-methods>这行配置，这是 2.5 版的安全性
要求。注意，各种配置的顺序，任何一条没做对都会使动态方法实现不了。完整代码如下。

```
<?xml version="1.0" encoding="UTF-8"?>
<!-- 声明 Struts 2 配置文件的约束规范 -->
<!DOCTYPE struts PUBLIC
"-//Apache Software Foundation//DTD Struts Configuration 2.5//EN"
"http://struts.apache.org/dtds/struts-2.5.dtd">
<!-- Struts 2 配置文件根元素 -->
<struts>
    <!-- 启用动态方法 -->
    <constant name="struts.enable.DynamicMethodInvocation" value="true"></constant>
    <!-- 创建一个 default 包空间，继承自 Struts 2 的 struts-default 包，用于存放动作类-->
    <package name="default" namespace="/" extends="struts-default">
        <default-action-ref name="defaultAction"/>
        <global-allowed-methods>regex:.*</global-allowed-methods>
        <action name="defaultAction">
            <result>error.jsp</result>
        </action>
        <action name="login" class="com.seehope.action.LoginAction">
            <result name="success">success.jsp</result>
            <result name="error">errorLogin.jsp</result>
        </action>
        <!-- MyAwareAction 类对应的 Action 配置 -->
        <action name="message" class="com.seehope.action.MyAwareAction">
            <result name="success">/message.jsp</result>
        </action>
        <!-- InfoAction 类对应的 Action 配置 -->
        <action name="info" class="com.seehope.action.InfoAction">
            <result name="success">/info.jsp</result>
        </action>
        <!-- UserLoginAction 类对应的 Action 配置 -->
        <action name="userLogin" class="com.seehope.action.UserLoginAction">
            <result name="success">/successLogin.jsp</result>
            <result name="error">/errorLogin.jsp</result>
        </action>
        <!-- 使用动态方法 -->
        <action name="user" class="com.seehope.action.UserAction">
            <result name="success">/success.jsp</result>
            <result name="error">/error.jsp</result>
        </action>
    </package>
```

```
</struts>
```
（5）success.jsp 的代码如下。
```
<body>
    <h1>${sessionScope.success }</h1>
    <h2>用户信息</h2>
    <h3>用户名：${sessionScope.username }</h3>
    <h3>密码：${sessionScope.password }</h3>
</body>
```
（6）测试运行，结果如图 6.6 和图 6.7 所示。

本案例有登录和注册两个动作，用传统的方法需要在 struts.xml 中配置两个 Action，但本例应用了动态方法，只需要用一个 Action 就可以了，简化了配置。

图 6.6 登录成功的页面

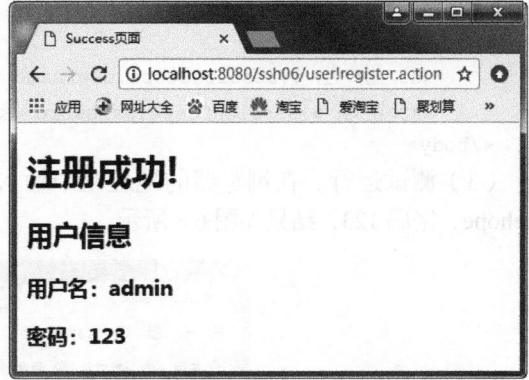

图 6.7 注册成功的页面

6.2.5 使用通配符简化配置

struts.xml 使用通配符映射，也可以在一定程度上减少 struts.xml 中的 Action 的配置数量。

项目案例：使用通配符配置实现登录与注册。

（1）在 struts.xml 中添加如下配置。
```
<action name="user_*" class="com.seehope.action.UserAction" method="{1}">
    <result name="success">/{1}Success.jsp</result>
    <result name="error">errorLogin.jsp</result>
</action>
```
在上述代码中，name 属性中的 "*" 表示此处可以使用任意字符。method 属性值和<result>标签中的{1}都表示匹配 name 属性中的 "*"。例如，客户端发送的请求为/user_login.action，那么上述代码中的 name 属性将自动设置为 user_login，同时 method 属性的值将会自动设置为 login，跳转的页面自动设置为 loginSuccess.jsp。如果当前客户端发送的请求为/user_register.action，那么上述代码中的 name 属性将自动设置为 user_register，method 属性的属性值将自动设置为 register，跳转的页面为 registerSuccess.jsp。

（2）新建 login4.jsp、register2.jsp、loginSuccess.jsp、registerSuccess.jsp。

login4.jsp 的关键代码如下。
```
<body>
    <form action="user_login" method="post">
        用户名：<input type="text" name="username"><br/>
        密码：<input type="password" name="password"><br/>
        <input type="submit" value="登录">
```

```
        </form>
    </body>
```

register2.jsp 的关键代码如下。

```
<body>
    <form action="user_register" method="post">
        用户名：<input type="text" name="username"><br/>
        密码：<input type="password" name="password"><br/>
        <input type="submit" value="注册">
    </form>
</body>
```

loginSuccess.jsp 与 registerSuccess.jsp 的关键代码如下。

```
<body>
    <h1>${sessionScope.success }</h1>
    <h2>用户信息</h2>
    <h3>用户名：${sessionScope.username }</h3>
    <h3>密码：${sessionScope.password }</h3>
</body>
```

（3）测试运行。在浏览器的地址栏中输入 http://localhost:8080/ssh06/login4.jsp，输入用户名 seehope，密码 123，结果如图 6.8 所示。

图 6.8 登录结果

在浏览器的地址栏中输入 http://localhost:8080/ssh06/register2.jsp，输入用户名 seehope、密码 123，结果如图 6.9 所示。

图 6.9 注册结果

6.2.6　配置默认的 Action

如果请求一个不存在的 Action，页面上就会出现 HTTP 404 错误。为了解决这个问题，可以配置一个默认的 Action，如果没有一个 Action 匹配请求，将会执行默认的 Action。示例如下。

```
<default-action-ref name="defaultAction"/>
    <action name="defaultAction">
        <result>error.jsp</result>
    </action>
```

6.3　Action 获取请求参数

在 Struts 2 框架中，Action 类要想获得页面的请求参数有两种方式：属性驱动和模型驱动。

6.3.1　属性驱动

属性驱动也称为字段驱动，指的是请求页面中的表单的各个表单域的 name 属性与 Action 类中的属性一一对应，从而在表单提交后各个表单域的数据传递给 Action 中对应的属性的机制。

1.　基本数据类型字段驱动方式

基本数据类型字段驱动方式比较好理解，是在 Action 类中直接定义 Java 基本数据类型的字段，这些字段和表单数据相互对应，相关示例的核心代码如下所示。

```
package com.seehope.action;
import com.opensymphony.xwork2.ActionSupport;
public class StudentAction extends ActionSupport{
    //对应表单中的学生姓名
    private String studentname;
    //对应表单中的学生性别
    private String studentsex;
    //execute()方法
    @Override
    public String execute() throws Exception {
        return SUCCESS;
    }
    //省略属性的 setter()和 getter()方法
```

程序员需要做的事情就是确保表单中的各个表单域的 name 属性的值与 Action 类中的各个对应的属性名称相同。

2.　域对象字段驱动方式

当需要传递的数据较多，或者不仅仅传递字符串的时候，再用上述方法就不太合适了。此时应使用域对象来进行数据传递。

项目案例：使用域对象传递参数。

（1）在 ssh06 项目下创建一个名为 com.seehope.entity 的包，在包中创建一个名为 User 的实体域对象。

```
package com.seehope.entity;
public class User {
    //用户名属性
    private String username;
    //密码属性
    private String password;
```

```
            //省略 setter()和 getter()方法
    }
```

（2）在 com.seehope.action 的包中创建一个名为 UserLoginAction 的类，并在该类中定义 User 类型的域模型。代码如下所示。

```
package com.seehope.action;
import com.opensymphony.xwork2.ActionContext;
import com.opensymphony.xwork2.ActionSupport;
import com.seehope.entity.User;
public class UserLoginAction extends ActionSupport{
    private User user;
    @Override
    public String execute() throws Exception {
        //获取表单中的用户名和密码
        String username=user.getUsername();
        String password=user.getPassword();
        //获取上下文对象
        ActionContext context=ActionContext.getContext();
        //判断用户名和密码是否正确
        if("seehope".equals(username)&&"123".equals(password)){
            context.getSession().put("user", user);
            return SUCCESS;
        }else{
            context.getSession().put("error", "登录失败! ");
            return ERROR;
        }
    }
    public User getUser() {
        returnuser;
    }
    publicvoid setUser(User user) {
        this.user = user;
    }
}
```

（3）分别创建 userLogin.jsp、successLogin.jsp 及 errorLogin.jsp。

userLogin.jsp 的代码如下。

```
<%@page language="java" contentType="text/html; charset=utf-8"
pageEncoding="utf-8"%>
<!DOCTYPEhtml>
<html>
<head>
<metacharset="utf-8">
<title>userLogin</title>
</head>
<body>
    <form action="${pageContext.request.contextPath }/userLogin" method="post">
        用户名: <input type="text" name="user.username"><br>
        密码: <input type="password" name="user.password"><br>
        <input type="submit" value="userLogin">
    </form>
</body>
</html>
```

successLogin.jsp 的代码如下。

```
<%@page language="java" contentType="text/html; charset=utf-8"
pageEncoding="utf-8"%>
<!DOCTYPEhtml>
<html>
```

```
<head>
<meta charset="utf-8">
<title>successLogin</title>
</head>
<body>
<h1>success</h1>
<h2>欢迎您: ${sessionScope.user.username} ! </h2>
</body>
</html>
```

errorLogin.jsp 的代码如下。

```
<%@page language="java" contentType="text/html; charset=utf-8"
pageEncoding="utf-8"%>
<!DOCTYPEhtml>
<html>
<head>
<meta charset="utf-8">
<title>errorLogin</title>
</head>
<body>
<h1>error</h1>
<h2>${error}</h2>
</body>
</html>
```

（4）在 struts.xml 中，为<package>标签配置 UserLoginAction 信息，代码如下所示。

```
<!-- UserLoginAction 类对应的 Action 配置 -->
    <action name="userLogin" class="com.seehope.action.UserLoginAction">
        <result name="success">/successLogin.jsp</result>
        <result name="error">/errorLogin.jsp</result>
    </action>
```

（5）重新部署并运行 ssh06 项目，然后再在浏览器的地址栏中输入 http://localhost:8080/ssh06/userLogin.jsp，成功访问后，运行结果如图 6.10 所示。

图 6.10 访问运行结果页面

输入正确的用户名 "seehope" 和密码 "123"，单击 "userLogin" 按钮，进入登录页面，如图 6.11 所示。

图 6.11 登录页面

如果写错了用户名或者密码，运行结果就会如图 6.12 所示。

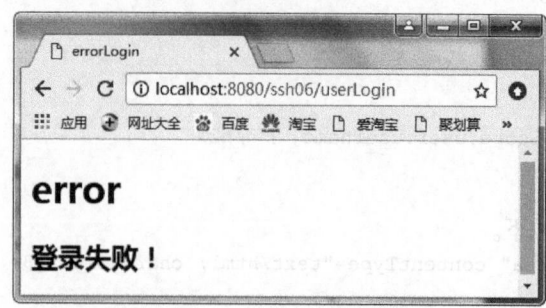

图 6.12　errorLogin.jsp 页面

6.3.2　模型驱动

在 Struts 2 中，通过实现 ModelDriven 接口来接收请求参数的方式叫作模型驱动。使用此方式，Action 类必须实现 ModelDriven 接口，并且要重写 getModel()方法。这个方法返回的就是 Action 所使用的数据模型对象。任意普通的 JavaBean 都可充当模型，只要 JavaBean 所封装的属性和表单域的 name 属性一一对应，JavaBean 就可充当数据的载体。

项目案例： 使用模型驱动实现参数传递。

（1）新建 LoginAgainAction 类，代码如下。

```
public class LoginAgainAction extends ActionSupport implements ModelDriven<User> {
    private User user=new User();
    @Override
    public User getModel() {
        Return user;
    }
    @Override
    public String execute() throws Exception {
        return SUCCESS;
    }
}
```

（2）新建 userLoginAgain.jsp，页面代码如下。

```
<title>userLoginAgain</title>
</head>
<body>
    <form action="${pageContext.request.contextPath }/loginAgainAction" method="post">
        用户名: <input type="text" name="username"><br>
        密码: <input type="password" name="password"><br>
        <input type="submit" value="loginAgain">
    </form>
</body>
</html>
```

（3）配置 struts.xml，核心代码如下。

```
<!-- LoginAgainAction 类对应的 Action 配置 -->
<action name="loginAgainAction" class="com.seehope.action.LoginAgainAction">
    <result name="success">/successLogin.jsp</result>
</action>
```

（4）修改登录页面，代码如下。

```
<title>successLogin</title>
```

```
</head>
<body>
<h1>success</h1>
<h2>欢迎您：${requestScope.username}！</h2>
</body>
</html>
```

（5）部署项目到服务器并运行。在浏览器的地址栏中输入 http://localhost:8080/ssh06/
useLoginAgain.jsp，结果同前。一个 Action 只对应一个 Model，因此不需要添加 user 前缀就会自动
匹配到当前模型的 username 和 password 属性。选用属性驱动，还是选用模型驱动，可以视具体开
发需求而定。

6.4　<result>的配置

6.4.1　<result>标签的结构

在 Struts 2 的配置文件 struts.xml 中，使用<result>标签来配置逻辑视图和物理视图之间的映射关
系，<result>标签有可选的 name 和 type 属性。

① name 属性：表示逻辑视图名称，无此配置的话，默认值为 success。

② type 属性：返回类型，不同的类型代表不同的输出视图资源的方式，默认值为 dispatcher，即
转发方式。

如下代码是<result>的配置示例：
```
<action name="loginAction" class="com.seehope.action.LoginAction">
    <result>/success.jsp</result>
</action>
```

其中，<result>标签中的路径如果以 "/" 开头，说明为绝对路径，即当前 Web 应用程序的上下
文路径，去掉 "/" 后为相对路径，相当于当前的 Action 路径。

6.4.2　常用的结果类型

<result>标签的 type 属性除了默认的 dispatcher 值，还可取其他值，如表 6.4 所示。

表 6.4　<result>标签的 type 属性的取值

取值	说明
chain	处理 Action 链，被跳转的 Action 中仍能获取上个页面的值，如 request 信息
dispatcher	用来转向页面，通常处理 JSP
freemarker	处理 FreeMarker 模板
httpheader	控制特殊 HTTP 行为的结果类型
redirect	重定向到一个 URL，被跳转的页面中丢失传递的信息，如 request
redirectAction	重定向到另外一个 Action，跳转的页面中丢失传递的信息，如 request
stream	向浏览器发送 InputStream 对象，通常用来处理文件下载，还可用于返回 Ajax 数据
velocity	处理 Velocity 模板
xslt	处理 XML/XSLT 模板
plainText	显示原始文件内容，例如文件源代码
postback	使当前请求参数以表单形式提交

表 6.4 中，比较常用的类型是 dispatcher 与 redirect。

① dispatcher 结果类型：表示"转发"到目标资源，是 Struts 2 默认的结果类型。Struts 2 后台使用 RequestDispatcher 的 forward()方法来转发请求。

② redirect 结果类型：表示重定向到目标资源。该资源可以是 JSP 文件，也可以是 Action 类。Struts 2 后台使用 HttpServletResponse 的 sendRedirect()方法来进行请求重定向。

可以在同一个 Action 标签下配置不同的结果类型，如下所示。

```
<action name="login" class="com.seehope.action.LoginAction">
    <result name="success" type="redirect">/success.jsp</result>
    <result name="error" type="dispatcher">error.jsp</result>
</action>
```

上述代码表示，如果正确填写了登录信息，就重定向到 success.jsp 页面；如果填写了错误信息，就转发给 error.jsp。

redirectAction 结果类型通常适用于当前 Action 不能完成全部任务，需要重定向到其他 Action 继续处理的情形。另外，Stream 结果类型和 JSON 结果类型将会在第 11 章介绍。

6.4.3 动态结果

动态结果是指在配置<result>时还不能确定返回哪个结果给客户端，只有运行后才能确定，这时可以在<result>中使用 EL 表达式，根据表达式的结果再指定最终的视图给客户端。例如，用户登录分为普通用户和管理员的登录，需要确定登录后是转向普通用户页面还是转向管理员页面，但对这两个转向可能使用同一个 Action 类的同一个方法进行处理，如何才能区分开来呢？看下面的 UserAction 类新添加的代码。

项目案例：用户登录后根据其是管理员还是普通用户进行不同的处理。

（1）在项目 ssh06 的 UserAction 中添加以下内容。

```
public String nextOperation;
public String getNextOperation() {
    return nextOperation;
}
public void setNextOperation(String nextOperation) {
    this.nextOperation = nextOperation;
}
public String login3() {
    if(username.equals("admin")&password.equals("123")) {
        nextOperation="admin";
    }else {
        nextOperation="general";
    }
    return SUCCESS;
}
```

在上述代码中，首先定义了一个属性 nextOperation，该属性的值在程序调用 login3()方法后可能有两个不同的取值，即"admin"或"general"。

（2）在 struts.xml 中添加以下配置。

```
<!-- 使用动态结果 -->
    <action name="login3" class="com.seehope.action.UserAction" method="login3">
        <result name="success" type="redirectAction">${nextOperation}</result>
    </action>
    <action name="admin" class="com.seehope.action.adminAction">
        <result name="success">admin.jsp</result>
    </action>
    <action name="general" class="com.seehope.action.generalAction">
```

```
        <result name="success">general.jsp</result>
    </action>
```

根据表达式${nextOperation}的不同取值，程序重定向到不同的 Action，再根据这些 Action 的配置转向不同的 JSP 页面。其他相关文件的代码参考配套源文件。

（3）测试运行，结果如图 6.13～图 6.16 所示。

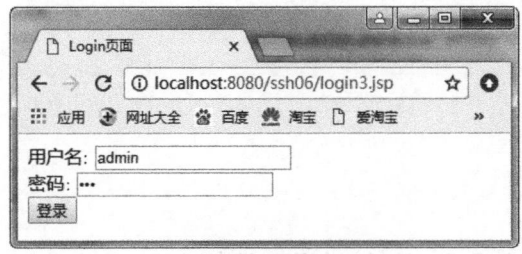

图 6.13　管理员登录界面

图 6.14　进入管理员主页

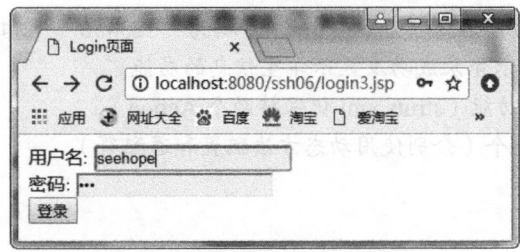

图 6.15　普通用户登录界面

图 6.16　进入普通用户主页

6.4.4　全局结果

上述<result>的配置都在同一个 Action 范围内，不能被其他 Action 使用。但如果多个 Action 要使用同一个结果，这时就可配置全局结果，全局结果可被所有 Action 共用。

全局结果的示例代码如下。

```
<global-results>
    <result name="error">error.jsp</result>
</global-results>
```

注意与其他配置的顺序，参考下列局部代码：

```
<default-action-ref name="defaultAction"/>
    <global-results>
        <result name="error">error.jsp</result>
    </global-results>
    <global-allowed-methods>regex:.*</global-allowed-methods>
```

即全局结果必须在<default-action-ref>的后面、<global-allowed-methods>的前面。其他有关顺序参考 6.5 节。

6.5　各种配置项的顺序

在配置文件 struts.xml 中，<package>标签下的各项配置内容必须按以下顺序写（如果没有，则可以跳过），否则会报错。

① result-types；

② interceptors；

③ default-interceptor-ref;

④ default-action-ref;

⑤ default-class-ref;

⑥ global-results;

⑦ <global-allowed-methods>regex:.*</global-allowed-methods>;

⑧ <action name="defaultAction">;

⑨ action。

上机练习

建立学生信息管理系统。

1. 实现学生注册，需要输入的信息有学生姓名和密码、性别、年龄。创建 StudentRegAction，实现在信息录入成功后 success 页面提示注册成功及显示学生信息的功能。

2. 实现学生登录，用姓名和密码登录，假定用户名为"zhangsan"，密码为"123456"。创建 StudentLogAction，实现在登录成功后 success 页面提示登录成功及显示学生信息的功能。

3. 用一个 StudentAction 同时实现注册与登录的功能（struts.xml 仍保持两个 Action）。

4. 将 struts.xml 中的两个 Action 的配置合并成一个（分别使用动态方法配置和通配符）。

5. 使用 Student 类来接收客户端的请求参数。

思考题

1. Struts 有哪些方法可以调用 Servlet？

2. Struts 有哪些方法获取请求参数？

3. 常用的<result>结果类型有哪些？

4. 如何配置全局结果？

7 第7章 Struts 2 拦截器

本章目标

♦ 理解拦截器的工作原理
♦ 掌握拦截器的配置与使用方法
♦ 学会使用自定义拦截器与权限拦截器

7.1 拦截器的工作原理

7.1.1 拦截器的基本知识

Struts 2 拦截器（本章简称拦截器）可以在执行 Action 之前或之后拦截用户请求，然后执行一些特定的操作。使用拦截器可以增强 Action 的功能，而无须改动 Action。这些功能与 Action 类中的功能相对独立，需要时只要在 struts.xml 中配置一下，不需要时又可通过配置取消。拦截器的典型用处之一就是权限拦截：用户在访问某个需要有权限的页面之前，拦截器先检查是否登录，如果已登录则放行，否则让请求"打道回府"。可以只针对某一个 Action 设置拦截器，也可针对多个或全部 Action 设置拦截器。

Struts 2 内置了很多拦截器，每个拦截器都可完成相对独立的功能，也可自定义拦截器，一个普通的 Java 类只要实现 Interceptor 接口就成了拦截器类。在 Struts 2 中，可以定义多个拦截器，多个拦截器可以组合在一起形成拦截器链（Interceptor Chain）或拦截器栈（Interceptor Stack）。系统默认的拦截器栈叫作 defaultStack，可完成大多数常见的功能。多个拦截器或拦截器栈将按照定义的顺序调用。一个 Action 可以配置一个或多个拦截器或拦截器栈。

7.1.2 拦截器的工作方式

拦截器在某一个 Action 执行前后进行拦截，这时 Action 先不执行，而是优先执行拦截器的 interceptor()方法，再通过 invocation.invoke 语句放行之后才会执行 Action。Struts 2 拦截器以链式执行，若该 Action 配置了多个拦截器，第一个拦截器放行后会进入第二个拦截器，依此类推，这样直到最后一个拦截器放行后才会执行目标 Action。Struts 2 拦截器的工作方式如图 7.1 所示。

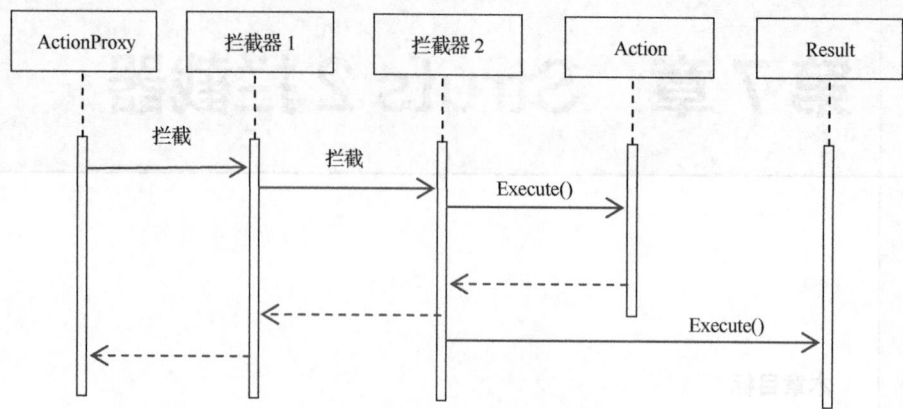

图 7.1　Struts 2 拦截器的工作方式

　　每一个拦截器在执行 invocation.invoke 语句前都可以直接返回，并非一定要放行。利用这个原理，权限拦截器判断到非登录的用户就可让它直接返回，而不让它访问目标 Action。在 Action 和 Result 执行之后，拦截器会再次按逆序（与先前调用顺序相反）执行。

7.2　拦截器的配置

　　使用拦截器，首先需要自定义一个拦截器类或者使用内置拦截器类，然后在 struts.xml 中定义与引用拦截器。

1．定义与引用拦截器

　　在 struts.xml 中，以<interceptors>标签开头、以</interceptors>标签结束来定义拦截器。语法格式如下：

```
<package name="default" namespace="/" extends="struts-default">
    <interceptors>
        <interceptor name="interceptor1" class="com.seehope.interceptor.Interceptor1">
         <param name="param1">paramValue</param>
        </interceptor>
    </interceptors>
</package>
```

　　其中，name 属性用来指定拦截器的名称；class 属性用于指定拦截器的实现类，使用全限定类名。如果需要在定义拦截器时传入参数，就可使用<param>标签。在<param>标签中，name 属性用来指定参数的名称，paramValue 表示参数的值。这样就完成了拦截器的定义。

　　然后在 Action 中引用上述定义的拦截器，参考代码如下。

```
<package name="default" namespace="/" extends="struts-default">
        <interceptors>
            <interceptor name="interceptor1" class="com.seehope.inteceptor.Interceptor1">
            </interceptor>
        </interceptors>
        <action name="login" class="com.seehope.action.LoginAction">
            <result name="success">/success.jsp</result>
            <interceptor-ref name="interceptor1"></interceptor-ref>
        </action>
</package>
```

　　上述配置中，名为"login"的 Action 引用了上面定义的拦截器 interceptor1。这样在请求"login"

时将会被拦截器 interceptor1 拦截。

2. 配置拦截器栈

多个拦截器组成一个拦截器栈，会被当成一个整体引用。通过 struts.xml 的配置将拦截器栈附加到某个 Action 上，这样在执行 Action 之前将先执行拦截器栈中的每一个拦截器，且按拦截器栈中每一个拦截器引用的顺序执行。使用<interceptor-stack>子标签来定义拦截器栈。在拦截器栈中，使用<interceptor-ref>标签来指定多个拦截器，参考代码如下。

```
<package name="default" namespace="/" extends="struts-default">      定义多个拦截器
    <interceptors>
        <interceptor name="interceptor1" class="InterceptorClass1"> </interceptor>
        <interceptor name="interceptor2" class="InterceptorClass2"></interceptor>
        <interceptor-stack name="interceptorStack1">
            <interceptor-ref name="defaultStack"></interceptor-ref>     定义拦截器栈
            <interceptor-ref name="intercepto1"></interceptor1-ref>
            <interceptor-ref name="intercepto2"></interceptor2-ref>
        </interceptor-stack>
    </interceptors>
    <action name="login" class="com.seehope.action.LoginAction">
        <result name="success">/success.jsp</result>
        <interceptor-ref name="interceptorStack1"></interceptor-ref>
    </action>
</package>
```

上述代码先自定义了两个拦截器，再定义了一个拦截器栈。该拦截器栈先是引用了 defaultStack，接着又先后引用了两个自定义拦截器。最后在 "login" Action 中引用了这个拦截器栈。请求 "login"时，将会被该拦截器栈拦截，然后依次执行拦截器栈中的 3 个成员 "defaultStack" "interceptor1" 和"interceptor2"，最后才执行原本请求的 "login" Action。

<interceptor-stack>标签用来定义拦截器栈，其 name 属性值指定拦截器栈的名称，<interceptor-ref>子标签的 name 值表示引用的拦截器的名称。在一个拦截器栈中还可以包含另一个拦截器栈，当作普通拦截器引用即可，如上述配置中的拦截器栈 interceptorStack1 引用了 defaultStack 拦截器栈。

3. 默认拦截器

从上述配置中可知，一个 Action 若需要使用拦截器，就需要在<action>标签中配置<interceptor-ref>子标签；若多个 Action 需要使用拦截器就需一个个这样配置。若<package>中的所有Action 均要使用某个拦截器，则可将该拦截器配置为默认的拦截器，而无须每个 Action 都配置，可省去很多代码。每个包只能指定一个默认拦截器，如果需要多个拦截器作为默认拦截器，则可以将这些拦截器定义为一个拦截器栈，再将这个拦截器栈作为默认拦截器即可。若为该包中的某个 Action显式指定了某个拦截器，则默认拦截器将不起作用。如果仍要使用该默认的拦截器，需要手动地将该 Action 的其中一个拦截器配置为默认拦截器。

示例代码如下。

```
<package name="default" namespace="/" extends="struts-default">
    <interceptors>
        <interceptor name="interceptor1" class="InterceptorClass"></interceptor>
        <interceptor name="interceptor2" class="InterceptorClass"></interceptor>
        <interceptor-stack name="interceptorStackName">
            <interceptor-ref name="defaultStack"></interceptor-ref>
            <interceptor-ref name="interceptor1"></interceptor-ref>
            <interceptor-ref name="interceptor2"></interceptor-ref>
        </interceptor-stack>
    </interceptors>
    <default-interceptor-ref name="interceptorStackName"></default-interceptor-ref>
```

```
<action name="login" class="com.seehope.action.LoginAction">
    <result name="success">/success.jsp</result>
</action>
```
```
</package>
```
在上述代码中，Action 本身并没有配置拦截器，但在它上面为所有 Action 配置了默认拦截器，所以该 Action 将会被默认拦截器拦截。

4. 拦截器的返回值

拦截器的返回值与 Action 一致，常见的返回值有 Action.SUCCESS、Action.LOGIN 等。拦截器的返回值同样由配置文件 struts.xml 进行匹配重定向或转发到目标页面。拦截器代码中的 return invocation.invoke()其实也是调用了目标 Action 的返回值，所以拦截器与 Action 的返回值是统一处理的。

7.3 内建拦截器

拦截器分为内建拦截器（内置拦截器）和自定义拦截器两种。Struts 2 中的内建拦截器的数量很多，详情请参阅有关文档。这些拦截器实现了很多核心的 Struts 功能。不同版本的 Struts 拦截器的数量不一样。版本越新，提供的内建拦截器就越多，功能也越强大，本书所使用的版本一共有 35 个内建拦截器。但在一般情况下无须自行配置引用这些内建拦截器，因为 Struts 框架已经设计与组合好了一个由内建拦截器组成的默认拦截器栈 defaultStack。这个默认拦截器栈满足了大部分的 Web 程序需求，只要将配置文件 struts.xml 的 package 包设置为继承 struts-default 包，就相当于引用了 struts-default 包中定义的默认拦截器栈 defaultStack。它已经包含了大量的内建拦截器，如果这些内建拦截器仍不能满足用户需求，就需要另行自定义拦截器。

7.4 自定义拦截器

内建拦截器实现了系统功能，而自定义拦截器通常用来实现一些与业务逻辑相关的通用功能，如权限的控制、用户登录控制等。

7.4.1 自定义拦截器的实现

一个普通的 Java 类，要想创建成为自定义拦截器类，需要直接或间接地实现 com.opensymphony.xwork2.interceptor.Interceptor 接口（下面简称 Interceptor 接口）。该接口具体的代码如下。
```
public interface Interceptor extends Serializable{
    void init();
    void destroy();
    String intercept(ActionInvocation invocation) throws Exception;
}
```
该接口的 3 个方法的作用如下。

（1）void init()：初始化方法。该方法在拦截器被创建后会立即被调用。它在拦截器的生命周期内只会被调用一次。后面将其简称为 init()方法。

（2）void destroy()：销毁方法。在拦截器实例被销毁之前，程序将调用该方法来释放与拦截器相关的资源。它在拦截器的生命周期内只被调用一次。后面将其简称为 destroy()方法。

（3）String intercept(ActionInvocation invocation)throws Exception：该方法是拦截器的核心方法，用来实现具体的拦截操作。它返回一个字符串作为逻辑视图，Struts 2 根据返回的字符串在<action>

标签的<result>子标签中匹配对应的视图资源。每拦截一个动作请求，该方法就会被调用一次。该方法的 ActionInvocation 参数包含了被拦截的 Action 的引用，可以通过该参数的 invoke()方法，将控制权转给下一个拦截器或者转给 Action 的 execute()方法，这可以理解为"放行"。后面将其简称为intercept()方法。

只要实现 Interceptor 接口的 3 个方法即可自定义一个拦截器类。这是直接方法，还有一种简单的间接方法，就是继承抽象拦截器类 AbstractInterceptor。该抽象拦截器类已经实现了 Interceptor 接口，同时提供了 init()方法和 destroy()方法的空实现。只要继承该抽象类并实现 interceptor()方法就可以创建自定义拦截器，至于 init()方法和 destroy()方法可不必实现。

7.4.2 权限拦截器

拦截器的经典应用之一就是权限拦截器，下面通过一个简单案例来说明。

项目案例：只有经过登录的用户方可访问管理员主页，否则，将返回"无权访问"提示。

案例分析：在管理员登录成功后，程序会存储 Session，未经登录直接访问管理员的 Action 将会被拦截器拦截，拦截器发现没有 Session 将会返回 login.jsp 页面。

实现步骤如下。

（1）创建项目 permission_interceptor，搭建好 Struts 框架，创建 login.jsp。

```
<body>
${msg }<br/>
  <form method="post" action="dologin.action">
       用户名: <input type="text" name="username" />
       密码: <input type="password" name="password" />
       <input type="submit" value="登录">
  </form>
</body>
```

（2）创建包 com.seehope.action，并在该包下创建 UserAction 类。

```
package com.seehope.action;
import com.opensymphony.xwork2.Action;
import com.opensymphony.xwork2.ActionContext;
import com.opensymphony.xwork2.ActionSupport;
public class UserAction extends ActionSupport{
    private String username;
    private String password;
    public String getUsername() {
        return username;
    }
    public void setUsername(String username) {
        this.username = username;
    }
    public String getPassword() {
        return password;
    }
    public void setPassword(String password) {
        this.password = password;
    }
    public String dologin(){
        ActionContext ctx=ActionContext.getContext();
        if(username.equals("admin")&&password.equals("123")) {
            ctx.getSession().put("username", username);
```

```
                        return SUCCESS;
                }else {
                        ctx.put("msg", "用户名或密码错误！");
                        return INPUT;
                }
        }
        public String admin(){
                return SUCCESS;
        }
        public String logout(){
                ActionContext ctx=ActionContext.getContext();
                ctx.getSession().remove("username");
                return SUCCESS;
        }
}
```

（3）创建包 com.seehope.interceptor，并在该包下新建拦截器 PermissionInterceptor 类。

```
package com.seehope.interceptor;
import com.opensymphony.xwork2.Action;
import com.opensymphony.xwork2.ActionContext;
import com.opensymphony.xwork2.ActionInvocation;
import com.opensymphony.xwork2.interceptor.AbstractInterceptor;
public class PermissionInterceptor extends AbstractInterceptor{
        @Override
        public String intercept(ActionInvocation invocation) throws Exception {
                ActionContext ctx=ActionContext.getContext();
                String username=(String)ctx.getSession().get("username");
                if(username!=null&&username.equals("admin")) {
                        return invocation.invoke();
                }else {
                        ctx.put("msg", "请先登录！");
                        return Action.LOGIN;
                }
        }
}
```

（4）配置 struts.xml。

```
<?xml version="1.0" encoding="UTF-8"?>
<!DOCTYPE struts PUBLIC
    "-//Apache Software Foundation//DTD Struts Configuration 2.0//EN"
    "http://struts.apache.org/dtds/struts-2.5.dtd">
<struts>
    <package name="default" namespace="/" extends="struts-default">
        <interceptors>
            <interceptor name="permission" class="com.seehope.interceptor.Permission
            Interceptor"></interceptor>
            <interceptor-stack name="myStack">
                <interceptor-ref name="defaultStack"></interceptor-ref>
                <interceptor-ref name="permission"></interceptor-ref>
            </interceptor-stack>
        </interceptors>
        <action name="dologin" class="com.seehope.action.UserAction" method="dologin">
            <result name="success">/WEB-INF/jsp/main.jsp</result>
            <result name="input">/login.jsp</result>
        </action>
        <action name="logout" class="com.seehope.action.UserAction" method="logout">
```

```
            <result name="success">/login.jsp</result>
        </action>
        <action name="admin" class="com.seehope.action.UserAction" method="admin">
            <result name="success">/WEB-INF/jsp/main.jsp</result>
            <result name="login">/login.jsp</result>
            <interceptor-ref name="myStack"></interceptor-ref>
        </action>
    </package>
</struts>
```

（5）WEB-INF/jsp 目录下创建 main.jsp。

```
<body>
    <h1>这里是管理员主界面</h1>
    <a href="logout.action">退出登录</a>
</body>
```

（6）运行测试。

① 在图 7.2 所示的登录界面中如果没有登录成功，直接访问管理员界面 http://localhost:8080/ permission_interceptor/admin.action 将会被拦截，被拦截后的界面如图 7.3 所示。

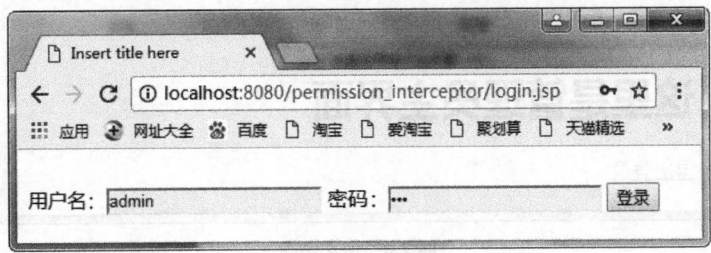

图 7.2　登录界面

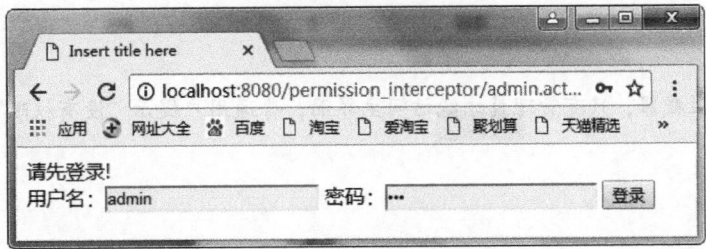

图 7.3　未登录成功被拦截

② 在登录界面登录失败后的界面如图 7.4 所示。

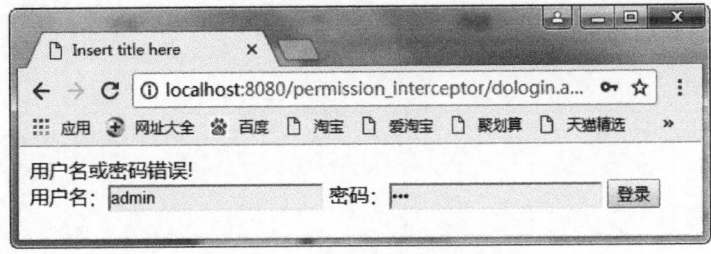

图 7.4　登录失败跳回登录界面

③ 在登录界面登录成功的界面如图 7.5 所示。

图 7.5　登录成功

④ 登录后不关闭浏览器，在浏览器中再次访问 admin.action，界面如图 7.6 所示。

图 7.6　再次访问

上机练习

定义一个权限拦截器，只有管理员才能访问主界面，普通用户提示"没有权限"并返回登录界面。

思考题

1. 拦截器的工作方式是怎样的？
2. 拦截器有哪些种类？
3. 怎么处理拦截器的返回值？

8 第 8 章 Struts 2 标签库

本章目标

✧ 了解 Struts 2 标签库的种类
✧ 掌握 Struts 2 控制标签的使用方法
✧ 掌握 Struts 2 数据标签的使用方法
✧ 掌握 Struts 2 表单标签的使用方法

8.1 Struts 2 标签库简介

Struts 2 标签库中包含了大部分开发 Web 应用所需功能的标签，它比
JSTL（JavaServer Pages Standard Tag Library，JSP 标准标签库）的功能更加
强大和简单易用。

8.1.1 Struts 2 标签库的分类

按照功能，可将 Struts 2 标签库中的标签分为普通标签和 UI 标签两大类，
如图 8.1 所示。

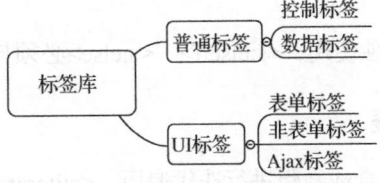

图 8.1 Struts 2 中的标签分类

1. 普通标签

普通标签用于控制程序执行的流程，可分为控制标签（Control Tags）和
数据标签（Data Tags）。

（1）控制标签：用来控制判断、分支、循环逻辑，或用来做集合操作。

（2）数据标签：用来展示后台传来的数据。

2. UI 标签

UI 标签分为表单标签（Form Tags）、非表单标签（Non-Form Tags）和
Ajax 标签。

（1）表单标签：用来生成 HTML 页面中的表单标签。

（2）非表单标签：用来生成 HTML 的<div>标签及输出 Action 中封装的信息等。

（3）Ajax 标签：主要用来提供 Ajax 技术支持。

8.1.2 导入 Struts 2 标签库

JSP 页面中若要使用 Struts 2 的标签库，需要在使用的 taglib 指令中导入 Struts 2 标签库，具体代码如下。

```
<%@taglib prefix="s"  uri="/struts-tags" %>
```

由上述代码可知，Struts 2 中的标签都一般使用 s 前缀，而 JSTL 标签则使用 c 前缀。

8.2 Struts 2 的控制标签

Struts 2 的控制标签用于实现分支、循环等流程控制操作，包括<s:if>、<s:elseif>、<s:else>和<s:iterator>等标签。

8.2.1 <s:if>、<s:elseif>和<s:else>标签

<s:if>、<s:elseif>和<s:else>这 3 个标签用于程序的分支逻辑控制。<s:if>和<s:elseif>标签的 test 属性用于设置标签的判断条件，使用关系运算表达式，返回 boolean 类型的结果。如果表达式的结果为 true 则进入标签体内容部分，如果为 false 则进入<s:else>标签体内容部分。相关语法格式如下所示。

```
<s:if test="关系运算表达式一">
    标签体 HTML 内容一
</s:if>
<s:elseif test="关系运算表达式二">
    标签体 HTML 内容二
</s:elseif>
<s:else>
    标签体 HTML 内容三
</s:else>
```

注意：<s:if>标签可以单独使用，<s:elseif>、<s:else>必须与<s:if>标签结合才能使用。

8.2.2 <s:iterator>标签

<s:iterator>标签用来对集合或数组进行迭代遍历。<s:iterator>标签的属性如表 8.1 所示。

表 8.1 <s:iterator>标签的属性

属性	默认值	类型	描述
begin	0	Integer	迭代数组或集合的起始位置
end	数组或集合的长度大小-1	Integer	迭代数组或集合的结束位置
status	false	Boolean	迭代过程中的状态
step	1	Integer	指定每一次迭代后索引增加的值
value	无	String	迭代的数组或集合对象
var	无	String	迭代范围内集合中的单个对象

通过<s:iterator>标签中的 status 属性可以获取迭代过程中的状态信息，包括元素数、当前索引值等。假设该标签的 status 属性的值为 stat，分别调用其各个方法，那么方法名称及相关功能如表 8.2 所示。

表 8.2　status 属性的方法及相关功能

方法	功能
stat.count	返回当前已经遍历的集合元素的个数
stat.first	返回当前遍历元素是否为集合的第一个元素
stat.last	返回当前遍历元素是否为集合的最后一个元素
stat.index	返回遍历元素的当前索引值
stat.even	返回当前遍历的元素的索引是否为偶数
stat.odd	返回当前遍历的元素的索引是否为奇数

迭代数组的示例代码如下（假设数组是 String[] seasons）。

```
<s:iterator value="seasons" >
    <s:property/>
</s:iterator>
```

注意： <s:property/>标签无须 value 属性。

迭代集合的示例代码如下（假设集合是 List<Double> scores）。

```
<s:iterator value="scores" >
    <s:property/>
</s:iterator>
```

迭代集合的示例代码如下（假设集合是 List<Student> students）。

```
<s:iterator value="students" >
    学生编号: <s:property value="id"/><br/>
    学生姓名: <s:property value="studentName"/><br/>
    性别: <s:property value="gender"/><br/>
</s:iterator>
```

其中，id、studentName、gender 是持久化类 Student 的属性。

下面通过一个案例来演示<s:iterator>标签及其属性的用法。

项目案例： 使用<s:iterator>标签遍历集合。

将项目 ssh05 复制为 ssh08，创建一个名称为 iteratorDemo.jsp 的页面，代码如下所示。

```
<%@ page language="java" contentType="text/html; charset=UTF-8" pageEncoding="UTF-8"%>
<%@ taglib prefix="s" uri="/struts-tags" %>
<!DOCTYPE html PUBLIC "-//W3C//DTD HTML 4.01 Transitional//EN" "http://www.w3.org/
TR/html4/loose.dtd">
<html>
<head>
<meta http-equiv="Content-Type" content="text/html; charset=UTF-8">
<title>控制标签的使用方法</title>
</head>
<body>
    <s:iterator var="item" value="{'春天','夏天','秋天','冬天'}" status="stat">
        <s:if test="#stat.odd">
            <h2 style="color: red;"><s:property value="#stat.count"/>.<s:property
        value="item"/> </h2>
        </s:if>
        <s:else>
            <h2><s:property value="#stat.count"/>.<s:property value="item"/> </h2>
        </s:else>
    </s:iterator>
</body>
</html>
```

项目运行后，在浏览器的地址中输入 http://localhost:8080/ssh08/iteratorDemo.jsp，浏览器的显示

效果如图 8.2 所示。

图 8.2　迭代标签的效果展示

图 8.2 中出现了奇偶行隔行变色的效果，原因在于遍历集合时判断所在的索引的奇偶数再结合 <s:if>、<s:else>标签来决定颜色。下列案例用于演示对来自后台的集合数据进行遍历的方法。

项目案例： 使用<s:iterator>标签遍历集合，使用后台数据。

（1）在 com.seehope.entity 下创建 Student 持久化类。

```
public class Student {
    private String id;
    private String studentName;
    private String gender;
    public Student(String id, String studentName, String gender) {
        super();
        this.id = id;
        this.studentName = studentName;
        this.gender = gender;
    }
//省略 getter()、setter()方法
}
```

（2）在 com.seehope.action 下创建 StudentAction。重点是获取集合数据。

```
public class StudentAction extends ActionSupport{
    private List<Student> students;
    //省略 getter()、setter()方法
    @Override
    public String execute() throws Exception {
        students=new ArrayList<Student>();
        students.add(new Student("1","张无忌","男"));
        students.add(new Student("2","张三丰","男"));
        students.add(new Student("3","李寻欢","男"));
        return SUCCESS;
    }
}
```

（3）配置 struts.xml，代码如下。

```
<action name="student" class="com.seehope.action.StudentAction">
    <result>/iteratorDemo.jsp</result>
</action>
```

（4）在 iteratorDemo.jsp 页面中添加如下内容。

```
<br/><br/><br/>
    <s:iterator value="students" >
```

```
学生编号: <s:property value="id"/><br/>
学生姓名: <s:property value="studentName"/><br/>
性别: <s:property value="gender"/><br/>
</s:iterator>
```

（5）测试运行，结果如图 8.3 所示。

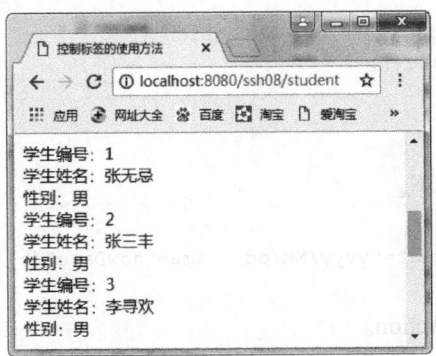

图 8.3　遍历后台数据

8.3　Struts 2 的数据标签

Struts 2 常用的数据标签有<s:property>、<s:date>、<s:a>、<s:debug>、<s:include>、<s:param>等，下面介绍<s:property>和<s:date>标签。

8.3.1　<s:property>标签

<s:property>标签用于输出其 value 属性指定的值。<s:property>标签的一些属性及其说明如下所示。

（1）id：指定该标签的标识，为可选属性。

（2）default：默认值的意思，为可选属性，如果要输出的属性值为 null，则显示 default 属性的指定值。

（3）escapeHTML：指定是否忽略 HTML 代码，为可选属性，其值可设置为"true"或"false"。

（4）value：指定需要输出的属性值，为可选属性，如果没有指定该属性，则默认输出 ValueStack 栈顶的值（关于值栈的内容会在后面进行讲解）。

该标签在多数情况下用来展示后台数据，其用法可参考第 5 章的第一个 Struts 2 项目，该项目在 JSP 页面中展示了 Action 类中的 username 的属性值。

8.3.2　<s:date>日期标签

<s:date>日期标签语法如下。

```
<s:date format="format" name="name"/>
```

format：日期格式，如"dd/MM/yyyy"。

name：要展示的日期，对应 Action 中的日期属性。

项目案例： 使用<s:date>标签输出当前日期。

（1）在项目 ssh08 中新建 DateAction 类如下。

```
public class DateAction extends ActionSupport{
    private Date nowDate;
```

```
        public Date getNowDate() {
            return nowDate;
        }
        public void setNowDate(Date nowDate) {
            this.nowDate = nowDate;
        }
        @Override
        public String execute() throws Exception {
            nowDate=new Date();
            return SUCCESS;
        }
}
```

（2）新建 date.jsp，代码如下。

```
<body>
    当前时间:<s:date format="yyyy/MM/dd" name="nowDate"/>
</body>
```

（3）在 Struts.xml 中配置 Action。

```
<action name="date" class="com.seehope.action.DateAction">
    <result>/date.jsp</result>
</action>
```

（4）运行测试，在浏览器的地址栏中输入 http://localhost:8080/ssh08/date，结果显示输出了当前日期。

8.4　Struts 2 的主题

Struts 2 提供了 4 种内建主题，分别为 simple、xhtml、css_xhtml 和 Ajax。

（1）simple：每个 UI 标签只生成最基本的 HTML 标签，没有任何其他附加功能。

（2）xhtml：它在 simple 主题的基础上进行了扩展，增加了布局功能、Label 显示名称，以及与验证框架和国际化框架的集成。

（3）css_xhtml：它在 xhtml 基础上进行了扩展，增加了对 CSS 的支持和控制。

（4）Ajax：它在 xhtml 的基础上，提供 Ajax 技术支持。

Struts 2 的默认主题为 xhtml，但 xhtml 主题也有其缺点，由于它使用表格进行布局，并且每一行只能放一个表单项，所以难以胜任复杂的页面布局，这就需要改变 Struts 2 的默认主题。

在配置文件 struts.xml 中设置常量 struts.ui.theme 来改变默认主题，代码如下所示。

```
<constant name="struts.ui.theme"  value="simple"></constant>
```

上述代码更改默认主题为 simple 的主题。

还有一种方法是在 struts.properties 中增加如下配置。这两种设置的效果都是一样的。

```
struts.ui.theme=simple
```

8.5　Struts 2 的表单标签

Struts 2 的表单标签用来向服务器提交用户输入的信息，还可用于数据回显，实现比 HTML 更强大的功能。

1. <s:form>和<s:submit>标签

<s:form>标签用于包含各种表单元素，如<s:textfield>、<s:password>、<s:select>等标签。在提交表单后，这些表单元素对应的 name 属性，将作为参数传入 Struts 2 框架进行处理。<s:form>的常用

属性及相关说明如表 8.3 所示。

表 8.3　<s:form>标签的常用属性及相关说明

属性名	类型	说明
action	String	指定提交时对应的 Action，不需要后缀
enctype	String	封装类型，一般在上传文件时才进行设置
method	String	提交方式为 get 或者 post
namespace	String	所提交 Action 的命名空间

<s:form>标签往往以<s:submit>标签结束。该标签用于提交表单，显示为按钮形状。

2．<s:textfield>和<s:textarea>标签

<s:textfield>用于创建单行文本框，<s:textarea>用于创建多行文本框，两者都有 label 和 name 属性，可选 value 属性用于指定单行/多行文本框的当前值。

<s:textfield>标签的用法如下。

```
<s:textfield label="姓名" name="username"></s:textfield>
```

<s:textarea>标签的 cols 和 rows 属性分别用来指定多行文本框的列数和行数，用法如下。

```
<s:textarea label="个人简历" name="resume"  cols="30" rows="20"></s:textarea>
```

3．<s:password>标签

<s:password>标签用于创建密码输入框。<s:password>标签的常用属性及相关说明如表 8.4 所示。

表 8.4　<s:password>标签的常用属性及相关说明

属性名	类型	说明
name	String	密码输入框的名称
size	String	密码输入框的显示宽度，以字符数为单位
maxlength	Integer	密码输入框的最大输入字符串个数
showPassword	Boolean	是否显示初始值，即使显示也仍为密文显示，用掩码代替

<s: password>标签的使用示例如下。

```
<s:password name="password" label="密码"/>
```

4．<s:radio>标签

<s:radio>标签用于创建单选按钮。<s:radio>标签的常用属性及相关说明如表 8.5 所示。

表 8.5　<s:radio>标签的常用属性及相关说明

属性名	类型	说明
list	Cellection、MapEnmumeration、Iterator、array	用于生成单选框中的集合
listKey	String	集合对象中的哪个属性作为选项的 key
listValue	String	指定集合对象中的哪个属性作为选项的内容

项目案例：通过一个简单的表单案例来演示<s:form>标签、<s:textfield>标签、<s:textarea>标签和<s:radio>标签的使用方法。

在 ssh08 项目中，创建 register.jsp 页面，代码如下所示。

```
<%@ page language="java" contentType="text/html; charset=UTF-8"
    pageEncoding="UTF-8"%>
<%@ taglib uri="/struts-tags" prefix="s"%>
<!DOCTYPE html>
<html>
<head>
```

```
<meta charset="UTF-8">
<title>注册界面</title>
</head>
<body>
    <s:form action="register" namespace="">
            <s:textfield name="username" label="昵称" />
            <s:password name="password" label="密码" />
            <s:radio name="gender" list="#{'0':'男','1':'女'}" label="性别" value="1" />
            <s:textfield name="major" label="专业" />
            <s:textarea name="resume" label="个人简介" rows="10" cols="25" />
            <s:submit value="提交" />
    </s:form>
</body>
</html>
```

在<s:radio>标签中，使用 list 元素定义了一个 Map 集合，并使用 value 元素指定其默认显示值为"女"，其值为 1，代表集合中 key 为 1 的元素。

在浏览器的地址栏中输入 http://localhost:8080/ssh08/register.jsp，成功访问后，浏览器的显示结果如图 8.4 所示。

图 8.4 注册界面

5. <s:checkbox>标签

<s:checkbox>标签用于创建复选框。该标签的属性及相关说明如表 8.6 所示。

表 8.6 <s:checkbox>标签的属性及相关说明

属性名	类型	说明
name	String	指定该标签的 name
value	String	指定该标签的 value
label	String	生成一个 label 标签
fieldValue	String	指定真实的 value 值，会覆盖 value 属性值

使用<s:checkbox>标签的示例如下。

```
<s:checkbox label="足球" name="hobby" value="true" fieldValue="soccer"></s:checkbox>
```

在上述代码中，value 属性值用来表示复选框是否被选中，如果 value 的值为"true"，则复选框为选中状态，默认为"false"，复选框为不选中状态；fieldValue 属性值表示提交表单时的 name 对应的值。

在项目 ssh08 中创建 checkboxDemo.jsp 页面，演示<s:checkbox>标签的使用，代码如下。

```
<body>
兴趣爱好：
    <s:form action="" method="get">
        <s:checkbox label="足球" name="hobby" value="true"></s:checkbox>
        <s:submit value="提交" />
    </s:form>
</body>
```

在浏览器的地址栏中输入 http://127.0.0.1:8080/ssh08/checkboxDemo.jsp，成功访问后，浏览器的显示结果如图 8.5 所示。

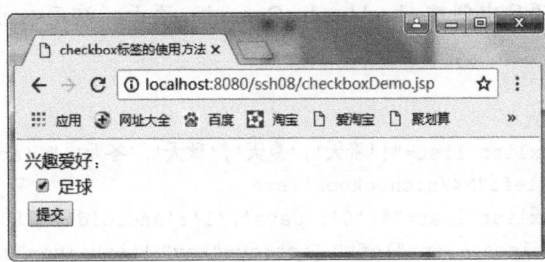

图 8.5　浏览器显示结果

单击"提交"按钮，发现地址栏变为：

http://localhost:8080/ssh08/checkboxDemo.jsp?hobby=true&__checkbox_hobby=true

说明提交的值为 value 属性的值。接下来为<s:checkbox>标签添加 fieldValue 属性，如下所示。

```
<s:checkbox label="足球" name="hobby" value="true" fieldValue="soccer"></s:checkbox>
```

再次提交，地址栏变为：

http://localhost:8080/ssh08/checkboxDemo.jsp?hobby=soccer&__checkbox_hobby=soccer

证明了 fieldValue 属性的值覆盖了 value 的值。修改<s:form>标签如下。

```
<s:form action="" method="get">
    <s:checkbox label="足球" name="hobby" value="true" fieldValue="soccer"> </s:checkbox>
    <s:checkbox label="篮球" name="hobby" value="false" fieldValue="basketball"> </s:checkbox>
    <s:checkbox label="音乐" name="hobby" value="true" fieldValue=" music"> </s:checkbox>
    <s:checkbox label="游戏" name="hobby" value="false" fieldValue="game"> </s:checkbox>
    <s:submit value="提交" />
</s:form>
```

运行测试结果如图 8.6 所示。

图 8.6　运行测试结果

6. <s:checkboxlist>标签

<s:checkboxlist>标签用于一次性生成一个或多个复选框，编译运行后其会产生一组<input type="checkbox"/>HTML 标签。<s:checkboxlist>标签的常用属性及相关说明如表 8.7 所示。

表 8.7　<s:checkboxlist>标签的常用属性及相关说明

属性名	类型	说明
name	String	指定该标签的 name
list	Collection，MapEnmumeration，Iterator，array	用于生成多选框的集合
listKey	String	生成 checkbox 的 value 属性
listValue	String	生成 checkbox 后面显示的文字

项目案例： 在 ssh08 项目中创建 checkboxlistDemo.jsp 页面，演示<s:checkboxlist>标签的使用方法，代码如下。

```
<body>
    <s:form>
        <s:checkboxlist list="{'春天','夏天','秋天','冬天'}" label="季节" name="season"
        labelposition="left"></s:checkboxlist>
        <s:checkboxlist list="#{'0':'Java','1':'Android','2':'Python'}" label="语言"
        name="lang" labelposition="left" listKey="key" listValue="value"></s:checkboxlist>
    </s:form>
</body>
```

在上述代码中，list 表示要显示的集合元素，可以是键值对的 Map 格式，labelposition 属性表示将 label 属性的文字内容显示在标签左侧，如果取值为"right"，则显示到右侧。listKey="key"表示值来自 Map 集合的 key。listValue 表示网页中显示出来的集合内容来自 Map 集合的 value。在浏览器的地址栏中输入 http://127.0.0.1/ssh08/checkboxlistDemojsp，成功访问后，浏览器的运行效果如图 8.7 所示。

图 8.7　<s:checkboxlist>标签的使用方法

7. <s:select>标签

<s:select>标签用于创建下拉列表框，其常用的属性及相关说明如表 8.8 所示。

表 8.8　<s:select>标签的常用属性及相关说明

属性名	类型	说明
name	String	指定该标签的 name
list	Collection，MapEnmumeration，Iterator，array	用于生成下拉框的集合
listKey	String	生成 checkbox 的 value 属性
listValue	String	生成 checkbox 后面显示的文字
headerKey	String	标题 key
headerValue	String	标题 value

属性名	类型	说明
multiple	Boolean	是否多选
emptyOption	Boolean	是否在标题和选项之间加空行
size	Integer	下拉框高度

headerKey 和 headerValue 这两个属性需要同时使用，可以在所有的实际选项之前加一项作为标题项。headerKey 一般设为""、0 或者-1 等，headerValue 一般设为"请选择"等（自定义），例如选择省份的时候，可以在所有的具体省份之前加一项"请选择"这个项作为标题项。示例代码如下。

```
<s:select name="province" list="#{1:'广东省',2:'江苏省',3:'山东省',4:'浙江省'}" listKey="key" listValue="value" headerKey="0" headerValue="请选择"></s:select>
```

size 属性可以让下拉框同时显示多个值，multiple 属性让用户同时选择多个值，在这两种情况下，后台 Action 的属性在接收下拉框值的时候，不能使用 String 类型，而应该使用 String[]或者 List<String>。

8.　<s:optgroup>标签

<s:optgroup>标签用来生成选项组，一般与<s:select>标签联合使用。一个<s:select>标签可以包含多个<s:optgroup>标签。<s:optgroup>标签的 label 属性表示选项组的组名，且选项组的组名是不能被选中的。

在项目 ssh08 中创建一个名称为 optgroupDemo.jsp 的页面,同时演示<s:select>标签和<s:optgroup>标签的使用方法。

```
<%@ page language="java" contentType="text/html; charset=UTF-8" pageEncoding="UTF-8"%>
<%@ taglib prefix="s" uri="/struts-tags" %>
<!DOCTYPE html PUBLIC "-//W3C//DTD HTML 4.01 Transitional//EN" "http://www.w3.org/TR/html4/loose.dtd">
<html>
<head>
<meta http-equiv="Content-Type" content="text/html; charset=UTF-8">
<title>select、optgroup 标签的使用方法</title>
</head>
<body>
    <s:form method="get">
        <s:select list="#{'1':'游戏','2':'电影' }" label="请选择兴趣爱好" name="hobby"
listKey="key" listValue="value" headerKey="0" headerValue="--开始选择-->
            <s:optgroup list="#{'3':'足球','4':'篮球','5':'排球','6':'乒乓球' }"
        label="球类" listKey="key" listValue="value"></s:optgroup>
            <s:optgroup list="#{'7':'拉丁舞','8':'中国舞','9':'民族舞','10':'现代舞' }"
        label="舞蹈类" listKey="key" listValue="value"></s:optgroup>
        </s:select>
        <s:submit value="提交" />
    </s:form>
</body>
</html>
```

在上述代码中，首先使用了<s: select>标签创建下拉列表框，然后在该标签中，两次使用了<s:optgroup>标签，得到两个选项组。在浏览器的地址栏中输入 http://localhost:8080/ssh08/optgroupDemo.jsp，成功访问后，浏览器的运行结果如图 8.8 所示。

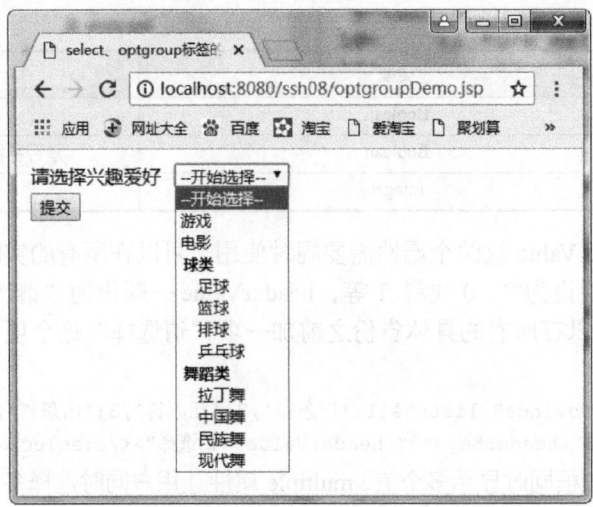

图 8.8　<s:optgroup>标签的使用方法

9. <s:file>标签

<s:file>标签用于创建文件选择框，并上传文件，可以直接在该标签中设置可上传文件的类型，从而过滤非法文件。该标签的属性及相关说明如表 8.9 所示。

表 8.9　<s:file>标签的属性及相关说明

属性名	类型	说明
name	String	指定该标签的 name
accept	String	指定可接收的文件 MIME 类型，默认为 input

<s:file>标签的示例如下。

```
<s:file name="upload1" accept="text/*"/>
<s:file name="upload2" accept="image/gif, image/jpeg"/>
```

10. <s:hidden>标签

<s:hidden>标签用来创建隐藏表单元素，会生成 HTML 中的隐藏域标签<input type="hidden">。代码示例如下。

```
<s:hidden name="id" value="值"></s:hidden>
```

11. <s:reset>标签

<s:reset>标签用来创建一个重置按钮，会生成 HTML 中的<input type="reset"/>标签。该标签的代码示例如下。

```
<s:reset value="重置"/>
<s:reset name="reset" value="重置"/>
```

接下来，通过一个页面注册的案例来演示 Struts 2 中的表单标签及各种子标签的使用方法。在项目 ssh08 的 WebContent 目录下创建一个名称为 userRegister.jsp 的文件，代码如下所示。

```
<%@ page language="java" contentType="text/html; charset=UTF-8" pageEncoding="UTF-8"%>
<%@ taglib uri="/struts-tags" prefix="s" %>
<!DOCTYPE html>
<html>
    <head>
        <meta charset="UTF-8">
        <title>注册界面</title>
    </head>
```

```
<body>
    <s:form action="register" namespace="">
        <s:hidden name="id" value="%{id}"></s:hidden>
        <s:textfield name="username" label="昵称"/>
        <s:password name="password" label="密码"/>
        <s:textfield name="age" label="年龄"/>
        <s:textfield name="phone" label="电话"/>
        <s:radio name="gender" list="#{'0':'男','1':'女'}" label="性别" value="0" />
        <s:select name="address" list="#{'gd':'广东','js':'江苏','zj':'浙江','sd':'山东'}"
    label="地址" headerKey="-1" headerValue="---请选择省份---" emptyOption="true"/>
        <s:checkboxlist name="hobby" list="#{'sport':'运动','game':'游戏','music':'音
乐'}" label="爱好"/>
        <s:checkbox name="married" label="婚否" value="true" fieldValue="hasmarry"
    labelposition="left"/>
        <s:file name="photo" label="上传相片"/>
        <s:textarea name="resume" label="个人简介" rows="10" cols="22"/>
        <s:submit value="提交"/>
        <s:reset value="重置"/>
    </s:form>
</body>
</html>
```

运行后，在浏览器的地址栏中输入 http://localhost:8080/ssh08/userRegister.jsp，成功访问后，浏览器的显示效果如图 8.9 所示。

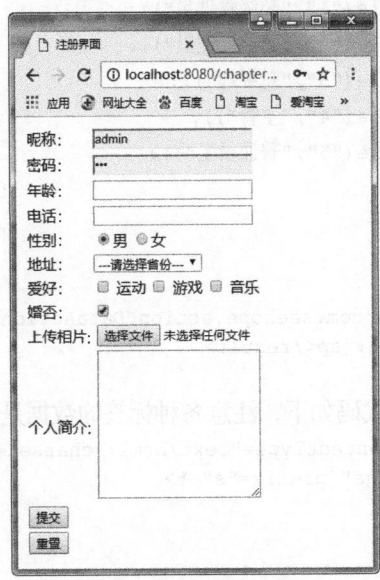

图 8.9　表单标签的使用

12. 表单标签展示后台数据

项目案例： 由后台决定前端标签的集合属性值，如果有选项，则由后台决定选择哪一项。例如，学历有三项选择，由后台决定选择其中一项。

（1）在项目 ssh08 中的 com.seehope.action 包下新建 DataAction 类，准备各种数据，代码如下。

```
public class DataAction extends ActionSupport{
    private List<Role> roles;//所有角色
```

```java
        private List<Student> students;//所有学生
        private List<Education> educations;//所有学历
        private String username="任我行";//当前用户名
        private String gender="0";//当前选中的性别，0-男，1-女
        private String address="gd";//当前选取中的地址，gd--广东
        private String student="2";//当前选中的学生，id 为2
        private Integer education=3;//当前选中的学历
        private String[] myroles= {"1","3"};//当前的角色
        private boolean married=true;      //当前的婚姻状态
        //省略 getter()、setter()方法
        @Override
        public String execute() throws Exception {//获得各种集合数据
            students=new ArrayList<Student>();
            students.add(new Student("1","张无忌","男"));
            students.add(new Student("2","张三丰","男"));
            students.add(new Student("3","李寻欢","男"));

            educations=new ArrayList<Education>();
            educations.add(new Education(1,"研究生"));
            educations.add(new Education(2,"本科生"));
            educations.add(new Education(3,"大专生"));

            roles=new ArrayList<Role>();
            roles.add(new Role("1","超级管理员"));
            roles.add(new Role("2","普通管理员"));
            roles.add(new Role("3","总经理"));
            roles.add(new Role("4","主管"));
            roles.add(new Role("5","普通员工"));
            return SUCCESS;
        }
}
```

（2）配置 struts.xml。

```xml
<action name="data" class="com.seehope.action.DataAction">
    <result>/userRegister2.jsp</result>
</action>
```

（3）新建 userRegister2.jsp，代码如下，注意各种标签的数据是如何与后台对应的。

```jsp
<%@ page language="java" contentType="text/html; charset=UTF-8" pageEncoding="UTF-8"%>
<%@ taglib uri="/struts-tags" prefix="s" %>
<!DOCTYPE html>
<html>
    <head>
        <meta charset="UTF-8">
        <title>注册界面</title>
    </head>
    <body>
        <s:form action="" method="get">
            <s:textfield name="username" label="昵称"/>
            <s:radio name="gender" list="#{'0':'男','1':'女'}" label="性别" />
            <s:radio name="education" list="educations" listKey="id" listValue="eduName"
        label="学历" />
```

```
        <s:select name="address" list="#{'gd':'广东','js':'江苏','zj':'浙江','sd':'山东'}"
    label="地址" headerKey="-1" headerValue="---请选择省份---"/>
        <s:select name="student" list="students" label="请选择学生" listKey="id"
    listValue="studentName" headerKey="-1"  headerValue="---请选择学生---"/>
        <s:checkboxlist name="hobby" list="#{'sport':'运动','game':'游戏','music':'音
    乐'}" label="爱好" value="{'sport','game'}"/>
        <s:checkboxlist name="myroles" list="roles" label="角色" listKey="roleId"
    listValue="roleName" value="myroles"/>
        <s:checkbox name="married" label="婚否" labelposition="left"/>
        <s:submit value="提交"/>
        <s:reset value="重置"/>
    </s:form>
  </body>
</html>
```

（4）测试，在浏览器的地址栏中输入 http://localhost:8080/ssh08/data，结果如图 8.10 所示，所有标签均使用后台数据作为数据源，并且实现了数据回显，默认选项由后台决定。

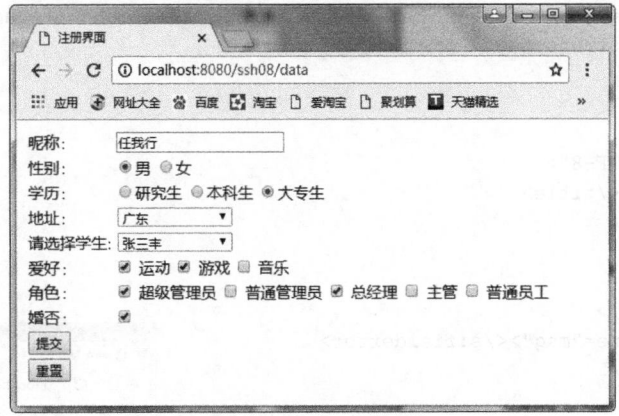

图 8.10　使用后台数据

8.6　Struts 2 的非表单标签

Struts 2 的非表单标签用于在 JSP 页面中输出 Action 中封装好的信息，如输出错误提示信息、类型转换错误信息、数据校验错误信息等。常见的非表单标签有<s:actionerror>、<s:actionmessage>和<s:fielderror>，分别用于显示动作错误信息、动作信息和字段错误信息。如果信息源为 null，则不显示。

（1）<s:actionerror>标签：如果 Action 实例的 getActionError()方法的返回值不为 null，则该标签负责输出该方法返回的系列错误。

（2）<s:actionmessage>标签：如果 Action 实例的 getActionMessage()方法的返回值不为 null，则该标签负责输出该方法返回的系列消息。

（3）<s:fielderror>标签：如果 Action 实例存在表单域的类型转换错误、校验错误，则该标签负责输出这些错误提示。

项目案例：演示<s:actionerror>、<s:actionmessage>和<s:fielderror>三个标签的作用。

（1）在 ssh08 项目中，在 com.seehope.action 包中建立名为 MsgAction 的类，代码如下所示。

```
package com.seehope.action;
```

```
import com.opensymphony.xwork2.ActionSupport;
public class MsgAction extends ActionSupport{
    public String execute() throws Exception {
        this.addActionError("这是 Action 错误信息");
        this.addActionMessage("这是 Action 中传递过来的消息");
        this.addFieldError("msg", "表单字段填写错误");
        return SUCCESS;
    }
}
```

在 MsgAction.java 中，分别使用了 addActionError()、addActionMessage()和 addFieldError()三个方法来输出错误信息。

（2）在 struts.xml 中配置 MsgAction 类，代码如下。

```
<action name="msg" class="com.seehope.action.MsgAction">
    <result>/errorMessageTags.jsp</result>
</action>
```

（3）在 ssh08 项目中创建一个名为 errorMessage.jsp 的页面，在页面中使用上述三个标签输出相关消息，代码如下所示。

```
<%@page language="java" contentType="text/html; charset=UTF-8" pageEncoding="UTF-8"%>
<%@taglib uri="/struts-tags" prefix="s"%>
<!DOCTYPE html>
<html>
<head>
<meta charset="UTF-8">
<title>errorTags</title>
</head>
<body>
<s:actionerror/>
<s:actionmessage/>
<s:fielderrorvalue="msg"></s:fielderror>
</body>
</html>
```

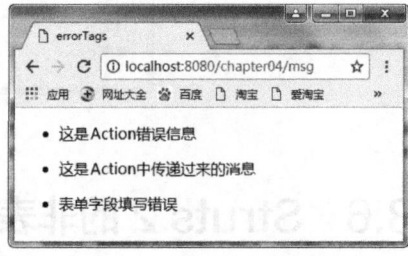

在浏览器的地址栏中输入 http://localhost:8080/ssh08/msg，成功访问后，浏览器的运行结果如图 8.11 所示。

从图 8.11 中可以看到，页面中的 3 个标签分别输出了 Action 中的相应的提示信息。

图 8.11 错误信息提示标签

上机练习

使用 Struts 2 的表单实现用户注册功能，要求注册信息有用户名（文本框）、密码（密码框）、性别（单选）、学历（下拉框）、兴趣（多选框）、自我介绍（文本域）。在注册信息提交后，另一个页面显示所有注册信息，并显示当前注册日期。

思考题

1. Struts 2 如何遍历数据与集合？
2. 如何使用<s:checkboxlist>标签展示后台数据？

第 9 章 OGNL 表达式与值栈

本章目标

- ✧ 掌握 OGNL 表达式的使用方法
- ✧ 掌握值栈的相关知识

9.1 OGNL 表达式

9.1.1 OGNL 的概念

对象图导航语言（Object-Graph Navigation Language，OGNL）是一种表达式语言，功能上有些类似 EL 表达式，但其功能更加丰富和强大。所谓对象图导航，可以先简单地理解为以任意一个对象为根（出发点），通过 OGNL 可以访问（导航）到与这个对象关联的其他对象。使用 OGNL 表达式可以存取 Java 对象的属性，调用 Java 对象的方法，还能自动实现必要的类型转换，简化数据的访问操作。在前台 JSP 页面中使用 OGNL 表达式可以轻松地读取后台的各种 Java 对象的属性值或调用其方法。

OGNL 的 3 个要素是表达式（Expression）、根对象（Root Object）、上下文环境（Context）。OGNL 有一个 getValue()方法，用于获取特定目标的值。该方法有两个参数：第一个参数是表达式，第二个参数是根对象。

1. 表达式

表达式就是一个带有语法含义的字符串，规定了最终访问目标的路径，比较典型的是"链式"表达式，所有的 OGNL 操作都在针对表达式解析后进行。"链式"表达式的语法结构通常如下：

对象.子对象.再下一级子对象.属性或方法

其中，子对象可以有多级或者没有，如果最终访问的不是属性而是方法，就要带"()"。

2. 根对象

根对象可以理解为 OGNL 的操作对象。OGNL 的 getValue()方法中的第二个参数就是根对象，以此对象为根（"出发点"），以第一个参数（表达式）为"导航路径"，可以精确地导航到最终要访问的目标（通常是对象的属性或方法）。

项目案例： OGNL 表达式的应用。

（1）将 ssh05 复制为 ssh09，在 com.seehope.entity 包下新建一个名为 School.java 的持久化类，代码如下所示。

```
package com.seehope.entity;
public class School {
    private String name;
    //省略 getter()、setter()方法
}
```

（2）在 com.seehope.entity 包中再创建一个名为 School_class（班级）的持久化类，代码如下所示。

```
package com.seehope.entity;
public class School_class {
    private String name;
    private School school;
    //省略 getter()、setter()方法
}
```

（3）在 com.seehope.entity 包中再创建一个名为 Student 的持久化类，代码如下所示。

```
package com.seehope.entity;
public class Student {
    private String name;
    private Integer age;
    private School_class school_class;
    //省略 getter()、setter()方法
}
```

（4）在 com.seehope.ognl 包中创建一个名为 TestOgnl 的类，代码如下所示。

```
package com.seehope.ognl;
import java.util.Map;
import java.util.HashMap;
import ognl.Ognl;
import ognl.OgnlException;
public class TestOgnl {
    public static void main(String[] args) throws OgnlException {
        Student student = new Student();
        School_class sc = new School_class();
        School school = new School();
        school.setName("哈佛大学");
        sc.setName("计算机 1 班");
        student.setName("珍妮");
        student.setAge(19);
        sc.setSchool(school);
        student.setSchool_class(sc);
        //使用 Java 来访问
        System.out.println("使用 Java 访问学生的学校名称："+student.getSchool_class().
getSchool().getName());
        //使用 OGNL 来访问
        System.out.println("使用 OGNL 访问学生的学校名称："+Ognl.getValue("school_class.
school. name", student));
        //之后的案例会用到下面的语句
        Map context = new HashMap<>();
        context.put("student", student);
        System.out.println("获取 student 的 name 属性的值为："+Ognl.getValue("#student.
name", context,student));
    }
}
```

运行 TestOgnl 类，控制台输出的结果如图 9.1 所示。

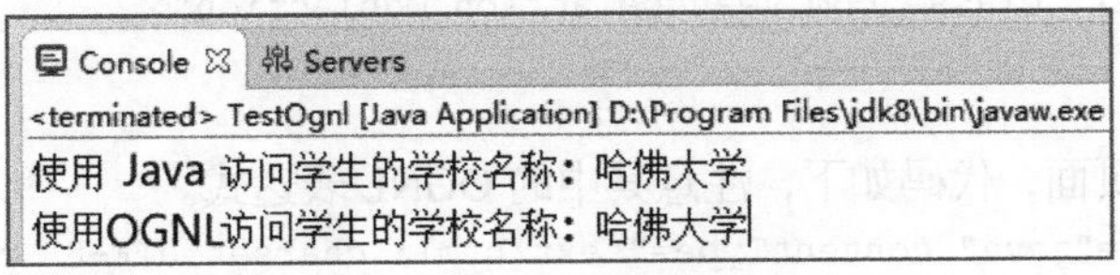

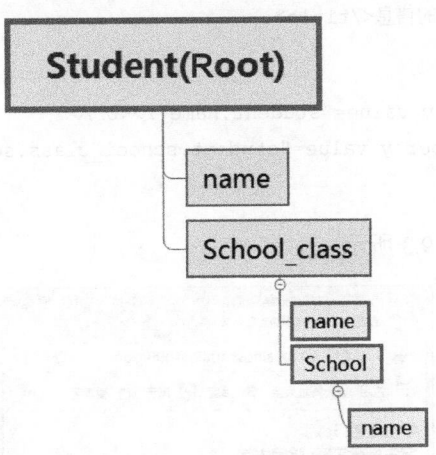

图 9.1　TestOgnl 的输出结果

从图 9.1 中可知，两种方式均获取到了 School 的 name 属性值，但用 OGNL 表达式简洁很多。在以上代码中，Ognl.getValue()方法的第一个参数，就是一个 OGNL 表达式，是典型的链式表达式，第二个参数指定在表达式中需要用到的根对象。以 Student 对象为根的对象图如图 9.2 所示。

图 9.2　以 Student 对象为根的对象图

实际上，OGNL 表达式被更多地运用在 JSP 页面中，且使用起来比上面的方式更为简单、方便。

项目案例：OGNL 表达式在 JSP 页面中的应用。

（1）在项目 ssh09 中的 com.seehope.action 下新建 OgnlAction 类，代码如下。

```java
public class OgnlAction extends ActionSupport{
    private Student student;
    private List<Student> students;
    //省略 getter()、setter()方法
    public String execute() throws Exception {
        student = new Student();
        School_class sc = new School_class();
        School school = new School();

        school.setName("哈佛大学");
        sc.setName("计算机 1 班");
        sc.setSchool(school);

        student.setName("珍妮");
        student.setAge(19);
        student.setSchool_class(sc);

        return SUCCESS;
    }
}
```

（2）配置 struts.xml。

```xml
<action name="ognl" class="com.seehope.action.OgnlAction">
    <result>/ognl.jsp</result>
</action>
```

（3）新建 ognl.jsp 页面，代码如下，注意其中的 OGNL 表达式。

```jsp
<%@ page language="java" contentType="text/html; charset=UTF-8" pageEncoding="UTF-8"%>
<%@ taglib prefix="s" uri="/struts-tags" %>
<!DOCTYPE html PUBLIC "-//W3C//DTD HTML 4.01 Transitional//EN" "http://awww.w3.
org/TR/html4/loose.dtd">
<html>
<head>
<meta http-equiv="Content-Type" content="text/html; charset=UTF-8">
<title>查看 ValueStack 中的信息</title>
</head>
<body>
    学生姓名：<s:property value="student.name"/><br/>
    学生所在学校：<s:property value="student.school_class.school.name"/><br/>
</body>
</html>
```

（4）运行测试，结果如图 9.3 所示。

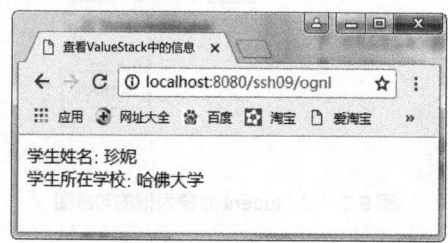

图 9.3　OGNL 表达式在 JSP 页面中的应用

3. 上下文环境

根对象所在环境就是 OGNL 的上下文环境（Context），它表明了 OGNL 的操作在哪里进行。Context 是一个 Map 类型的对象，在表达式中访问 Context 中的对象，需要使用 "#" 加上对象名称，即 "# 对象名称" 的形式。下面通过一个案例来演示如何使用 OGNL 表达式获取 Context 对象的内容。为项目 ssh09 的 TestOgnl 类中的 main() 方法添加如下代码。

```java
Map context = new HashMap<>();
context.put("student", student);
System.out.println("获取 student 的 name 属性的值为："+Ognl.getValue("#student.name",
context,student));
```

上述代码中，首先创建了 Context 对象，然后把 Student 对象放入 Context 中，最后使用 OGNL 表达式获取 Context 对象的 Student 对象的 name 属性的值。注意其中 getValue() 方法多了一个 Context 参数。

再次运行 TestOgnl 类中的 main() 方法后，控制台的输出结果如图 9.4 所示。

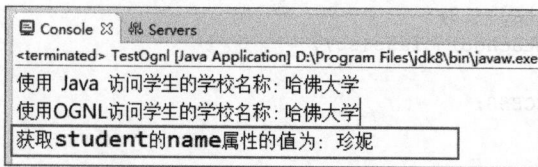

图 9.4　再次运行 TestOgnl 的输出结果

由图 9.4 的输出结果可以看出，Context 对象中的 Student 对象的 name 属性的值已经取出。需要注意的是，这里的 Context 对象，其实就是一个 Map 类型的对象，也就是 OGNL，上下文环境其实就是一个 Map 类型的容器。

9.1.2　使用 OGNL 访问对象的方法

OGNL 除了能访问对象的属性，还可以访问对象的方法，包括静态方法。

1. 使用 OGNL 访问对象的普通方法

OGNL 表达式通过"对象名.方法名()"的语法形式来调用对象的方法，对象可能是多级的，如果是调用根对象的方法，则可以直接使用方法的名称，其语法如下所示。

```
Ognl.getValue("方法名",对象名)
```

下面通过一个案例来演示在 Java 代码中使用 OGNL 调用对象方法的方法。

在 ssh09 项目的 com.seehope.ognl 包中创建一个名为 TestOgnl1 的类，代码如下所示。

```
package com.seehope.ognl;
import ognl.Ognl;
import ognl.OgnlException;
public class TestOgnl1 {
    public static void main(String[] args) throws OgnlException {
        Student student = new Student();
        student.setName("珍妮");
        System.out.println("getName()方法的返回值为: "+Ognl.getValue("getName()", student));
    }
}
```

运行 main()方法，控制台的输出结果如图 9.5 所示。

图 9.5　使用 OGNL 调用对象的输出结果

可以看到 Student 对象的 username 属性值被读取到了。在根对象关联其他对象的方法时又如何调用呢？看下面这个案例。

在 main()方法中添加如下代码。

```
School_class sc = new School_class();
    sc.setName("计算机 1 班");
    student.setSchool_class(sc);
    System.out.println("getSchool_class().getName()方法的返回值为: "+
Ognl.getValue("getSchool_class().getName()", student));
```

在上述代码的 System.out.println 语句中，调用了 Student 根对象的 getSchool_class()方法，以获得 School_class 对象，再调用 School_class 对象的 getName()方法，获得 Student 对象中的 School_class 对象的 name 属性的值。运行后，控制台输出的结果如图 9.6 所示。

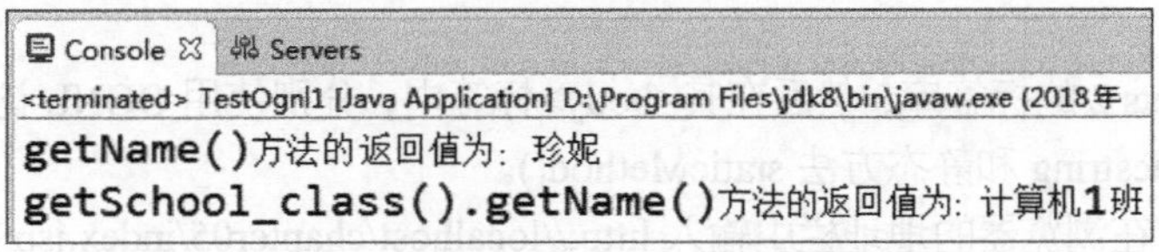

图 9.6　再次运行 TestOgnl1 后的输出结果

2. 使用 OGNL 访问对象的静态方法和静态属性

OGNL 支持访问静态方法和静态属性，语法格式如下。

@类的全路径名@方法名称(参数列表)

@类的全路径名@属性名称

首先需要手动开启对静态方法访问的支持。开启方法是在 **struts.xml** 中进行如下配置。

```
<constant name="struts.ognl.allowStaticMethodAccess" value="true"/>
```

在 JSP 页面中，OGNL 表达式需要配合 Struts 2 中的标签才可以使用，如<s:property value= "name"/>。

项目案例：在 JSP 页面中使用 OGNL 访问对象的静态方法和静态属性。

（1）在 ssh09 项目的 com.seehope.ognl 包下创建一个名称为 TestOgnl2 的类。

```
package com.seehope.ognl;
public class TestOgnl2 {
    public static String staticstring = "牛津大学!!! ";
    public static String staticMethod() {
        System.out.println("我的静态方法被调用了");
        Return "剑桥大学!!! ";
    }
}
```

上述代码创建了一个 String 类型的静态属性和一个静态方法，该方法用于输出打印信息。

（2）在配置文件 struts.xml 中开启对静态方法访问的支持，代码如下所示。

```
<?xml version="1.0" encoding="UTF-8"?>
<!DOCTYPE struts PUBLIC
"-//Apache Software Foundation//DTD Struts Configuration 2.0//EN"
"http://struts.apache.org/dtds/struts-2.5.dtd">
<struts>
    <constant name="struts.ognl.allowStaticMethodAccess" value="true"></constant>
</struts>
```

（3）在 WebContent 目录下，新建 index.jsp 页面，代码如下所示。

```
<%@page language="java" contentType="text/html; charset=UTF-8" pageEncoding="UTF-8"%>
<%@taglib prefix="s" uri="/struts-tags"%>
<!DOCTYPE html PUBLIC "-//W3C//DTD HTML 4.01 Transitional//EN" "http://www.w3.org/
TR/html4/loose.dtd">
<html>
<head>
<meta http-equiv="Content-Type" content="text/html; charset=UTF-8">
<title>首页</title>
</head>
<body>
    静态属性:
    <s:property value="@com.seehope.ognl.TestOgnl2@staticstring"/>
    <hr/>
    静态方法的返回值为:
    <s:property value="@com.seehope.ognl.TestOgnl2@staticMethod()"/>
</body>
</html>
```

首先引入了 Struts 2 的标签库，然后在其<body>标签内，分别使用 OGNL 访问了 TestOgnl2 类中定义的静态属性 staticstring 和静态方法 staticMethod()。

（4）启动项目，在浏览器的地址栏中输入 **http://localhost/chapter05/index.jsp** 并成功访问后，浏览器的显示结果如图 9.7 所示。

首页
localhost:8080/chapter05/
应用
网址大全
百度
淘宝
爱淘宝
静态属性：牛津大学！！！
静态方法的返回值为：剑桥大学！！！

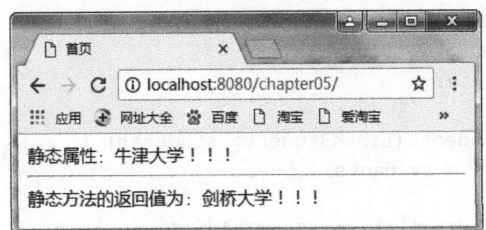

图 9.7　使用 OGNL 访问静态属性和静态方法的浏览器输出结果

Eclipse 控制台输出的结果如图 9.8 所示。

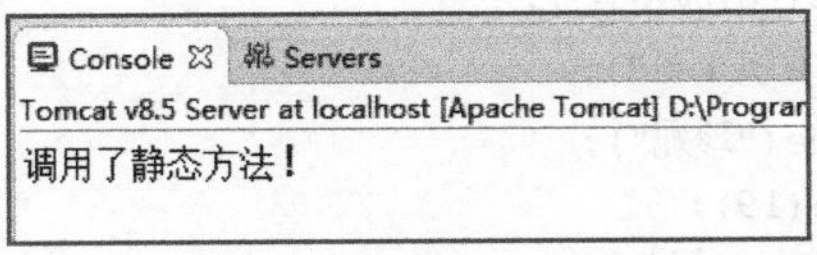

Console
Servers
Tomcat v8.5 Server at localhost [Apache Tomcat] D:\Progran
调用了静态方法！

图 9.8　使用 OGNL 访问静态属性和静态方法的控制台输出结果

由图 9.7 和图 9.8 可以看到，在页面中成功使用 OGNL 访问了 Java 类中的静态属性和静态方法。

9.1.3　使用 OGNL 访问集合对象

1. 在 JSP 页面中创建 List 与 Map 集合

在 OGNL 表达式中使用如下形式可以创建相应集合。

List 集合的创建：{元素 1,元素 2, …}。

Map 集合的创建：#{'key1':value1,'key2':value2, …}。

使用 Struts 2 中的标签<s:set/>可以创建一个有名称的集合对象：

```
<s:set name="stuList" value="{'zhang','huang','li'}">
```

这里创建了一个名为 stuList 的 List<String>集合，其包含 3 个字符串元素："zhang""huang""li"。

```
<s:set name="stuMap" value="#{'name':'zhang','age':18}">
```

这里创建了一个名为 stuMap 的 Map<String,Object>集合。

2. 遍历迭代集合或数组

使用<s:iterator>标签迭代一个集合或数组，标签中的 value 属性用于指定要迭代的集合属性，其类型包括 Collection、Map、Iterator 或者数组。<s:iterator>标签在迭代的时候，会把迭代的每一个对象暂时压入栈顶，这样<s:iterator>标签内部就可以使用<s:property>标签直接访问元素对象的属性和方法，而无须在<s:property>标签的 value 属性中指定对象名称。

项目案例：使用<s:iterator>标签及 OGNL 表达式遍历学生集合数据。

（1）新建 iterator.jsp 的关键代码如下，关注其中的<s:iterator>标签及 OGNL 表达式。

```
<s:iterator value="students">
    学生姓名：<s:property value="name"/> 
    学生年龄：<s:property value="age"/> 
    所在班级：<s:property value="school_class.name"/> 
    所在学校：<s:property value="school_class.school.name"/></br>
</s:iterator>
```

其中，所在班级和所在学校<s:property>标签的 value 属性就是 OGNL 表达式，从 Student 对象导航到 School_class 对象再导航到 School 对象。

（2）新建 IteratorAction，代码如下。

```
public class IteratorAction extends ActionSupport{
```

```
            private List<Student> students;
            public List<Student> getStudents() {
                return students;
            }
            public void setStudents(List<Student> students) {
                this.students = students;
            }
            public String execute() throws Exception {
                Student student1 = new Student();
                School_class sc1 = new School_class();
                School school1 = new School();
                school1.setName("哈佛大学");
                sc1.setName("计算机 1 班");
                student1.setName("珍妮");
                student1.setAge(19);
                sc1.setSchool(school1);
                student1.setSchool_class(sc1);

                students=new ArrayList<Student>();
                students.add(student1);

                Student student2 = new Student();
                School_class sc2 = new School_class();
                School school2 = new School();
                school2.setName("耶鲁大学");
                sc2.setName("计算机 2 班");
                student2.setName("露西");
                student2.setAge(18);
                sc2.setSchool(school2);
                student2.setSchool_class(sc2);
                students.add(student2);
                return SUCCESS;
            }
        }
```

（3）在 Struts.xml 中添加以下配置。

```
<action name="iterator" class="com.seehope.action.IteratorAction">
    <result>/iterator.jsp</result>
</action>
```

（4）测试运行，效果如图 9.9 所示。

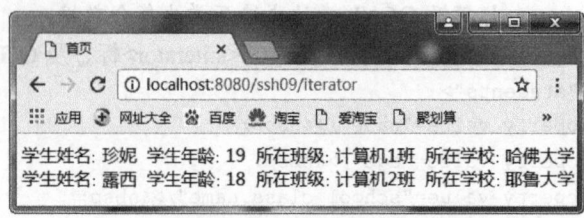

图 9.9　OGNL 访问集合对象

此外还要注意以下几点。

① 访问集合或数组的某一个元素，可以用属性名[index]的方式，如 studentList[1].name 或者 studentArray[2].age。

② 访问 Map 的某一个元素，可以用属性名[key]的方式，如 studentMap["stu1"].name。

③ 通过 size 或 length 来访问集合的长度,如 studentList.size、studentArray.length、student Map.size。

9.1.4　使用 OGNL 访问 ActionContext 中的数据

（1）Request：OGNL 表达式格式#request.studentName 或 request['studentName']。

（2）Session：OGNL 表达式格式#session.studentName 或 session['studentName']。

（3）Application：OGNL 表达式格式#application.studentName 或 application['studentName']。

（4）Parameters：OGNL 表达式格式#parameters.studentName 或 parameters['studentName']。

项目案例： 使用 OGNL 表达式访问 ActionContext 对象。在 ssh09 中新建 context.jsp，代码如下。

```
<s:set var="studentName" value="'张无忌'" scope="request"/>
<s:set var="age" value="20" scope="session"/>
OGNL 从 Request 作用域中获取学生姓名: <s:property value="#request.studentName"/><br/>
OGNL 从 Session 作用域中获取学生姓名: <s:property value="#session.studentName"/><br/>
OGNL 从 Application 作用域中获取学生年龄: <s:property value="#application.age"/><br/>
OGNL 从 Parameters 作用域中获取学生年龄: <s:property value="#parameters.age"/><br/>
```

在上述代码中，<s:set>标签用来设置变量，可以变换着设置为 Request 或 Session 等作用范围。其中的 value 属性如果是常量值，应加上单引号，否则会当作变量名称。

运行结果如图 9.10 所示。

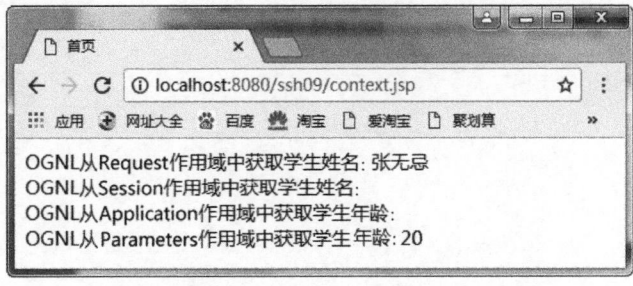

图 9.10　使用 OGNL 访问 ActionContext 中的数据

9.2　值栈

9.2.1　值栈的概念

值栈（ValueStack）是对应每一个请求对象的轻量级的内存数据中心，是 OGNL 表达式存取数据的地方。Struts 2 在有请求到达的时候为每个请求创建一个新的值栈。值栈封装了一次请求所需要的全部数据。值栈和请求是一一对应的。

1. 值栈的作用

值栈用于在前台、后台之间传递数据，其为一个数据中转站。例如，在提交表单后，前台 JSP 页面的表单数据首先会存储到值栈，然后再由 Action 到值栈取值。后台数据生成后也是存到值栈，然后 JSP 页面再综合使用 Strut 2 的标签与 OGNL 表达式展示后台数据。

2. 值栈的生命周期

ValueStack 贯穿整个 Action 的生命周期，每个 Action 类的对象实例都拥有一个 ValueStack 对象，在其中保存当前 Action 对象和其他相关对象。值栈与 Action 的生命周期一致，随着 Request 的创建而创建，随着 Request 的销毁而销毁。

9.2.2　值栈的应用

采用以下两种方式交换数据时，Struts 2 会将对象自动存储到 ValueStack 中。

（1）属性驱动：每次请求访问 Action 的对象时，Action 中的属性对象会被自动压入 ValueStack 中。

（2）模型驱动：Action 如果实现了 Modeldriven 接口，那么 ModelDrivenInterceptor（拦截器）会生效，会将 Model 对象压入 ValueStack 中。

对象存储到 Valuestack 中后，页面所需的数据可以直接从 Valuestack 中获取。在大多情况下，不需要干预值栈，但需要理解它的存在。

上机练习

假定学生对象含有地址对象属性，地址对象又含有城市对象属性。后台生成学生集合，前台使用<s:iterator>标签及 OGNL 表达式遍历出来。

思考题

1. 什么是 OGNL?
2. 什么是值栈?

10 第 10 章　Struts 2 的关键技术

本章目标

✧　掌握数据类型转换的方法

✧　掌握数据验证技术的相关知识

✧　掌握文件的上传与下载方法

10.1　数据类型转换

10.1.1　默认类型转换

在默认情况下，Struts 2 可以将输入表单中的文本数据转换为相应的基本数据类型，例如在表单中输入的年龄数据，它在输入时是字符串 String 类型，但在 Action 类中却可以用整型 int 属性来接收这个值。这个功能的实现，主要是由于 Struts 2 内置了类型转换器。在 **struts-default.xml** 中可以看到这些转换器的定义。

利用这些内置转换器可以自动完成一些常见的类型转换，而无须手工干预。下列常见的类型，均可由 String 自动转换而来。

➢　int 或 Integer。

➢　long 或 Long。

➢　float 或 Float。

➢　double 或 Double。

➢　char 或 Character。

➢　boolean 或 Boolean。

➢　Date：可以接收 yyyy-MM-dd 或 yyyy-MM-dd HH:mm:ss 格式的字符串。

➢　数组：可以将多个同名参数存放到数组中。

➢　集合：可以将数据保存到 List、Map 中。

项目案例：前台输入日期字符串，测试后台能否正确接收到。

（1）将项目 ssh05 复制为 ssh10，新建 date.jsp 页面，代码如下。

```
<body>
    <form action="dateAction" method="post">
        出生日期:<input type="text" name="birthday"/>
        <input type="submit" value="确定"/>
```

```
        </form>
    </body>
```

（2）在 com.seehope.action 包下新建 DateAction 类。

```
public class DateAction extends ActionSupport{
    private Date birthday;
    //省略 getter()、setter()方法
    public String execute() throws Exception {
        System.out.println(birthday);
        return SUCCESS;
    }
}
```

（3）配置 struts.xml。

```
<action name="dateAction" class="com.seehope.action.DateAction">
    <result>showdate.jsp</result>
</action>
```

（4）新建 showdate.jsp 页面。

```
<body>
        你的出生日期是:<s:date format="yyyy/MM/dd" name="birthday"/>
</body>
```

（5）运行测试，在图 10.1 所示的界面中输入出生日期。提交后，控制台输出的内容如图 10.2 所示，而前台输出的页面如图 10.3 所示。

图 10.1　录入出生日期

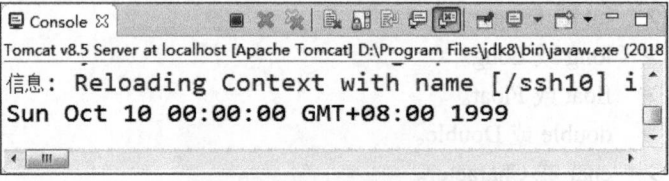

图 10.2　控制台输出出生日期

图 10.3　网页输出出生日期

可以发现，尽管输入的格式是字符串，但显然已被自动转换成了 Date 类型。

10.1.2　自定义类型转换器

在上面程序中，若输入的日期非 yyyy-MM-dd 格式，例如输入 yyyy/MM/dd 格式，则结果会报错，表示类型转换失败。如果要接收非 yyyy-MM-dd 的其他格式的日期类型，就需要自定义类型转换器。自定义类型转换器必须要继承 StrutsTypeConverter 类，实现父类的 convertFromString()和convertToString()方法。

项目案例： 实现 yyyy/MM/dd 格式的类型转换，学习自定义类型转换器的完整过程。

（1）在项目 ssh10 中新建页面 date2.jsp，代码如下。

```
<body>
    <s:form action="dateAction2" method="post">
        <s:textfield name="age" label="年龄"/>
        <s:textfield name="birthday" label="出生日期"/>
        <s:submit value="确定"/>
    </s:form>
</body>
```

（2）新建 DateAction2.java，代码如下。

```
public class DateAction2 extends ActionSupport{
    private Date birthday;
    private int age;
    //省略getter()、setter()方法
    public String execute() throws Exception {
        System.out.println(birthday);
        return SUCCESS;
    }
}
```

（3）配置 struts.xml。

```
<action name="dateAction2" class="com.seehope.action.DateAction2">
    <result>showdate.jsp</result>
    <result name="input">date2.jsp</result>
</action>
```

这里多了一个 input 视图，用于在转换失败时，返回原来的输入页面。注意：必须配置 input。

（4）新建包 com.seehope.util，并在该包下新建 NewDateConverter 类，代码如下。

```
public class NewDateConverter extends StrutsTypeConverter{
//如果从客户端到服务端方向，是由String转换为Date类型
    @Override
    public Object convertFromString(Map context, String[] values, Class toType) {
        String date=values[0];
        SimpleDateFormat sdf=new SimpleDateFormat("yyyy/MM/dd");
        if(!Pattern.matches("^\\d{4}/\\d{2}/\\d{2}$", date)) {
            throw new TypeConversionException();
        }
        try {
            return sdf.parse(date);
        } catch (ParseException e) {
            e.printStackTrace();
        }
        return null;
    }
    //如果从服务端到客户端方向，是由Date转换为String类型
    @Override
```

137

```
        public String convertToString(Map context, Object object) {
            Date date=(Date)object;
            return new SimpleDateFormat("yyyy-MM-dd").format(date);
        }
    }
```

　　该类型转换器包括了从客户端到服务端的转换，以及从服务端到客户端的转换，不仅可以完成日期类型的转换，还可以实现数据回显。服务端向客户端的转换，即数据的回显功能，需要使用 Struts 2 标签定义的表单才可展示。在本案例中，date2.jsp 中的表单是使用 Struts 2 的标签<s:form>定义的，符合要求。但上述转换器如果没有下面这些代码，数据回显将会出问题。

```
if(!Pattern.matches("^\\d{4}/\\d{2}/\\d{2}$", params[0])) {
    throw new TypeConversionException();
}
```

　　若没有上述代码的话，假如 age 填写错误，birthday 填写正确，可以正确回显；假如 age 填写正确，birthday 日期格式填写错误，则无法回显。因为此时发生的异常不是类型转换异常 TypeConversionException，而是格式解析异常 ParseException。ParseException 的发生不会使页面跳转到 input 视图。所以若要使日期格式不正确时跳转到 input 视图，则需要让其抛出 Type-ConversionException 异常。

　　（5）创建 showdate.jsp，关键代码如下。

```
<body>
        你的出生日期是:<s:property value="birthday"/><br/>
</body>
```

　　（6）注册类型转换器。定义类型转换器后，还需要注册该转换器，用于通知 Struts 2 框架在遇到指定的类型变量时，去调用该类型转换器。根据注册方式的不同及其应用范围的不同，可以将类型转换器分为两类：局部类型转换器、全局类型转换器。

　　① 注册为局部类型转换器

　　局部类型转换器仅仅对指定 Action 的指定属性起作用。实现过程为：在 Action 类所在的包下放置名称为如下格式的属性文件：

```
ActionClassName-conversion.properties
```

　　其中，ActionClassName 是 Action 类名，-conversion.properties 是固定写法。在 com.seehope.action 包下新建文件 DateAction2-conversion.properties。该属性文件内部的属性名称=类型转换器的全类名。

　　打开 DateAction2-conversion.properties 文件，输入以下内容。

```
birthday= com.seehope.util.NewDateConverter
```

　　至此，局部类型转换器配置完毕。测试运行，先输入错误的年龄和正确的出生日期，如图 10.4 所示。

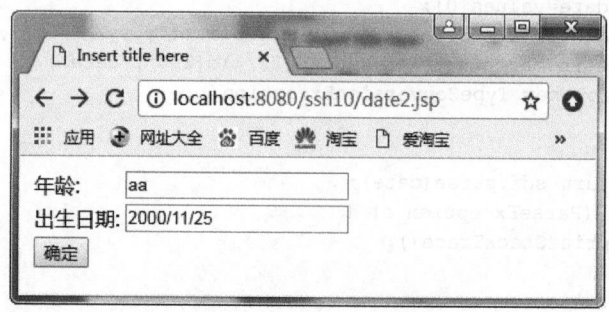

图 10.4　年龄错误、日期正确

　　结果提示年龄无效，如图 10.5 所示。

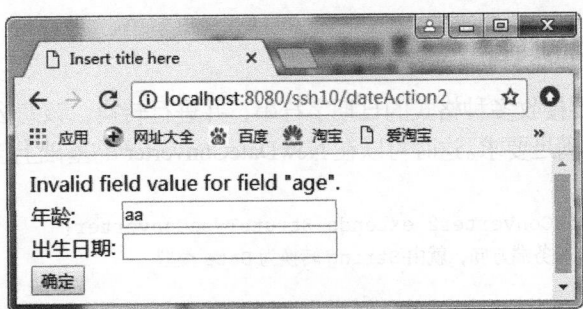

图 10.5　数据回显

接着输入正确的年龄、错误的出生日期，结果如图 10.6 所示。

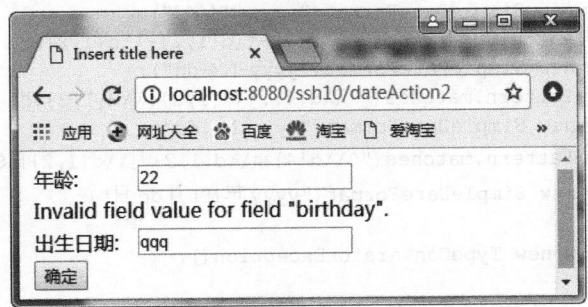

图 10.6　年龄正确、日期错误

最后输入正确的年龄与出生日期，如图 10.7 所示。这时得到的结果如图 10.8 所示。

图 10.7　正确输入

图10.8　正常显示

② 注册为全局类型转换器

需要在 src 下创建名为 xwork-conversion.properties 的属性文件。该属性文件的待转换的类型=类型转换器的全类名。

就本例而言，文件中的内容需要符合如下要求：

`java.util.Date=com.seehope.util.NewDateConverter`

这样它的作用范围就是全局，对所有 Action 类均有效。

10.1.3　多种日期格式的转换

在实际应用中，若要接收多种格式的日期字符串，并进行转换，该怎么办呢？上面的案例只能转换一种格式，显然不能满足要求。这时可以在 NewDateConverter 的基础上创建 NewDateConverter2，具体修改内容如下。

```
public class NewDateConverter2 extends StrutsTypeConverter{
    //如果从客户端到服务端方向，就由 String 转换为 Date 类型
    @Override
    public Object convertFromString(Map context, String[] values, Class toType) {
        String date=values[0];
        SimpleDateFormat sdf=null;
        if(Pattern.matches("^\\d{4}/\\d{1,2}/\\d{1,2}$", date)) {
            sdf=new SimpleDateFormat("yyyy/MM/dd");
        }else if(Pattern.matches("^\\d{4}-\\d{1,2}-\\d{1,2}$", date)) {
            sdf=new SimpleDateFormat("yyyy-MM-dd");
        }else if(Pattern.matches("^\\d{4}.\\d{1,2}.\\d{1,2}$", date)) {
            sdf=new SimpleDateFormat("yyyy.MM.dd");
        }else if(Pattern.matches("^\\d{4}年\\d{1,2}月\\d{1,2}日$", date)) {
            sdf=new SimpleDateFormat("yyyy年MM月dd日");
        }else {
            throw new TypeConversionException();
        }
        try {
            return sdf.parse(date);
        } catch (ParseException e) {
            e.printStackTrace();
        }
        return null;
    }
    //如果从服务端到客户端方向，就由 Date 转换为 String 类型
    @Override
    public String convertToString(Map context, Object object) {
        Date date=(Date)object;
        return new SimpleDateFormat("yyyy-MM-dd").format(date);
    }
}
```

10.1.4　保存原来的日期格式

在上述案例中，实际格式只能是多种日期格式中的一种，有时我们需要记住这种格式，以便从服务端到客户端时重新使用该格式以恢复原始数据，那怎样才能记住初始的格式呢？这要用到 ActionContext，看下面实例。在 NewDateConverter2 基础上创建 NewDateConverter3，修改内容如下。

```
public class NewDateConverter3 extends StrutsTypeConverter{
    //如果从客户端到服务端方向，就由 String 转换为 Date 类型
    @Override
    public Object convertFromString(Map context, String[] values, Class toType) {
        String date=values[0];
        SimpleDateFormat sdf=null;
        if(Pattern.matches("^\\d{4}/\\d{1,2}/\\d{1,2}$", date)) {
            sdf=new SimpleDateFormat("yyyy/MM/dd");
        }else if(Pattern.matches("^\\d{4}-\\d{1,2}-\\d{1,2}$", date)) {
            sdf=new SimpleDateFormat("yyyy-MM-dd");
        }else if(Pattern.matches("^\\d{4}.\\d{1,2}.\\d{1,2}$", date)) {
```

```
        sdf=new SimpleDateFormat("yyyy.MM.dd");
    }else if(Pattern.matches("^\\d{4}年\\d{1,2}月\\d{1,2}日$", date)) {
        sdf=new SimpleDateFormat("yyyy年MM月dd日");
    }else {
        throw new TypeConversionException();
    }
    //记住日期格式
    ActionContext.getContext().put("sdf", sdf);
    try {
        return sdf.parse(date);
    } catch (ParseException e) {
        e.printStackTrace();
    }
    return null;
}
//如果从服务端到客户端方向，就由 Date 转换为 String 类型
@Override
public String convertToString(Map context, Object object) {
    Date date=(Date)object;
    //恢复日期格式
    SimpleDateFormat sdf=(SimpleDateFormat) ActionContext.getContext().get("sdf");
    return sdf.format(date);
}
}
```

这里初次转换用 "ActionContext.getContext().put("sdf", sdf);" 语句记住原始格式。

从服务端到客户端时用:

```
SimpleDateFormat sdf=(SimpleDateFormat) ActionContext.getContext().get("sdf")
```

恢复初始格式。

10.1.5　类型转换异常提示信息改为中文

在上面的案例中,若类型转换失败,会有提示回显到网页,但它们都是英文,能否修改为中文呢?

项目案例: 修改类型转换错误提示信息为中文。

(1)在 Action 所在的包中添加名称为 ActionClassName.properties 的属性文件,其中 ActionClassName 为 Action 类的类名。本案例在 com.seehope.action 包下添加名为 DateAction2.properties 的文件。

(2)在该文件中按下述格式写入内容。

```
invalid.fieldvalue.变量名=异常提示信息
```

本案例在 DateAction2.properties 中写入如下内容。

```
invalid.fieldvalue.age=年龄格式不正确
invalid.fieldvalue.birthday=日期格式不正确
```

(3)重新测试,如图 10.9 所示。

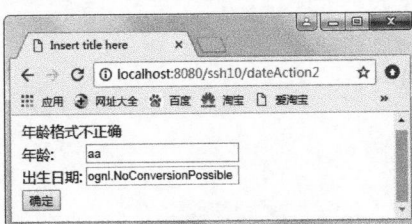

图 10.9　提示信息变为中文

141

10.2 数据验证

数据的验证可分为前端验证和服务端验证，其中，前端验证是在客户端用 JavaScript 进行验证，以保证提交的数据合法，但前端验证不能保证绝对安全，仍可能有非法数据提交到服务端，所以还有必要在服务端也进行验证。Struts 2 为 Action 提供了 validate()方法和验证框架，以实现服务端的数据验证。使用 validate()方法可以验证 Action 中的所有方法。使用 validateXxx()可以针对 Action 中的某一个方法进行验证。

10.2.1 使用 validate()方法验证 Action 中的所有方法

项目案例： 在登录页面 login.jsp 表单中要求输入用户名与手机号。注意，用户名与手机号不能为空，并且手机号要符合手机号码的格式，即以 1 开头，后跟 3、4、5、6、7、8 或 9，最后是 9 位数字。如何在服务端进行验证呢？

首先，需要进行数据验证的 Action 类要继承自 ActionSupport 类。然后，重写 validate()方法，这样 Action 中的所有方法在执行之前，都会先调用 validate()方法。这时在 validate()方法中编写代码对数据进行验证即可。

在 validate()方法中，当某个数据验证失败时，Struts 2 会调用 addFieldError()方法向系统的 fieldErrors 集合中添加验证失败信息。如果系统的 fieldErrors 集合中包含失败信息，则 Struts 2 会自动将请求转发到名为 input 的<result>，不再执行 Action 中的其他方法。这个有点类似拦截器，即执行某个 Action 的目标方法前，先被 validate()方法拦截。在 input 视图中可以通过<s:fielderror/>显示失败信息。

ActionSupport 类的 addFieldError()方法有两个参数：第一个参数必须为该 Action 类的属性名的字符串，用于指定验证出错的属性名；第二个参数为字符串，是错误提示信息。

（1）在项目 ssh10 中的 com.seehope.action 包下新建 UserAction 类，代码如下。

```java
public class UserAction extends ActionSupport{
    private String username;
    private String mobile;
    //省略 getter()、setter()方法
    public void validate(){
        if(username==null||username.equals("")) {
            this.addFieldError("username", "用户名不能为空！");
        }
        if(mobile==null||mobile.equals("")) {
            this.addFieldError("mobile", "手机号不能为空！");
        }else if(!Pattern.matches("^1[3456789]\\d{9}$", mobile)) {
            this.addFieldError("mobile", "手机号格式错误！");
        }
    }
    public String login() {
        return SUCCESS;
    }
}
```

（2）配置 struts.xml。

```xml
<action name="login" class="com.seehope.action.UserAction" method="login">
    <result>loginSuccess.jsp</result>
```

```
            <result name="input">login.jsp</result>
        </action>
```

（3）新建 login.jsp，代码如下。

```
<body>
    <s:fielderror/>
    <form action="login" method="post">
        用户名: <input type="text" name="username"><br/>
        手机号: <input type="text" name="mobile"><br/>
        <input type="submit" value="登录">
    </form>
</body>
```

（4）新建 loginSuccess.jsp，代码如下。

```
<body>
<h1>登录成功</h1>
<h2>欢迎您! <s:property value="username"/></h2>
</body>
```

（5）运行测试。图 10.10 所示为两者均为空时的提示信息。

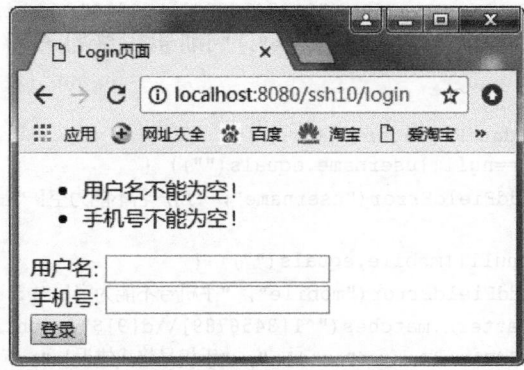

图 10.10　两者为空时的提示信息

图 10.11 所示为手机号格式错误时的结果。

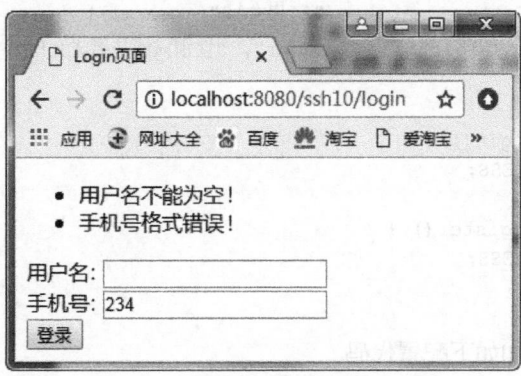

图 10.11　手机号格式错误时的提示信息

10.2.2　对 Action 中的指定方法的验证

上述 validate()方法对该 Action 中的所有其他方法都起作用,这样的好处就是确保了验证会进行。但该方法无法满足所有方法,没有通用性,如上例的 validate()对验证登录很适用,但若用来验证注册就不太适用了。所以有必要针对不同的方法进行不同的验证，只保留公用的验证代码放在 validate() 方法内。这可以通过在 Action 中定义 public void validateXxx()方法来实现。validateXxx()只会验证 Action 中方法名为 Xxx 的方法，其中 Xxx 的第一个字母要大写。当 validateXxx()方法数据验证失败时，调用 addFieldError()方法，也同样会向系统的 fieldErrors 集合中添加验证失败信息。

项目案例：针对不同的方法，使用不同的验证。

（1）在 UserAction 类中添加属性 gender，添加方法 register()和 validateRegister()。代码如下。

```java
public class UserAction extends ActionSupport{
    private String username;
    private String mobile;
    private String gender;
    //省略 getter()、setter()方法
    public void validate(){
        if(username==null||username.equals("")) {
            this.addFieldError("username", "用户名不能为空! ");
        }
        if(mobile==null||mobile.equals("")) {
            this.addFieldError("mobile", "手机号不能为空! ");
        }else if(!Pattern.matches("^1[3456789]\\d{9}$", mobile)) {
            this.addFieldError("mobile", "手机号格式错误! ");
        }
    }
    public void validateRegister() {
        if(username==null||username.equals("")) {
            this.addFieldError("username", "用户名不能为空! ");
        }
        if(mobile==null||mobile.equals("")) {
            this.addFieldError("mobile", "手机号不能为空! ");
        }else if(!Pattern.matches("^1[3456789]\\d{9}$", mobile)) {
            this.addFieldError("mobile", "手机号格式错误! ");
        }
        if(gender==null||gender.equals("")) {
            this.addFieldError("gender", "性别不能为空! ");
        }else if(!Pattern.matches("^[男女]$", gender)) {
            this.addFieldError("gender", "性别只能是男或女! ");
        }
    }
    public String login() {
        return SUCCESS;
    }
    public String register() {
        return SUCCESS;
    }
}
```

（2）在 struts.xml 中添加如下配置代码。

```xml
<action name="register" class="com.seehope.action.UserAction" method="register">
    <result>regSuccess.jsp</result>
    <result name="input">register.jsp</result>
</action>
```

（3）新建 register.jsp 和 regSuccess.jsp。

register.jsp 的代码如下。

```html
<body>
```

```
    <s:fielderror/>
    <form action="register" method="post">
        用户名: <input type="text" name="username"><br/>
        手机号: <input type="text" name="mobile"><br/>
        性别: <input type="text" name="gender"><br/>
        <input type="submit" value="注册">
    </form>
</body>
```

regSuccess.jsp 的代码如下。

```
<body>
<h1>注册成功</h1>
<h2>欢迎您! <s:property value="username"/>;
性别: <s:property value="gender"/>;
手机号: <s:property value="mobile"/>.</h2>
</body>
```

（4）测试。全为空时单击"注册"按钮，结果如图 10.12 所示。

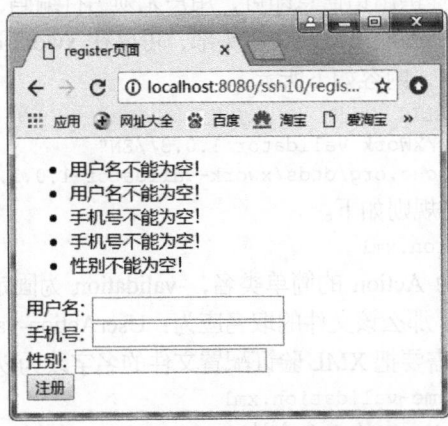

图 10.12　全为空进行注册时的显示信息有重复

发现有错误信息显示了，但有重复，这是因为在 validateRegiser()方法执行后，validate()方法也执行了。要避免重复就需要把 validateXxx()方法中的公用代码放到 validate()中。本案例只需删除 validateRegiser()方法中对用户名和手机号的验证代码，所以只保留对性别的验证。再次执行，结果如图 10.13 所示。若输入用户名和手机号，而性别输入格式错误，则所得到的结果如图 10.14 所示。

图 10.13　全为空进行注册时的显示信息无重复

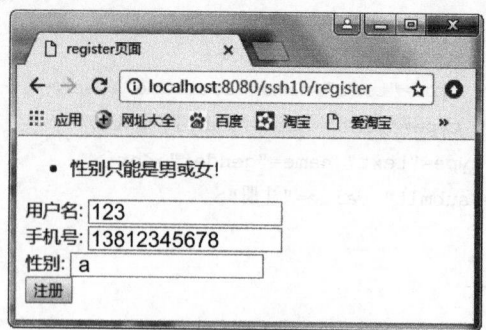

图 10.14 性别验证

10.2.3 Struts 2 的验证框架

虽然 validate()和 validateXxx()方法可以进行数据验证，但需要编写大量的代码，操作起来比较复杂，效率低下。Struts 2 提供了内置的验证框架，可使用 XML 文件进行配置。这时，在 XML 文件中指定某个字段的验证类型，并提供出错信息即可，用户无须另行编码，大大减轻了开发者的编码量，提高了效率。该 XML 配置文件的约束，即文件头部，可以在 xwork-core-2.5.13.jar 包中根目录下的 xwork-validator-1.0.3.dtd 中找到，内容如下所示。

```
<!DOCTYPE validators PUBLIC
        "-//Apache Struts//XWork Validator 1.0.3//EN"
        "http://struts.apache.org/dtds/xwork-validator-1.0.3.dtd">
```

XML 验证配置文件的命名规则如下。

```
ActionClassName-validation.xml
```

其中，ActionClassName 为 Action 的简单类名，-validation 为固定写法。例如，若 Action 类为 com.seehope.action.UserAction，那么该文件的取名应为：UserAction-validation.xml。若只想对 Action 中的某个方法进行验证，则只需要把 XML 验证配置文件的名字改为以下格式：

```
ActionClassName-MethodName-validation.xml
```

其中，MethodName 为 Action 中的一个方法。

在该配置文件中，需要为各个字段指定验证器。验证器是由系统提供的。系统已经定义了 16 种验证器。这些验证器的定义可以在 xwork-core-2.5.13.jar 中的最后一个包 com.opensymphony.xwork2.validator.validators 下的 default.xml 文件中查看到，如图 10.15 所示。

```
6 <!-- START SNIPPET: validators-default -->
7 <validators>
8     <validator name="required" class="com.opens
9     <validator name="requiredstring" class="com
10    <validator name="int" class="com.opensympho
11    <validator name="Long" class="com.opensymph
12    <validator name="short" class="com.opensymp
13    <validator name="double" class="com.opensy
14    <validator name="date" class="com.opensymph
15    <validator name="expression" class="com.op
16    <fieldvalidator name="fieldexpression" class="c
17    <validator name="email" class="com.opensymp
18    <validator name="creditcard" class="com.op
19    <validator name="url" class="com.opensympho
20    <validator name="visitor" class="com.opens
21    <validator name="conversion" class="com.op
22    <validator name="stringlength" class="com.
23    <validator name="regex" class="com.opensymp
24    <validator name="conditionalvisitor" class=
25 </validators>
```

图 10.15 各种验证器

常用的验证器如表 10.1 所示。

表 10.1　常用的验证器

验证器名称	验证器类型	说明
required	必填验证器	指定字段必须有值,不能为空
requiredstring	必填字符串验证器	指定字段不能为空且长度大于 0
int	整数验证器	指定字段的整型值要在指定范围内
stringlength	字符串长度验证器	指定字段的长度必须在规定范围内
regex	正则表达式验证器	验证指定字段是否匹配正则表达式
fieldexpression	字段表达式验证器	指定字段必须符合一个逻辑表达式
date	日期验证器	验证日期是否在指定的范围内
double	双精度小数验证器	指定字段必须是双精度小数类型

注意: XML 验证配置文件必须和要验证的 Action 类放在同一个包下。

验证器在 XML 配置文件中的使用方法如下。

(1)required:非空(必填)验证器。

```
<field-validator type="required">
<message>性别不能为空! </message>
</field-validator>
```

(2)requiredstring:非空(必填)字符串验证器。

```
<field-validator type="requiredstring">
<param name="trim">true</param>
<message>用户名不能为空! </message>
</field-validator>
```

(3)fieldexpression:字段表达式关系判断。

```
<field-validator type="fieldexpression">
<param name="expression">pwd == repwd</param>
<message>确认密码与密码不一致</message>
</field-validator>
```

注意: 假设 pwd 与 repwd 是表单中两个元素的 name 属性的值,且表达式就是 pwd==repwd,而非 pwd !=repwd。

(4)stringlength:字符串长度验证器。

```
<field-validator type="stringlength">
<param name="minLength">2</param>
<param name="maxLength">10</param>
<param name="trim">true</param>
<message>用户名称应在${minLength}-${maxLength}个字符之间</message>
</field-validator>
```

(5)int:整数范围校验器。

```
<field-validator type="int">
<param name="min">1</param>
<param name="max">100</param>
<message>年龄必须在 1-100 之间</message>
</field-validator>
```

注意: int、long、short、double 以及 date 校验器均继承自 RangeValidatorSupport<T>类,它们都是范围校验器,并不对数据类型进行校验,只对其有效范围进行校验。它们均有两个参数,分别为 T_{min} 与 T_{max},分别表示最小值与最大值。

（6）email：邮件地址校验器。

```
<field-validator type="email">
<message>电子邮件格式错误</message>
</field-validator>
```

（7）regex：正则表达式校验器。

```
<field-validator type="regex">
<param name="regexExpression"><![CDATA[^1[3456789]\d{9}$]]></param>
<message>手机号格式不正确! </message>
</field-validator>
```

注意：<![CDATA[……]]>称为 cData 区，用于存放特殊表达式。

项目案例：*使用 XML 验证用户注册信息。*

（1）在项目 ssh10 中，在 register.jsp 基础上创建 register2.jsp，适当修改如下。

```
<body>
<h2>用户注册</h2>
    <s:fielderror/>
    <form action="register2" method="post">
    <table>
    <tr><td>用户名: </td><td><input type="text" name="username"></td></tr>
    <tr><td>密码: </td><td><input type="password" name="password"></td></tr>
    <tr><td>重复密码: </td><td><input type="password" name="repassword"></td></tr>
    <tr><td>手机号: </td><td><input type="text" name="mobile"></td></tr>
    <tr><td>性别: </td><td><input type="text" name="gender"></td></tr>
        <tr><td colspan=2 align="center"><input type="submit" value="注册"></td></tr>
    </table>
    </form>
</body>
```

效果如图 10.16 所示。

图 10.16 register2.jsp

（2）复制 UserAction 为 UserAction2，修改为如下代码。

```
public class UserAction2 extends ActionSupport{
    private String username;
    private String password;
    private String repassword;
    private String mobile;
    private String gender;
```

```
        //省略 setter()、getter()方法
        public String register() {
            return SUCCESS;
        }
}
```

（3）在 com.seehope.action 包下创建 UserAction2-validation.xml 文件，代码如下。

```
<?xml version="1.0" encoding="UTF-8"?>
<!DOCTYPE validators PUBLIC"-//Apache Struts//XWork Validator 1.0.3//EN"
        "http://struts.apache.org/dtds/xwork-validator-1.0.3.dtd">
<validators>
<field name="username">
        <field-validator type="requiredstring">
            <param name="trim">true</param>
            <message>用户名不能为空</message>
        </field-validator>
        <field-validator type="stringlength">
            <param name="maxLength">10</param>
            <param name="minLength">6</param>
            <message>用户名长度必须在 ${minLength}～ ${maxLength} </message>
        </field-validator>
    </field>
    <field name="password">
        <field-validator type="requiredstring">
            <message>密码不能为空</message>
        </field-validator>
        <field-validator type="stringlength">
            <param name="minLength">6</param>
            <message>密码长度必须大于等于 ${minLength}</message>
        </field-validator>
    </field>
    <field name="repassword">
        <field-validator type="requiredstring">
            <message>重复密码不能为空</message>
        </field-validator>
        <field-validator type="fieldexpression">
            <param name="expression">password==repassword</param>
            <message>密码和重复密码必须相同</message>
        </field-validator>
    </field>
    <field name="mobile">
        <field-validator type="requiredstring">
            <message>手机号码不能为空</message>
        </field-validator>
        <field-validator type="regex">
            <param name="regex"><![CDATA[^1[3456789]\d{9}$]]></param>
            <message>手机号码格式不正确</message>
        </field-validator>
    </field>
    <field name="gender">
        <field-validator type="requiredstring">
            <message>性别不能为空</message>
        </field-validator>
        <field-validator type="fieldexpression">
            <param name="expression">gender=="男" or gender=="女"</param>
```

```
                    <message>性别只能填男或女</message>
                </field-validator>
            </field>
    </validators>
```

（4）在 struts.xml 中进行如下配置。

```
<action name="register2" class="com.seehope.action.UserAction2" method="register">
    <result>regSuccess.jsp</result>
    <result name="input">register2.jsp</result>
</action>
```

（5）运行测试，效果如图 10.17 和图 10.18 所示。

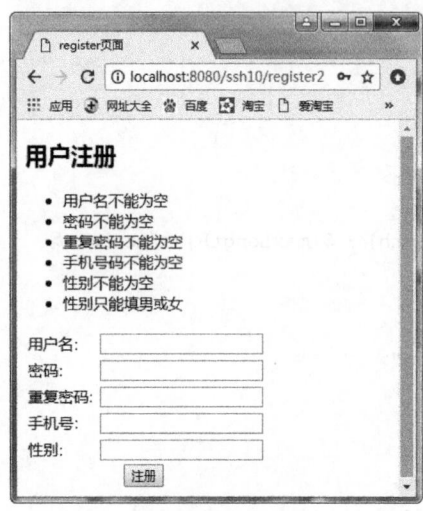

图 10.17　验证空的情况

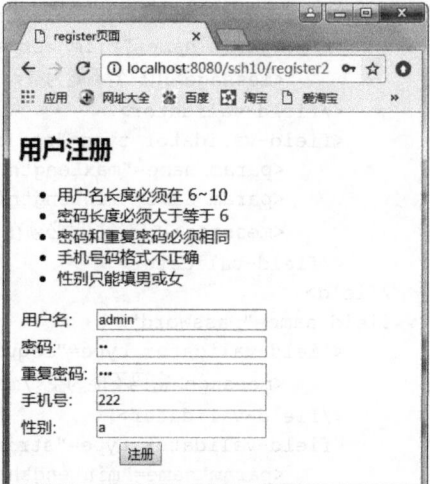

图 10.18　验证各种情况

10.3　文件上传

10.3.1　文件上传概述

文件上传是常用的 Web 功能之一，例如大家经常用的上传头像。文件上传是指将本地文件传输到网络服务器的指定目录下。Struts 2 提供了文件上传的功能，而且实现起来比较简单，编码量少。完成文件上传需要注意以下几个关键步骤。

（1）项目要导入以下两个 JAR 包。

```
commons-fileupload-1.3.3.jar
commons-io-2.5.jar
```

（2）在提供上传界面的前台 JSP 页面中，将 form 表单的 enctype 属性值设置为 multipart/form-data，同时将 Method 设置成 post 方式。文件上传页面的示例代码如下所示。

```
<s:form action="actionName" method="post" enctype="multipart/form-data">
    <s:file name="myphoto" label="myphoto"></s:file>
    <s:submit value="上传"></s:submit>
</s:form>
```

multipart/form-data 这种编码方式以二进制流的方式来处理表单数据。它会把文件域指定的文件内容也一并封装到请求参数里。文件上传就采用这种方式。

（3）Action 类也要遵守一定规则。先看如下示例程序。

```
package com.seehope.action;
```

```
import java.io.File;
import com.opensymphony.xwork2.ActionSupport;
public class UploadAction extends ActionSupport{
    private File photo;
    private String phoneFileName;
    private String photoContentType;
    public String execute() throws Exception {
        //省略上传代码
        return SUCCESS;
    }
}
```

在上述 Action 类的代码中，要包括 3 种类型的属性，具体如下。

① File 类型的 xxx 属性，用于接收上传的文件对象，必须与表单的 file 控件的 name 属性一致。

② String 类型的 xxxFileName 属性，用于保存上传文件的名称，其中 xxx 为上述 File 类型的属性。该属性值无须用户提供，而是由 Struts 2 的 FileUploadIntercepter（文件上传拦截器）来负责填充的，由 FileUploadIntercepter 对其属性值进行设置。

③ String 类型的 xxxContentType 属性，用于保存上传文件的文件类型，其中 xxx 为前述 File 类型的属性。该属性值同样无须用户提供。

（4）要在 struts.xml 中对 Action 进行配置，除了常规配置，必要时还要引用文件过滤拦截器 fileUpload，以限制上传文件的大小或类型。fileUpload 拦截器在 struts-default 中已经配置，使用时需要重新配置。这时 struts.xml 的配置信息如下。

```
<action name="upload" class="com.seehope.action.UploadAction">
        <result>/success.jsp</result>
        <interceptor-ref name="defaultStack">
          <!-- 限制文件上传大小：4MB -->
          <param name="fileUpload.maximumSize">4194304</param>
          <!--允许上传文件的扩展名 -->
          <param name="fileUpload.allowedExtensions">.jpg,.bmp,.png </param>
            <!--允许上传文件的类型 -->
            <param name="fileUpload.allowedTypes">image/jpeg</param>
        </interceptor-ref>
</action>
```

在上述配置文件中，fileUpload 的 maximumSize 参数用于指定上传文件的文件大小，单位是字节（Byte）；allowedExtensions 参数用于指定上传文件的扩展名；allowedTypes 参数用于指定允许上传文件的类型，多个文件类型之间用逗号隔开。

10.3.2 单个文件上传实例

（1）在项目 ssh10 中添加上述两个 JAR 包，在 WebContent 下新建 uploads 文件夹，用于放置上传的文件。

（2）新建 JSP 页面 fileUpload.jsp，代码如下。

```
<%@page language="java" contentType="text/html; charset=UTF-8" pageEncoding="UTF-8"%>
<%@taglib prefix="s" uri="/struts-tags"%>
<!DOCTYPEhtmlPUBLIC"-//W3C//DTD HTML 4.01 Transitional//EN" "http://www.w3.org/TR/
html4/loose.dtd">
<html>
<head>
<meta http-equiv="Content-Type" content="text/html; charset=UTF-8">
<title>上传页面</title>
</head>
```

```
    <body>
        <s:form action="upload" method="post" enctype="multipart/form-data">
            <s:file name="photo" label="photo"></s:file>
            <s:submit value="上传"></s:submit>
        </s:form>
    </body>
</html>
```

（3）在 src 目录下新建 com.seehope.action 包，在此包下创建 FileUploadAction.java 文件，在其
execute()方法中完成文件上传功能，代码如下所示。

```
package com.seehope.action;
import java.io.File;
import org.apache.Struts 2.ServletActionContext;
import com.opensymphony.xwork2.ActionSupport;
public class UploadAction extends ActionSupport{
    private File photo;
    private String photoFileName;
    private String photoContentType;
    public String execute() throws Exception {
        //获得存储上传文件的文件夹的真实路径
        String uploadPath =
ServletActionContext.getServletContext().getRealPath("/uploads");
        //设置目标文件
        File dest = new File(uploadPath,photoFileName);
        FileUtils.copyFile(photo,dest);
        return SUCCESS;
    }
    //省略 setter()、getter()方法
}
```

（4）在 WebContent 中创建上传结果页面 success.jsp，用来显示上传的结果，包括上传文件的名
称及类型，代码如下所示。

```
<%@page language="java" contentType="text/html; charset=UTF-8" pageEncoding="UTF-8"%>
<%@taglib prefix="s" uri="/struts-tags"%>
<!DOCTYPE html PUBLIC "-//W3C//DTD HTML 4.01 Transitional//EN" "http://www.w3.org/TR/
html4/loose.dtd">
<html>
<head>
<meta http-equiv="Content-Type" content="text/html; charset=UTF-8">
<title>上传成功</title>
</head>
<body>
    上传成功! <br/>
    上传文件名称: ${photoFileName }<br/>
    上传文件类型: ${photoContentType }
    上传图片如下: <br/>
    <img src="${pageContext.request.contextPath }/uploads/${photoFileName }"/>
</body>
</html>
```

（5）配置 struts.xml 文件，代码如下所示。

```
<?xml version="1.0" encoding="UTF-8"?>
<!DOCTYPE struts PUBLIC
"-//Apache Software Foundation//DTD Struts Configuration 2.0//EN"
"http://struts.apache.org/dtds/struts-2.5.dtd">
```

```
<struts>
    <constant name="struts.ognl.allowStaticMethodAccess" value="true"></constant>
    <package name="default" namespace="/" extends="struts-default">
        <action name="upload" class="com.seehope.action.UploadAction">
            <result>/success.jsp</result>
        </action>
    </package>
</struts>
```

（6）部署项目，在浏览器的地址栏中输入 **http://127.0.0.1:8080/ssh10/fileUpload.jsp**，上传页面如图 10.19 所示。

单击图 10.19 中的"选择文件"按钮，打开文件选择框，选择需要上传的文件后，单击"上传"按钮进行文件上传操作，成功后跳转到上传结果页面，如图 10.20 所示。

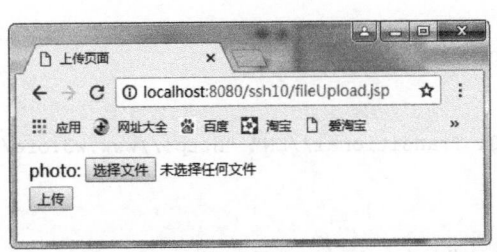

图 10.19　文件上传页面

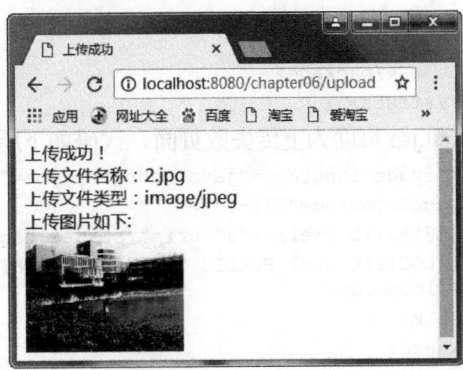

图 10.20　上传结果页面

打开 tomcat 中的上传结果目录，可以看到新上传的文件，如图 10.21 所示。

图 10.21　上传目录 uploads

从图 10.21 中可以看出，文件上传操作成功。

10.3.3　限制文件的大小和类型

上传文件时通常还需要对文件的大小和类型进行限制。Struts 2 通过上传拦截器 FileUpload 来实现该功能。在 FileUpload 中，有 3 个属性可以设置，具体如下。

① maximumSize：上传文件的最大大小（以字节为单位），默认为 2MB。

② allowedTypes：允许上传的文件类型，各类型之间以逗号分隔。

③ allowedExtensions：允许上传的文件扩展名，多个扩展名之间以逗号分隔。

要对上传的文件的大小、类型和扩展名进行限制，可以在 **struts.xml** 中设置这 3 个属性。修改项目 shh10 中的 struts.xml 文件，在 FileUploadAction 中添加拦截器，代码如下所示。

```
<?xml version="1.0" encoding="UTF-8"?>
<!DOCTYPE struts PUBLIC
"-//Apache Software Foundation//DTD Struts Configuration 2.0//EN"
"http://struts.apache.org/dtds/struts-2.0.dtd">
```

```
<struts>
    <constant name="struts.multipart.maxSize" value="10485760"></constant>
    <package name="default" namespace="/" extends="struts-default">
        <action name="upload" class="com.seehope.action.UploadAction">
            <result>/success.jsp</result>
            <result name="input">/fail.jsp</result>
            <interceptor-ref name="defaultStack">
                <!-- 限制上传文件的大小: 2MB -->
                <param name="fileUpload.maximumSize">204800</param>
                <!-- 限制上传文件的扩展名 -->
                <param name="fileUpload.allowedExtensions">.jpg,.bmp,.png</param>
                <!-- 限制上传文件的类型 -->
                <param name="fileUpload.allowedTypes">image/jpeg</param>
            </interceptor-ref>
        </action>
    </package>
</struts>
```

fail.jsp 页面为上传失败页面，代码如下所示。

```
<%@page language="java" contentType="text/html; charset=UTF-8"
pageEncoding="UTF-8"%>
<%@taglib prefix="s" uri="/struts-tags"%>
<!DOCTYPE html PUBLIC "-//W3C//DTD HTML 4.01 Transitional//EN" "http://www.w3.org/TR/
html4/loose.dtd">
<html>
<head>
<meta http-equiv="Content-Type" content="text/html; charset=UTF-8">
<title>上传失败</title>
</head>
<body>
    文件上传失败!
    ${fieldErrors.photo }
</body>
</html>
```

重启服务器，在浏览器的地址栏中输入网址，选择超过 **4MB** 的文件，浏览器页面的显示结果如图 10.22 所示。

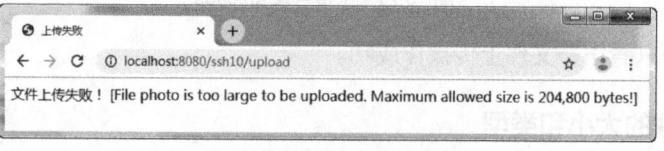

图 10.22　文件上传超过设定值

页面中提示了文件太大的英文错误信息。再上传一个不符合设置的文件类型的文件时，浏览器页面的显示结果如图 10.23 所示。

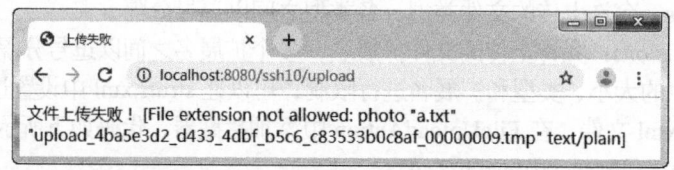

图 10.23　上传的文件的类型不符合设定值

可见，当所上传的文件的类型与设定值不匹配时，将提示所上传的文件不符合要求。

allowedExtensions 的配置和 allowedTypes 的配置可以单独进行也可以同时进行，当同时配置时，两个条件都要满足才能上传文件。如果用户不太清楚文件的扩展名所对应的文件类型，可以打开 Tomcat 目录下的 conf 文件夹，找到其中的 web.xml 文件，该文件中列出了绝大多数的文件类型。

Struts 2 自带的错误提示信息默认是英文的，怎样才能修改为中文呢？Struts 2 默认的错误提示信息配置在 struts-messages.properties 文件中，读者可以打开 ssh10 项目下 WebAppLibraries 中的 Struts 2-core2.3.24.jar，然后在 org. apache.Struts 2 包下即可找到此文件。

文件以 key-value 的形式配置，打开文件，与文件相关的配置信息如下。

```
struts.messages.error.uploading=Error uploading: {0}
struts.messages.error.file.too.large=File {0} is too large to be uploaded. Maximum allowed
size is {4} bytes!
struts.messages.error.content.type.not.allowed=Content-Type not allowed: {0} "{1}" "{2}"
{3}
struts.messages.error.file.extension.not.allowed=File extension not allowed: {0} "{1}"
"{2}" {3}
```

可见，浏览器页面中显示的错误提示信息就是上面配置信息的 value 值，value 值除{数字}外的文字都可自行改为中文。{数字}的具体含义如下。

{0}：文件上传表单的 file 元素的 name 属性值。

{1}：上传文件的真实名称。

{2}：上传文件保存到临时目标的名称。

{3}：上传文件的大小或类型。

10.3.4　多文件上传

（1）在项目 ssh10 中，在 fileUpload.jsp 基础上创建 fileUpload2.jsp，并修改代码如下。

```
<body>
    <s:form action="upload2.action" enctype="multipart/form-data" method="post">
        <s:file name="upload" label="选择文件 1"/><br/>
        <s:file name="upload" label="选择文件 2"/><br/>
        <s:submit name="submit" value="上传文件"/>
    </s:form>
</body>
```

（2）在 com.seehope.action 包下新建 FileUploadAction2 类，代码如下。

```
package com.seehope.action;
import java.io.File;
import java.io.FileInputStream;
import java.io.FileOutputStream;
import org.apache.Struts 2.ServletActionContext;
import sun.swing.FilePane;
import com.opensymphony.xwork2.ActionSupport;
public class FileUploadAction2 extends ActionSupport {
    //获取提交的多个文件
    private File[] upload;
    //封装上传文件的类型
    private String[] uploadContentType;
    //封装上传文件名称
    private String[] uploadFileName;
    //省略 getter()、setter()方法
    @Override
    public String execute() throws Exception {
        String path = ServletActionContext.getServletContext().getRealPath、
```

```
            ("/uploads");
            for (int i = 0; i < upload.length; i++) {
                File dest = new File(path,uploadFileName[i]);
                FileUtils.copyFile(upload[i], dest);
            }
        return SUCCESS;
    }
}
```

（3）新建一个名为 success2.jsp 的页面，代码如下。

```
<body>
    上传成功! <br/>
    上传图片如下: <br/>
    <s:if test="uploadFileName!=null">
        <s:iterator value="uploadFileName" var="name">
            <img src="${pageContext.request.contextPath }/uploads/<s:property
            value='name'/>"  width="200" height="200"/>
        </s:iterator>
    </s:if>
</body>
```

（4）配置 struts.xml。

```
<?xml version="1.0" encoding="UTF-8" ?>
<!DOCTYPE struts PUBLIC
    "-//Apache Software Foundation//DTD Struts Configuration 2.0//EN"
    "http://struts.apache.org/dtds/struts-2.0.dtd">
<struts>
    <package name="default" namespace="/" extends="struts-default">
        <action name="upload2" class="com.seehope.action.UploadAction2">
            <result name="success">/success2.jsp</result>
        </action>
    </package>
</struts>
```

（5）运行测试，结果如图 10.24 和图 10.25 所示。

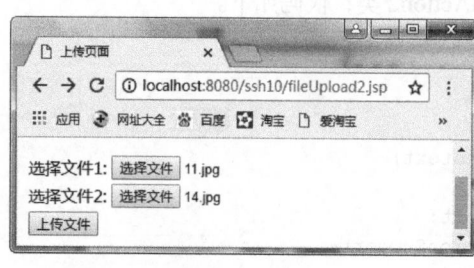

图 10.24　上传界面

图 10.25　多文件上传成功

10.4　文件下载

10.4.1　文件下载概述

Struts 2 框架支持文件下载功能。首先需要在 Action 类中定义以下 3 个属性。
① String 类型的属性对应的下载文件名。

② String 类型的属性对应的下载文件类型。

③ InputStream 类型的属性以及对应的 getter()方法。

其中 InputStream 类型属性的 getter()方法是关键。

接着在配置文件 struts.xml 中设置 Action 的返回值为 Stream 类型，并配置结果映射，还要在结果映射中指定一个 inputName 参数（即指定被下载文件的输入流）。

配置 Stream 类型的结果，可以指定以下几个属性（参数）。

① contentType：指定下载文件的文件类型，如表 10.2 所示。

表 10.2 contentType 对应的文件类型

文件类型	对应配置
Word	application/msword
Excel	application/vnd.ms-excel
PPT	application/vnd.ms-powerpoint
图片	image/gif、image/bmp、image/jpeg
文本文件	text/plain
HTML 网页	text/html
任意的二进制数据	application/octet-stream

② inputName：指定下载文件的输入流，需要在 Action 中指定该输入流。

③ contentDisposition：指定文件下载的处理方式，有内联（Inline，直接显示文件）和附件（Attachment，弹出文件保存对话框）两种方式，默认为内联。

④ bufferSize：用于设置下载文件时的缓存大小，默认值为 1024。

10.4.2 文件下载案例

（1）在 ssh10 项目中修改 success.jsp 的代码，添加下载超链接，代码如下。

```
<body>
    上传成功! <br/>
    上传文件名称：${photoFileName }<br/>
    上传文件类型：${photoContentType }<br/>
    上传图片如下：<br/>
    <img src="${pageContext.request.contextPath }/uploads/${photoFileName }"/><br/>
    <a href="download?fileName=${photoFileName }">下载</a>
</body>
```

（2）在 struts.xml 中增加 Action 的配置，相关代码如下所示。

```
<action name="download" class="com.seehope.action.FileDownAction">
    <result name="success" type="stream">
      <param name="contentType">application/octet-stream</param>
      <param name="inputName">inputStream</param>
      <param name="contentDisposition">attachment;filename="${fileName}"</param>
      <param name="bufferSize">4096</param>
    </result>
</action>
```

（3）在 com.seehope.action 包中新建一个名为 DownloadAction.java 的文件，此文件用于处理文件下载的核心操作，代码如下所示。

```
package com.seehope.action;
import java.io.BufferedInputStream;
import java.io.FileInputStream;
```

```
import java.io.FileNotFoundException;
import java.io.InputStream;
import org.apache.Struts 2.ServletActionContext;
import com.opensymphony.xwork2.ActionSupport;
public class DownloadAction extends ActionSupport {
    //下载文件的文件名
    private String fileName;
    //读取下载文件的输入流
    private InputStream inputStream;
    //下载文件的类型
    private String contentType;
    //创建 InputStream 输入流
    public  InputStream getInputStream() throws FileNotFoundException{
        String path=ServletActionContext.getServletContext().getRealPath("\\uploads");
        return new BufferedInputStream(new FileInputStream(path+"\\"+fileName));
    }
    @Override
    public String execute() throws Exception {
        return SUCCESS;
    }
}
//省略其他 getter()、setter()方法
}
```

（4）测试运行，先上传，再下载，效果如图 10.26 所示。

图 10.26　成功下载文件

10.4.3　中文名文件的下载

如果文件的文件名是中文，下载时文件名不能正确显示。解决这一问题的思路是在 Action 中进行 UTF-8 编码。

具体操作是在 DownloadAction 中用下面两个方法取代原来的 getFileName()方法。

```
public String getFileName() {
    try {
        fileName = URLEncoder.encode(fileName, "UTF-8");
    } catch (UnsupportedEncodingException e) {
        e.printStackTrace();
    }
```

```
        return fileName;
}
```

运行测试，上传并下载中文名文件的效果如图 10.27 所示。

图 10.27　在 Struts 2 中下载中文名文件

上机练习

设计一个用户注册页面，提交时验证用户名和密码，要求用户名和密码不能为空，其中，用户名的位数为 4 位，密码为 6 位。日期能使用常见格式。再设计一个页面，用于用户头像的上传及下载。

思考题

1. 类型转换器的两个方法有什么区别？
2. 如何用中文提示异常？

11 第11章 Struts 2 与 Ajax

本章目标

✧ 掌握使用 Stream 结果类型实现 Ajax 的方法
✧ 掌握使用 JSON 结果类型实现 Ajax 的方法

Struts 2 作为实现请求/响应的映射关系的框架，既可响应客户端的同步请求，也可响应客户端的异步请求，即 Ajax 请求。之前案例介绍的都是同步请求，本章则介绍 Struts 2 如何处理异步请求。

对于 Ajax 请求，Struts 2 既可以返回 Stream（流），也可以返回 JSON 对象给请求者，二者的配置会略有不同。

11.1 使用 Stream 类型的结果映射

下面结合案例来学习。

项目案例：用 Ajax 判断用户名是否存在，输入用户名，失去焦点后立即显示"用户名已存在"或"用户名可用"。

关键步骤如下。

（1）将项目 ssh05 复制为 ssh11，在 com.seehope.action 包下新建 RegisterAction 类，里面定义一个 InputStream 类型的属性，并在 execute() 方法中用将要发送给客户端的数据给它赋值。

```java
public class RegisterAction extends ActionSupport{
    private InputStream inputStream;
    private String name;
    private String password;
    public String execute() throws IOException{
        String result = null;
        if("admin".equals(name)){
            result = "<font color='red'>用户名已存在</font>";
        }else{
            result = "<font color='green'>用户名可用</font>";
        }
        inputStream = new ByteArrayInputStream(result.getBytes
("utf-8"));
        return "success";
    }
    //省略 getter()、setter() 方法
}
```

（2）在 struts.xml 中配置 Stream 类型的结果映射。

```xml
<package name="default" namespace="/" extends="struts-default">
    <action name="register" class="com.seehope.action.RegisterAction">
    <result name="success" type="stream">
    <!-- 指定 Stream 生成的响应数据的类型 -->
    <param name="contentType">text/html</param>
    <!-- 指定由 getInputStream()方法返回输出的结果 -->
    <param name="inputStream">
    <!-- 如果返回输出结果的方法名并非 "get+属性名" 的方式，则在此处指定正确的方法 -->
inputstream</param>
    </result>
    </action>
</package>
```

注意： 这里<result>的类型为 "stream"。

（3）在前端 register.jsp 页面中使用 Ajax 方法，在 WebContent 目录下新建 js 文件夹，复制 jquery-1.11.2.min.js 到该文件夹中。

```jsp
<%@ page language="java" contentType="text/html; charset=UTF-8"
    pageEncoding="UTF-8"%>
<!DOCTYPE html PUBLIC "-//W3C//DTD HTML 4.01 Transitional//EN" "http://www.w3.org/TR/
html4/loose.dtd">
<html>
<head>
<meta http-equiv="Content-Type" content="text/html; charset=UTF-8">
<title>Insert title here</title>
<script type="text/javascript" src="js/jquery-1.11.2.min.js"></script>
  </head>
  <body>
    <div id="msg" style="height:30px;"></div>
    <table>
        <tr>
            <td>姓名: <input type="text" name="username" id="name" onblur=
"validate();"> <span
                id="msg"></span></td>
        </tr>
        <tr>
            <td>密码: <input type="password" name="password" id="password"></td>
        </tr>
        <tr>
            <td><center><input type="button" value="提交"></center></td>
        </tr>
    </table>
    <script type="text/javascript">
            function validate(){
                var name = $('#name').val();
                $.get('register','name='+name,function(data){
                    $('#msg').html(data);
                });
            }
        </script>
  </body>
</html>
```

（4）测试运行，结果如图 11.1 和图 11.2 所示。

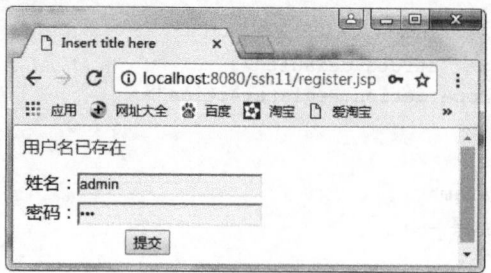

图 11.1　用户已存在

图 11.2　用户名可用

11.2　使用 JSON 类型的结果映射

这种方法需要用到第三方插件，在项目中导入图 11.3 所示的 JAR 包。

项目案例： 用 Ajax 实现无刷新登录。实现步骤如下。

（1）在项目 ssh11 中导入上述 JAR 包，在 com.seehope.action 包下新建 LoginAction 类，并在该类中新建一个类型为 JSONObject 的属性 result，然后使用 execute()方法为该属性赋值。

```
import java.util.HashMap;
import java.util.Map;
import com.opensymphony.xwork2.ActionSupport;
import net.sf.json.JSONObject;
public class LoginAction extends ActionSupport{
    private String name;
    private String password;
    private JSONObject result;
    public String execute(){
        boolean flag= false;
        String msg = "";
        if("admin".equals(name)){
            if("123".equals(password)){
                flag=true;
                msg = "<font color='green'>登录成功</font>";
            }else{
                msg = "<font color='red'>密码错误! </font>";
            }
        }else{
            msg = "<font color='red'>用户名错误! </font>";
        }
        Map<String,Object> list = new HashMap<String,Object>();
        list.put("flag", flag);
        list.put("msg",msg);
        if(flag){
            list.put("name",name);
        }
        result = JSONObject.fromObject(list);
        return "success";
    }
    //省略 getter()、setter()方法
}
```

commons-collections-3.1.jar
commons-beanutils.jar
commons-lang-2.6.jar
ezmorph-1.0.6.jar
xwork-core-2.3.16.3.jar
json-lib-2.3-jdk15.jar
struts2-json-plugin-2.1.8.1.jar

图 11.3　JAR 包

（2）在 struts.xml 中新建一个继承自 json-default 的包。

```
<package name="json_result" namespace="/"extends="json-default">
        <action name="login" class="com.seehope.action.LoginAction">
            <!--<result>的 type 属性指定为"json"，将返回序列化的 JSON 格式的数据-->
            <result type="json">
            <!--参数 root 指定要序列化的根对象，默认将序列化当前 Action 中所有有返回值的 getter()
            方法的值-->
                    <param name="root">result</param>
                    <!--参数 includeProperties 指定要序列化的根对象中的属性，多个属性之间以逗号
            分隔-->
                    <param name="includeProperties">msg,flag,name</param>
                    <!--参数 excludeProperties 指定将要从根对象中排除的属性，排除的属性不会被序
            列化-->
                    <param name="excludeProperties">password</param>
                    <!--参数 excludeNullProperties 指定序列化值为空的属性-->
                    <param name="excludeNullProperties">true</param>
            </result>
        </action>
</package>
```

注意：这里<result>的类型为 JSON。

（3）新建 login.jsp，代码如下。

```
<%@ page language="java" contentType="text/html; charset=UTF-8" pageEncoding="UTF-8"%>
 <%@ taglib prefix="s" uri="/struts-tags" %>
<!DOCTYPE html PUBLIC "-//W3C//DTD HTML 4.01 Transitional//EN" "http://www.w3.org/TR/
html4/loose.dtd">
    <html>
    <head>
    <meta http-equiv="Content-Type" content="text/html; charset=UTF-8">
    <title>Insert title here</title>
    <script type="text/javascript" src="js/jquery-1.11.2.min.js"></script>
    </head>
    <body>
        <div id="loginDiv">
            用户名: <s:textfield name="username" id="name" required="true" size="15"/>
             密码: <s:password name="password" id="password" required="true"
        size="15"/>
            <label class="ui-green">
                <input type="button" name="loginButton" value="登录" onclick=
        "doLogin();" />
            </label>
        </div>
        <div id="msg" style="display: inline"></div>
    </body>
    <script type="text/javascript">
            function doLogin(){
                var name = $('#name').val();
                var password = $('#password').val();
                var data ={'name':name,'password':password};
                $.getJSON('login',data,function(data){
                    if(data.flag){
                        $('#loginDiv').html("");
                        $('#msg').html("当前用户: "+data.name+"    "+data.msg);
```

```
                                       }else{
                                            $('#msg').html(data.msg);
                                       }
                                  });
                            }
            </script>
</html>
```

（4）测试运行，如图 11.4～图 11.6 所示。

图 11.4 登录界面

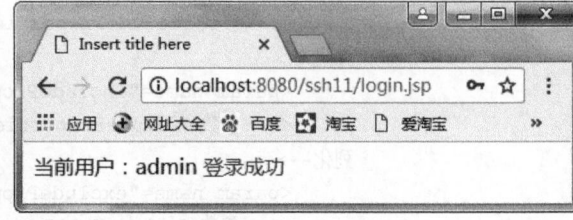

图 11.5 登录成功

图 11.6 登录失败

11.3 Ajax 综合案例

项目案例：在输入学生的名字后，立即用无刷新模糊查询的方法找出所有学生。

提示：使用 Hibernate+Struts+Ajax 实现，步骤如下。

（1）在 ssh11 项目中把 Hibernate 所用的 JAR 包导进来。创建 com.seehope.entity 包，包下创建 Student 类及 Student.hbm.xml 映射文件。新建 com.seehope.util 包，包下新建 HibernateUtils 类用于获取 Session 等，代码参考之前的项目。在 Src 下配置好 hibernate.cfg.xml 文件。至此，Hibernate 环境全部搭建好了。下面就用 Hibernate 来实现 DAO 层。

（2）新建 com.seehope.dao 包，包下新建 StudentDao 类，代码如下。

```
public class StudentDao {
    public List<Student> findStudentsByName(String studentname){
        String hql="from Student where studentName like ?";
        Session session=HibernateUtils.getSession();
        List<Student> students=session.createQuery(hql).setString(0, "%"+studentname+"%").list();
        return students;
    }
}
```

（3）新建 com.seehope.service 包，包下新建 StudentService 类，代码如下。

```
public class StudentService {
    public List<Student> findStudentsByName(String studentname){
        StudentDao stuDao=new StudentDao();
        return stuDao.findStudentsByName(studentname);
    }
}
```

（4）在 com.seehope.action 包下新建 StudentAction 类，代码如下。

```java
package com.seehope.action;
import java.io.ByteArrayInputStream;
import java.io.IOException;
import java.io.InputStream;
import java.util.ArrayList;
import java.util.HashMap;
import java.util.List;
import java.util.Map;
import com.opensymphony.xwork2.ActionSupport;
import com.seehope.entity.Student;
import com.seehope.service.StudentService;
import net.sf.json.JSONObject;
public class StudentAction extends ActionSupport{
    private String name;
    private JSONObject result;
    public String search(){
        StudentService stuService=new StudentService();
        List<Student> students=new ArrayList<Student>();
        students=stuService.findStudentsByName(name);
        String msg = "";
        boolean flag=false;
        Map<String,Object> list = new HashMap<String,Object>();
        if(students.size()==0){
            msg = "<font color='red'>没有记录! </font>";
            list.put("msg",msg);
        }else {
            flag=true;
            list.put("students", students);
        }
        list.put("flag",flag);
        result = JSONObject.fromObject(list);
        return "success";
    }
    //省略 setter()、getter()方法
}
```

（5）在 struts.xml 中继承了 json-default 的 package 包下新增如下配置。

```xml
<action name="search" class="com.seehope.action.StudentAction" method="search">
        <!--<result>的 type 属性指定为"json"，将返回序列化的 JSON 格式的数据-->
        <result type="json">
            <!--参数 root 指定要序列化的根对象，默认将序列化当前 Action 中所有有返回值的
        getter()方法的值-->
            <param name="root">result</param>
            <!--参数 excludeNullProperties 指定序列化值为空的属性-->
            <param name="excludeNullProperties">true</param>
        </result>
    </action>
```

（6）新建 search.jsp 页面，代码如下。

```jsp
<%@ page language="java" contentType="text/html; charset=UTF-8" pageEncoding="UTF-8"%>
 <%@ taglib prefix="s" uri="/struts-tags" %>
<!DOCTYPE html PUBLIC "-//W3C//DTD HTML 4.01 Transitional//EN" "http://www.w3.org/TR/
html4/loose.dtd">
<html>
<head>
```

```html
<meta http-equiv="Content-Type" content="text/html; charset=UTF-8">
<title>Insert title here</title>
<script type="text/javascript" src="js/jquery-1.11.2.min.js"></script>
  </head>
  <body>
    <div>
        学生姓名: <input type="text" id="name" />
         
        <label>
            <input type="button" value="模糊查询" onmouseover="doSearch();" />
        </label>
    </div>
        <br/>
    <div id="info"></div>  </body>
  <script type="text/javascript">
        function doSearch(){
            var name =  $('#name').val();
            var data ={'name':name};
            $.getJSON('search',data,function(result){
                if(result.flag==true){
                    var html1="<table border=1><tr><td>学生编号</td><td>学生姓名
                </td><td>学生性别</td><td>学生年龄</td><td>学生班级</td></tr>";
                    var html2="";
                    for(var i=0;i<result.students.length;i++){
                        html2+="<tr><td>"+result.students[i].id+"</td>";
                        html2+="<td>"+result.students[i].studentName+"</td>";
                        html2+="<td>"+result.students[i].gender+"</td>";
                        html2+="<td>"+result.students[i].age+"</td>";
                        html2+="<td>"+result.students[i].classno+"</td></tr>";
                    }
                    $('#info').html(html1+html2+"</table>");
                }else{
                    $('#info').html(result.msg);
                }
            });
        }
    </script>
</html>
```

（7）运行测试。结果如图 11.7 所示，输入"李"字后，单击"模糊查询"按钮，所有姓"李"的学生都被查询出来了。

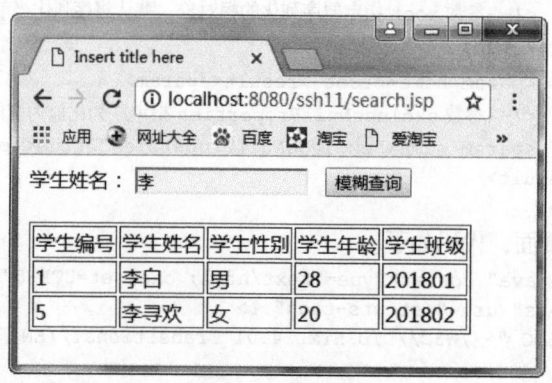

图 11.7　Ajax 查询

上机练习

在 productdb 数据库中，添加一个名为 Users 的表，字段有 username、password、regdate（注册日期）。

1. 用户登录：登录成功后转到主页，用表格列出所有商品的名称与价格，每一条信息都有对应的用于修改、删除、查看功能的超链接。主页还有添加商品的超链接。

2. 产品添加：修改产品表，添加商品图片列（VARCHAR），用于保存商品图片文件名称，可以录入商品信息，可以上传商品图片，最后保存商品信息到数据库。

3. 产品修改：单击修改主页的超链接，进入修改页面。单击"修改"按钮，将所做的修改保存到数据库。

4. 产品查看：单击查看主页的超链接，可以展示该商品的完整信息，并且有图片，图片可以下载。

思考题

1. 如何配置使用 Stream 类型的结果映射 struts.xml 文件？
2. 如何配置使用 JSON 类型的结果映射 struts.xml 文件？

12 第 12 章 Spring 入门

本章目标

✦ 理解 Spring 的体系结构
✦ 理解 Spring 的思想
✦ 理解 IoC 的原理
✦ 掌握搭建 Spring 开发环境的方法

12.1 Spring 概述

Spring 是为了解决企业应用开发的复杂性问题而创建的一个轻量级的 Java 开发框架。Spring 的核心是控制反转（Inversion of Control，IoC）和面向切面编程（Aspect Oriented Programming，AOP）。传统的 Java 程序，类与类之间存在较强的依赖关系，如业务逻辑层中的 StudentService 类的方法，通过实例化数据访问层中的 StudentDao 类的对象，调用该对象的 show()方法以完成需要的功能，我们就说类 StudentService 依赖于类 StudentDao。类与类之间的依赖性会增加程序开发的难度，开发某一个类的时候还要考虑对另一个类的影响，一个类的修改往往导致另一个类不得不随之修改。这让程序的可维护性和可拓展性变差。

Spring 的重要作用之一就是降低代码间的耦合度（依赖程度），为代码"解耦"，从而提高程序的可拓展性、可复用性和可维护性，使主业务专注于自身的开发。

Spring 根据代码的功能特点，将降低耦合度的方式分为了两类：IoC 与 AOP。IoC 的作用是使主业务在相互调用过程中，不用再由自己维护关系，即无须自己创建要使用的对象，而是由 Spring 容器统一管理，自动"注入"。AOP 技术使系统级服务得到了最大复用，不用再由程序员用硬编码的方式将系统级服务"混杂"到主业务的逻辑中，而是由 Spring 容器统一完成"注入"的。

12.1.1 Spring 的体系结构

Spring 由七大功能模块组成，分别是 Core、AOP、ORM、DAO、MVC、Web 和 Context，如图 12.1 所示。

1. Core 模块

Core 模块是 Spring 的核心类库，Spring 的所有功能都依赖于该类库。Core 主要用于实现 IoC 功能。

2. AOP 模块

AOP 模块是 Spring 的 AOP 库，提供了 AOP（拦截器）机制，并提供常用的拦截器。

3. ORM 模块

Spring 的 ORM 模块提供对常用的 ORM 框架的管理和辅助支持，支持常用的 Hibernate、iBatis 等框架，但 Spring 本身并不对 ORM 进行实现，仅对常见的 ORM 框架进行封装，并对其进行管理。

4. DAO 模块

Spring 提供对 JDBC 的支持，对 JDBC 进行封装，允许 JDBC 使用 Spring 资源，并能统一管理 JDBC 事务。

5. MVC 模块

MVC 模块为 Spring 提供了一套轻量级的 MVC 实现。在 Spring 的开发中，既可以用 Struts 2，也可以用 Spring 自己的 MVC 框架。相对于 Struts 2，Spring 自己的 MVC 框架更加简洁和方便。

6. Web 模块

Web 模块提供对常见框架（如 Struts 2、JSF 等）的支持，让 Spring 能够管理这些框架，将 Spring 的资源注入框架，也能在这些框架的前后插入拦截器。

7. Context 模块

Context 模块提供 Bean 访问方式。其他程序可以通过 Context 访问 Spring 的 Bean 资源，相当于资源注入。

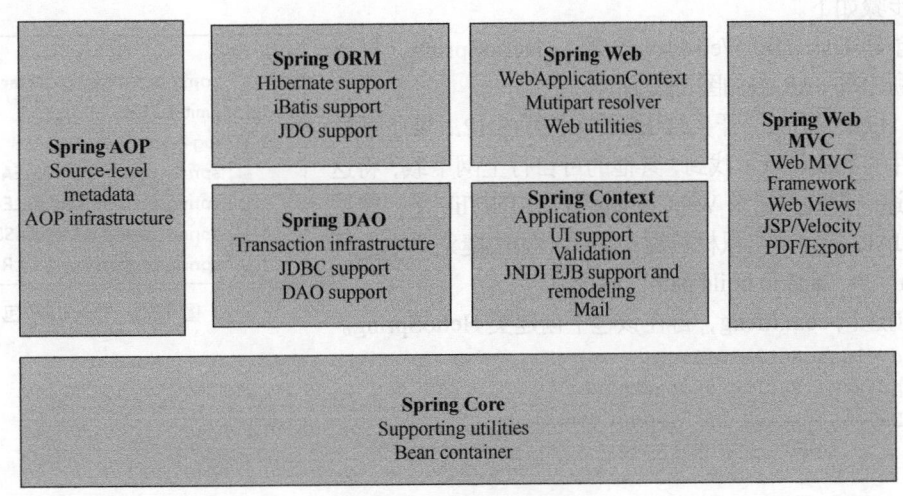

图 12.1　Spring 体系架构

12.1.2　Spring 的开发环境

需要先到 Spring 官网下载 Spring 的 JAR 包，本书用的是 Spring 4.3.4 版本，下载 spring-framework-4.3.4.RELEASE-dist.zip 文件，解压后其结构如图 12.2 所示。

其中，Spring 的 JAR 包就在图 12.2 的 libs 目录下，在项目开发的时候，需要将用到的 JAR 包复制到项目的 WebContent/WEB-INF/lib 目录下。

此外，本书用到的 Java 开发环境是 JDK 1.8，开发工具为 Eclipse 和 Tomcat 8.5。

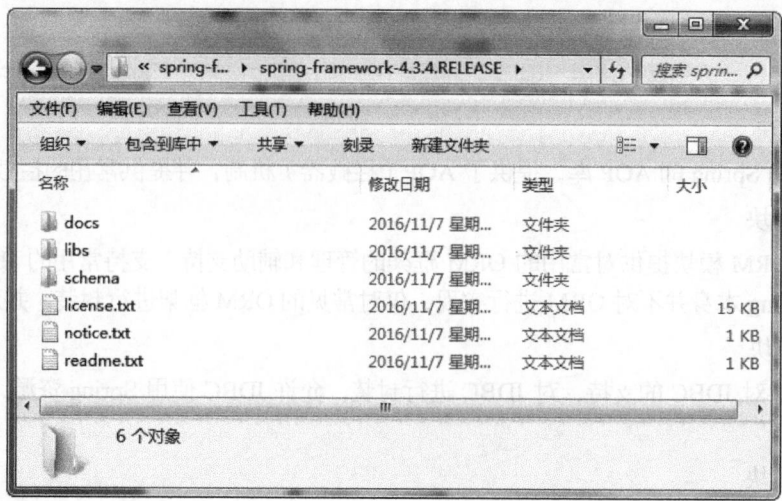

图 12.2　Spring 解压文件夹

12.2　第一个 Spring 程序

项目案例： 之前在一个类中调用另一个类都是在本类中先新建一个要调用的另一个类对象，再调用其方法，这次用 Spring 实现在一个类中不新建另一个类的对象也能调用该类的程序。

思路分析： 使用 Spring 的控制反转，一个类无须自己创建另一个类的对象（实例），而是通过 Spring 容器来构建另一个类的实例。

实现步骤如下。

（1）创建 Dynamic Web Project 项目 HelloSpring，导入 JAR 包，所需的 JAR 包如图 12.3 所示。

其中，以 "Spring" 开头的 JAR 包都可在 12.1 节下载的解压缩文件的 libs 目录下找到，其他的可自行上网下载，将这些 JAR 包逐一复制到目录 WebContent/WEB-INF/lib 下，然后选中这些 JAR 包，单击鼠标右键，在弹出的快捷菜单中选择 "build path" → "add to build path" 命令。

（2）创建包 com.lifeng，再在该包下创建类 HelloSpring。

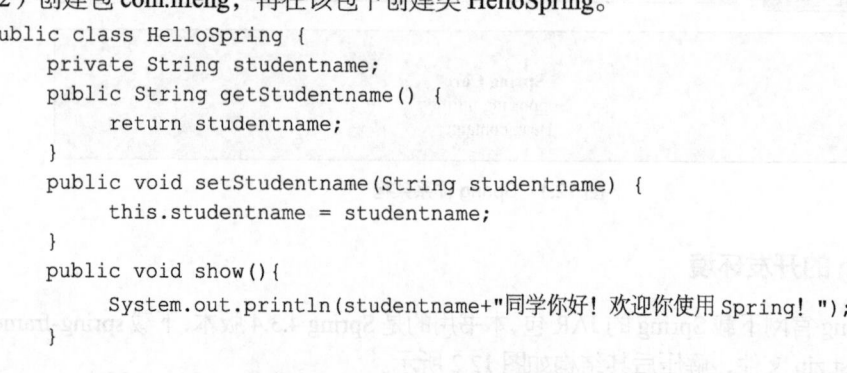

图 12.3　导入 JAR 包

```
public class HelloSpring {
    private String studentname;
    public String getStudentname() {
        return studentname;
    }
    public void setStudentname(String studentname) {
        this.studentname = studentname;
    }
    public void show(){
        System.out.println(studentname+"同学你好！欢迎你使用 Spring！");
    }
}
```

注意： 属性 private String studentname 要有 setter()方法。

（3）创建 Spring 的配置文件 applicationContext.xml。

在 src 下新建一个 XML 文件，命名为 applicationContext.xml，建完后，只有空的 XML 结构，如下所示：

```
<?xml version="1.0" encoding="UTF-8"?>
```

接下来，需要在配置文件的头部添加一些约束信息，先在之前下载的压缩包解压后的 docs 目录下找到 spring-framework-reference/html/xsd-configuration.html 文件，双击打开，找到图 12.4 所示的内容。

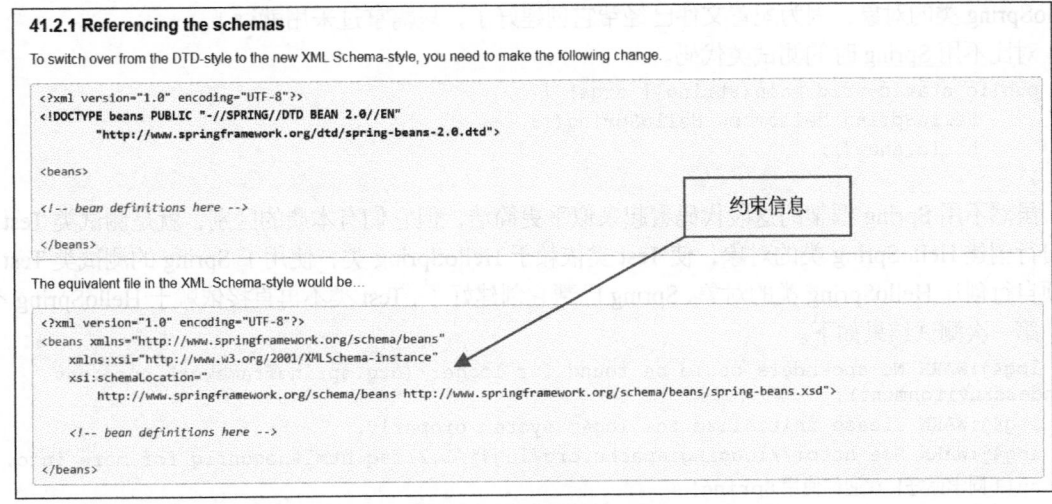

图 12.4　找到配置文件约束

图 12.4 中的方框内<beans></beans>标签内的代码即要复制的约束信息，把它复制、粘贴到配置文件中。配置文件的代码如下所示。

```
<?xml version="1.0" encoding="UTF-8"?>
<beans xmlns="http://www.springframework.org/schema/beans"
    xmlns:xsi="http://www.w3.org/2001/XMLSchema-instance"
    xsi:schemaLocation="
        http://www.springframework.org/schema/beans
        http://www.springframework.org/schema/beans/spring-beans.xsd">
    <!-- bean definitions here -->
</beans>
```

接下来，在配置文件中实现创建实例化的对象的功能，在<beans></beans>之间，即上面代码的<!-- bean definitions here -->位置（删除它），添加一对<bean/>标签，最终内容如下。

```
<?xml version="1.0" encoding="UTF-8"?>
<beans xmlns="http://www.springframework.org/schema/beans"
    xmlns:xsi="http://www.w3.org/2001/XMLSchema-instance"
    xsi:schemaLocation="
        http://www.springframework.org/schema/beans http://www.springframework.org/
    schema/beans/spring-beans.xsd">
    <!-- 相当于在程序中创建一个 HelloSpring 类的对象，对象名为 hellospring -->
    <!-- 相当于传统的 HelloSpring  hellospring =new HelloSpring()  -->
    <bean id="hellospring" class="com.lifeng.HelloSpring"/>
</beans>
```

（4）创建测试类 Test，关键代码如下。

```
public static void main(String[] args) {
    //读取配置文件
    ApplicationContext context=new ClassPathXmlApplicationContext
("applicationContext.xml");
    //从配置文件中获取实例 Bean
```

```
        HelloSpring hello=(HelloSpring) context.getBean("hellospring");
        //使用 Bean
        hello.show();
    }
```

其中，语句"HelloSpring hello=(HelloSpring)context.getBean("hellospring");"用于获取配置文件中创建好的 HelloSpring 类的实例化对象 hellospring。也就是说，测试类 Test 无须再自己创建 HelloSpring 类的对象，因为配置文件已经帮它创建好了，只需拿过来用就行了。

对比不用 Spring 时的测试类代码。

```
public static void main(String[] args) {
    HelloSpring hello=new HelloSpring();
    hello.show();
}
```

虽然不用 Spring 框架的这段代码看起来似乎更简洁，但它们有本质的区别，就是测试类 Test 需要自行创建 HelloSpring 类的对象，使 Test 类依赖于 HelloSpring 类，使用了 Spring 的测试类 Test 则无须自行创建 HelloSpring 类的对象，Spring 已帮它创建好了，Test 类不再直接依赖于 HelloSpring 类。

第一次测试结果如下。

```
log4j:WARN No appenders could be found for logger (org.springframework.core.env.
StandardEnvironment).
log4j:WARN Please initialize the log4j system properly.
log4j:WARN See http://logging.apache.org/log4j/1.2/faq.html#noconfig for more info.
null 同学你好! 欢迎你使用 Spring!
```

结果有了输出，证明 Spring 框架总体上运行成功，但还有一个小问题，就是输出的 studentname 为 null，这是因为 studentname 属性没有赋值，默认值是 null。那怎么给 studentname 属性赋值呢？传统的赋值方法是先新建一个对象，再调用其 setter()方法。假如用传统方法，则 Test 测试类中可用如下代码实现对象的实例化和赋值。

```
HelloSpring  hellospring =new HelloSpring ( )
Hellospring.setStudentname("张三");
```

但现在改用了 Spring 后，程序已不在 Test 中创建对象了，而是用 Spring 的配置文件来创建对象，所以不能使用上述办法。解决方案就是在 Spring 配置文件中完成对属性的赋值，即创建 Bean 对象的同时实现属性的赋值。

（5）对 Spring 的配置文件做如下修改。

```
<?xml version="1.0" encoding="UTF-8"?>
<beans xmlns="http://www.springframework.org/schema/beans"
    xmlns:xsi="http://www.w3.org/2001/XMLSchema-instance"
    xsi:schemaLocation="
        http://www.springframework.org/schema/beans http://www.springframework.org/
    schema/beans/spring-beans.xsd">
<!-- 相当于在程序中创建一个 HelloSpring 类的对象，对象名为 hellospring，同时给其中的属性 name 赋值张三 -->
    <bean id="hellospring" class="com.lifeng.HelloSpring">
     <property name="studentname">
            <value>张三</value>
     </property>
    </bean>
</beans>
```

第二次运行测试 Test，结果如下。

```
log4j:WARN No appenders could be found for logger (org.springframework.core.env.
StandardEnvironment).
log4j:WARN Please initialize the log4j system properly.
```

log4j:WARN See http://logging.apache.org/log4j/1.2/faq.html#noconfig for more info.
张三同学你好! 欢迎你使用 Spring!

可见，studentname 已经成功输出，证明在 Spring 中设置属性值成功。

总结: 通过这个案例，可以发现测试类 Test 不再直接创建另外一个类 HelloSpring 的实例化对象，而是改由 Spring 来创建 HelloSpring 对象的实例化对象，甚至该实例化对象的属性值都由 Spring 进行赋值，这样 Test 类就不再直接依赖于 HelloSpring 类，可谓实现了 Test 类与 HelloSpring 类的"解耦"。Spring 成为类与类之间实现"解耦"的关键第三方。

上机练习

小鸟类有 color 属性、fly()方法，其中 fly()方法用于输出"××颜色的小鸟在天上飞"。测试类 Test，使用 Spring 实现在 Test 中调用小鸟类的 fly()方法的程序。

思考题

1. Spring 有哪几个模块?
2. 什么是控制反转?
3. 什么是 AOP?

13 第13章 Spring 控制反转

本章目标

- ✧ 理解 IoC 的含义
- ✧ 理解依赖注入的含义
- ✧ 掌握实现依赖注入的方法
- ✧ 掌握自动装配的相关知识
- ✧ 学会使用注解注入

IoC 是英文 Inversion of Control 的缩写，是控制反转的意思，即调用者创建被调用者的实例对象不是由调用者自己完成，而是由 Spring 容器完成。

使用 IoC 后，一个对象（调用者）依赖的其他对象（被调用者）会通过被动的方式传递进来，而不是这个对象（调用者）自己创建或者查找依赖对象（被调用者）。Spring 容器在对象初始化时不等对象请求就主动将依赖对象传递给它。IoC 只是一种编程思想，具体的实现方法是依赖注入。

依赖注入（Dependency Injection，DI）是指程序在运行过程中，若需要调用另一个对象协助时，无须在代码中用硬编码（如用 new 构造方法）创建被调用者，而是依赖于外部容器（如 Spring），被调用者由外部容器创建后传递给程序。依赖注入解决了传统的编程方法中类与类之间严重直接依赖的问题，是目前最优秀的解耦方式。依赖注入让 Spring 的 Bean 之间以配置文件的方式组织在一起，而不是以硬编码的方式耦合在一起的。

13.1 依赖注入

下面演示一个传统的存在直接依赖的程序，然后分析它的问题，再改用 Spring 来解决问题。

项目案例：一个传统的存在直接依赖的分层构架项目。

实现步骤如下。

（1）创建项目 spring01，导入 Spring 所需的 JAR 包，并创建 IStudentDao 接口和 StudentDaoImpl 实现类。

```
package com.lifeng.dao;
public interface IStudentDao {
    public void show();
}

package com.lifeng.dao;
```

```
public class StudentDaoImpl implements IStudentDao{
    @Override
    public void show() {
        System.out.println("学生姓名：李白，所在学校：砺锋科技");
    }
}
```

（2）创建 StudentService 类。

```
package com.lifeng.service;
import com.lifeng.dao.IStudentDao;
import com.lifeng.dao.StudentDaoImpl;
public class StudentService {
    IStudentDao studentDao;
    public void show(){
        studentDao=new StudentDaoImpl();
        studentDao.show();
    }
}
```

> 使用传统方法实例化
> 另一个类，存在直接依赖

（3）创建测试类 TestStudent1。

```
package com.lifeng.test;
import com.lifeng.service.StudentService;
public class TestStudent1 {
    public static void main(String[] args) {
        StudentService stuService=new StudentService();
        stuService.show();
    }
}
```

问题分析： StudentService 类在 show()方法中创建了另一个类 StudentDaoImpl 的实例化对象，并调用其 show()方法。在这种情况下，StudentService 类依赖 StudentDaoImpl 类，假如 StudentDaoImpl 类有变化，则 StudentService 类也会受到影响。举个简单的例子，假如将类 StudentDaoImpl 的名称改为 StudentDaoImpl888，则 StudentService 类中的 show()方法也得跟着修改。

```
public void show(){
    studentDao=new StudentDaoImpl888();
    studentDao.show();
}
```

> new 后面的类名跟着改变

如果受依赖的类还有很多，则都要一一进行修改，这就是依赖性造成的一个不利影响。Spring 框架利用依赖注入可以很好地解决这个问题。下面来看用 Spring 改造上述项目的具体步骤。

（1）在项目 spring01 中导入 Spring JAR 包，具体 JAR 包参见第 12 章。

（2）创建 Spring 的配置文件 applicationContext.xml，添加约束，代码如下。

```
<?xml version="1.0" encoding="UTF-8"?>
<beans xmlns="http://www.springframework.org/schema/beans"
    xmlns:xsi="http://www.w3.org/2001/XMLSchema-instance"
    xsi:schemaLocation="http://www.springframework.org/schema/beans http://www.springframework.org/
schema/beans/spring-beans.xsd">
    <!-- bean definitions here -->
</beans>
```

接下来在配置文件中实现创建实例化对象的功能。

```
<?xml version="1.0" encoding="UTF-8"?>
<beans xmlns="http://www.springframework.org/schema/beans"
    xmlns:xsi="http://www.w3.org/2001/XMLSchema-instance"
    xsi:schemaLocation="http://www.springframework.org/schema/beans http://www.springframework.org/
schema/beans/spring-beans.xsd">
```

```
        <!-- 相当于在程序中创建一个 StudentDaoImpl 类的对象，对象名为 studentDao -->
        <bean id="studentDao" class="com.lifeng.dao.StudentDaoImpl"/>
        <!-- 相当于在程序中创建一个 StudentService 类的对象，对象名为 stuService -->
        <bean id="stuService" class="com.lifeng.service.StudentService">
        <!-- 相当于为对象 stuService 中的 studentDao 属性注入实例化对象 studentDao -->
            <property name="studentDao" ref="studentDao"/>
        </bean>
    </beans>
```

（3）修改 StudentService 类，注释或删除 show()方法中创建 StudentDaoImpl 实例的代码。

```
public class StudentService {
    private IStudentDao studentDao;
    public void setStudentDao(IStudentDao studentDao) {
        this.studentDao = studentDao;
    }
    public void show(){
        //studentDao=new StudentDaoImpl();        注释掉这句话
        studentDao.show();
    }
}
```

注意：需要为 private IStudentDao studentDao 属性创建一个 setter()方法。

在这一步骤中，语句 "studentDao=new StudentDaoImpl();" 被注释掉了，也就是说这个 studentDao 表面上是没有被实例化的，按传统方法进行下去最后一定会报错，但这里不用担心，因为在步骤（2）中的 Spring 的配置文件已经明确地给 studentDao 注入了实例化对象。

（4）修改测试类。

```
public static void main(String[] args) {
    ApplicationContext context=new ClassPathXmlApplicationContext
("applicationContext.xml");
    StudentService stuService=(StudentService) context.getBean("stuService");
    stuService.show();
}
```

运行测试结果如下。

```
log4j:WARN No appenders could be found for logger (org.springframework.core.env.
StandardEnvironment).
log4j:WARN Please initialize the log4j system properly.
log4j:WARN See http://logging.apache.org/log4j/1.2/faq.html#noconfig for more info.
```
学生姓名：李白，所在学校：砺锋科技

本项目里面的类 StudentService 不再直接依赖类 StudentDaoImpl，类 StudentService 里面虽然要调用 StudentDaoImpl 的实例，但这个实例无须 StudentService 自己创建，在配置文件中已经用代码 <bean id="studentDao" class="com.lifeng.dao.StudentDaoImpl">创建好了，同时也创建了一个类 StudentService 的实例化对象 stuService，并为对象 stuService 中的 studentDao 属性注入实例化对象 studentDao。

接下来看如果改变 StudentDaoImpl 的名字，类 StudentService 是否需要做出相应改变。

① 先修改类 StudentDaoImpl 的名字为 StudentDaoImpl888。

② 再修改配置文件如下。

```
<?xml version="1.0" encoding="UTF-8"?>
<beans xmlns="http://www.springframework.org/schema/beans"
    xmlns:xsi="http://www.w3.org/2001/XMLSchema-instance"
    xsi:schemaLocation="http://www.springframework.org/schema/beans
http://www.springframework.org/schema/beans/spring-beans.xsd">
```

```
<!-- 相当于在程序中创建一个 StudentDaoImpl888 类的对象，对象名为 studentDao -->
<bean id="studentDao" class="com.lifeng.dao.StudentDaoImpl888"/>
<!-- 相当于在程序中创建一个 StudentService 类的对象，对象名为 stuService -->
<bean id="stuService" class="com.lifeng.service.StudentService">
    <!-- 相当于为对象 stuService 中的 studentDao 属性注入实例化对象 studentDao -->
    <property name="studentDao" ref="studentDao"/>
</bean>
</beans>
```

只改了<bean id="studentDao" class="com.lifeng.dao.StudentDaoImpl888"/>这一处，其他地方没变，类 StudentService、测试类也不做任何改动。

③ 测试发现结果一样。证明了类 StudentService 不再直接依赖于类 StudentDaoImpl。

13.2 Spring 配置文件中 Bean 的属性

Spring 的配置文件的根标签<beans>的下一级标签是<bean>，用于创建 Java 类的实例化对象。<bean>有多个属性及子标签，如表 13.1 所示。

表 13.1 <bean>的属性及子标签

<bean>的属性及子标签	说明
id	唯一地标识一个 Bean，相当于创建实例化对象的名称
class	全限定性类名，该类用于创建实例化对象
scope	Bean 的作用范围，常见的取值有 singleton（单例）、prototype（原型）、request、session、globalSession、application、websocket。默认值为 singleton，表示程序中每次调用 getBean()方法获取的 Bean 都是同一个对象
property	是<bean>标签的子标签，用于调用 setter()方法给 Bean 的各个属性赋值
constructor-arg	是<bean>标签的子标签，用于传递构造方法的参数，再调用构造方法实现 Bean 的实例化
value	既可作为上面两种子标签的属性，也可作为它们的子标签，用于直接指定一个常量值
ref	property、constructor-arg 这两种子标签的属性或子标签，用于引用另一个 Bean
set	用于 Set 集合类型的属性的赋值
list	用于 List 集合类型的属性的赋值
map	用于 Map 集合类型的属性的赋值

13.3 Bean 的作用域

当通过 Spring 容器创建一个 Bean 实例时，不仅可以完成 Bean 的实例化，还可以通过 scope 属性为 Bean 指定特定的作用域。Spring 支持以下 5 种作用域。

（1）singleton：单例模式。在整个 Spring 容器中，使用 singleton 定义的 Bean 将是单例的，即只有一个实例，第二次以后调用的 Bean 与第一次调用的是同一个对象，默认为单例的。该 Bean 是在容器被创建时就被装配好的。

（2）prototype：原型模式，即每次使用 getBean()方法获取的同一个 Bean 的实例都是一个新的实例。对于 scope 为 prototype 的原型模式，Bean 实例在代码中使用该 Bean 实例时才进行装配。

（3）request：每次 HTTP 请求，都将产生一个不同的 Bean 实例。

（4）session：每个不同的 HTTP Session，都将产生一个不同的 Bean 实例。

（5）globalSession：所有的 HTTP Session 共享同一个 Bean 实例。

其中，singleton 和 prototype 是最常用的，下面通过一个案例了解这两者的区别。

项目案例：创建 StuService 类的两个 Bean，第一个 Bean 的 id 是 stuService1，scope 属性值是 singleton；第二个 Bean 的 id 是 stuService2，scope 属性值是 prototype。在测试类中各调用 getBean() 方法两次，观察每次获取到的对象是不是同一个对象。

实现步骤如下。

（1）将项目 spring01 复制为 spring02，在 Spring 配置文件中添加两个 Bean，其中一个的作用域是 singleton，另一个是 prototype。

```xml
<bean id="stuService1" class="com.lifeng.service.StudentService" scope="singleton">
    <property name="studentDao" ref="studentDao"/>
<?xml version="1.0" encoding="UTF-8"?>
<beans xmlns="http://www.springframework.org/schema/beans"
    xmlns:xsi="http://www.w3.org/2001/XMLSchema-instance"
    xsi:schemaLocation="http://www.springframework.org/schema/beans
http://www.springframework.org/
schema/beans/spring-beans.xsd">
    <!-- 相当于在程序中创建一个 StudentDaoImpl 类的对象，对象名为 studentDao -->
    <bean id="studentDao" class="com.lifeng.dao.StudentDaoImpl"/>
    <!-- 相当于在程序中创建一个 StudentService 类的对象，对象名为 stuService1 -->
    <bean id="stuService1" class="com.lifeng.service.StudentService" scope="singleton">
        <!-- 给类 StudentService 里面的 studentDao 属性注入值 -->
        <property name="studentDao" ref="studentDao"/>
    </bean>
    <!-- 相当于在程序中再次创建一个 StudentService 类的对象，对象名为 stuService2 -->
    <bean id="stuService2" class="com.lifeng.service.StudentService" scope=
"prototype">
        <!-- 给类 StudentService 里面的 studentDao 属性注入值 -->
        <property name="studentDao" ref="studentDao"/>
    </bean>
</beans>
```

（2）创建测试类 TestStudent2，关键代码如下。

```java
public static void main(String[] args) {
    ApplicationContext context=new ClassPathXmlApplicationContext
("applicationContext.xml");
    StudentService stuService11=(StudentService) context.getBean("stuService1");
    StudentService stuService12=(StudentService) context.getBean("stuService1");
    System.out.println("stuService11 与 stuService12 是否同一个对象："+
(stuService11==stuService12));

    StudentService stuService21=(StudentService) context.getBean("stuService2");
    StudentService stuService22=(StudentService) context.getBean
("stuService2");
    System.out.println("stuService21 与 stuService22 是否同一个对象："+
(stuService21==stuService22));
}
```

（3）测试结果如下。

stuService11 与 stuService12 是否同一个对象：true
stuService21 与 stuService22 是否同一个对象：false

测试结果证明：当属性 scope 的值为 singleton 时，使用 getBean()方法每次获取到的对象都是同一个，而当属性 scope 的值为 prototype 时，使用 getBean()方法每次获取到的对象都是一个新的对象。

178

13.4 基于 XML 的依赖注入

Bean 的依赖注入又称为 Bean 的装配，即利用 Spring 实现 Bean 的实例化过程。在这个过程中需完成实例化对象的创建，并给对象的各个属性赋值等。Spring 有多种 Bean 的装配方式，包括基于 XML 文件的装配、基于注解的装配和自动装配等。

其中，基于 XML 文件的配置又分为两种装配方式：设值注入和构造注入。

Spring 实例化 Bean 的时候，首先会调用 Bean 默认的无参构造方法来实例化一个空值的 Bean 对象，接着对 Bean 对象的属性进行初始化。初始化是由 Spring 容器自动完成的，称为注入。注入有下述多种方式。

13.4.1 设值注入

设值注入是指 Spring 通过反射机制调用 setter() 方法来注入属性值。Bean 必须满足以下两点要求才能被实例化。

（1）Bean 类必须提供一个无参的构造方法。注意：如果程序员定义了有参的构造方法，则必须显式地提供无参的构造方法。

（2）属性需要提供 setter() 方法。

项目案例：通过设值注入实现 Bean 对象的实例化。

实现步骤如下。

（1）复制 spring02 为 spring03，创建包 com.lifeng.entity，并在该包下创建持久化类 Student。

```
public class Student {
    private String sid;
    private String sname;
    private String sex;
    private int age;
    //需要显式地给出无参构造方法
    public Student(){
    }
    public Student(String sname,String sex,int age){
        this.sname=sname;
        this.sex=sex;
        this.age=age;
    }
    public Student(String sid,String sname,String sex,int age){
        this.sid=sid;
        this.sname=sname;
        this.sex=sex;
        this.age=age;
    }
    public void show(){
        System.out.println("学生编号："+sid+" 学生姓名："+sname+" 学生性别"+sex+" 学生
    年龄："+age);
    }
    //省略 setter()、getter()方法
}
```

（2）修改配置文件，删除原有的 Bean，按以下格式新建 Bean。

```
<?xml version="1.0" encoding="UTF-8"?>
<beans xmlns="http://www.springframework.org/schema/beans"
    xmlns:xsi="http://www.w3.org/2001/XMLSchema-instance"
```

```
        xsi:schemaLocation=" http://www.springframework.org/schema/beans
    http://www.springframework.org/
    schema/beans/spring-beans.xsd">
        <!-- 设值注入的第一种格式 -->
        <bean id="student1" class="com.lifeng.entity.Student">
            <property name="sid" value="1"/>
            <property name="sname" value="张三"/>
            <property name="sex" value="男"/>
            <property name="age" value="18"/>
        </bean>
    </beans>
```

通过子标签<property>对 Student 对象里的所有属性赋值，可以用<property>的属性 value 来赋常量值，也可以改为通过<property>的下一级子标签<value>来赋值，下面用后一种方式再创建一个 Bean。

```
    <!-- 设值注入的第二种格式 -->
    <bean id="student2" class="com.lifeng.entity.Student">
        <property name="sid">
            <value>2</value>
        </property>
        <property name="sname">
            <value>李四</value>
        </property>
        <property name="sex">
            <value>女</value>
        </property>
        <property name="age">
            <value>19</value>
        </property>
    </bean>
```

两者效果相同。

（3）创建测试类 TestStudent3，关键代码如下。

```
public static void main(String[] args) {
    ApplicationContext context=new ClassPathXmlApplicationContext
("applicationContext.xml");
    Student student1=(Student) context.getBean("student1");
    student1.show();
    Student student2=(Student) context.getBean("student2");
    Student2.show();
}
```

测试结果如下。

学生编号：1 学生姓名：张三 学生性别男 学生年龄：18
学生编号：2 学生姓名：李四 学生性别女 学生年龄：19

13.4.2　构造注入

构造注入是指在构造调用者实例的同时，完成被调用者的实例化，即使用构造方法进行赋值。

项目案例： 用构造注入创建 Student 对象。

实现步骤如下。

（1）复制 spring03 为 spring04，创建持久化类 Student 同上，注意要有带参数的构造方法。

```
public Student(String sid,String sname,String sex,int age){
    this.sid=sid;
```

```
        this.sname=sname;
        this.sex=sex;
        this.age=age;
    }
```

（2）修改配置文件，创建 id 为 student3 的 Bean。

```
<bean id="student3" class="com.lifeng.entity.Student">
    <constructor-arg name="sid" value="3"/>
    <constructor-arg name="sname" value="张无忌"/>
    <constructor-arg name="sex" value="男"/>
    <constructor-arg name="age" value="22"/>
</bean>
```

标签中用于指定参数的属性如下。

① name：指定构造方法中的参数名称。

② index：指明该参数对应构造器的第几个参数，从 0 开始，该属性不要也可，但注意赋值顺序要与构造器中的参数顺序一致。

如果使用 index 属性，则用以下代码进行注入。

```
<bean id="student32" class="com.lifeng.entity.Student">
    <constructor-arg index="0" value="3"/>
    <constructor-arg index="1" value="张无忌"/>
    <constructor-arg index="2" value="男"/>
    <constructor-arg index="3" value="22"/>
</bean>
```

此外，的 type 属性可用于指定其类型。基本类型直接写类型关键字，非基本类型需要写全限定性类名。

（3）创建测试类 TestStudent4。

```
public class TestStudent4 {
    public static void main(String[] args) {
        ApplicationContext context=new ClassPathXmlApplicationContext
    ("applicationContext.xml");
        Student student3=(Student) context.getBean("student3");
        student3.show();
        Student student32=(Student) context.getBean("student32");
        student32.show();
    }
}
```

测试结果，两种格式效果相同。

学生编号：3 学生姓名：张无忌 学生性别男 学生年龄：22

学生编号：3 学生姓名：张无忌 学生性别男 学生年龄：22

13.4.3 使用 p 命名空间实现属性值注入

p 命名空间可以简化属性值的注入。

（1）复制项目 spring04 为 spring05，在 Spring 配置文件头中引入 p 命名空间。

```
<?xml version="1.0" encoding="UTF-8"?>
<beans xmlns="http://www.springframework.org/schema/beans"
    xmlns:xsi="http://www.w3.org/2001/XMLSchema-instance"
    xmlns:p="http://www.springframework.org/schema/p"          引入 p 命名空间
    xsi:schemaLocation="http://www.springframework.org/schema/beans http://www.springframework.org/
schema/beans/spring-beans.xsd">
```

上面第 4 行代码即为引入 p 命名空间的声明。

（2）使用 p 命名空间注入属性值。

```
<?xml version="1.0" encoding="UTF-8"?>
<beans xmlns="http://www.springframework.org/schema/beans"
    xmlns:xsi="http://www.w3.org/2001/XMLSchema-instance"
    xmlns:p="http://www.springframework.org/schema/p"
    xsi:schemaLocation="http://www.springframework.org/schema/beans http://www.springframework.org/
schema/beans/spring-beans.xsd">
    <bean id="student4" class="com.lifeng.entity.Student"
    p:sid="4" p:sname="王五" p:sex="女" p:age="23"/>
</beans>
```

p 命名空间注入也采用了设值注入方式，故需要有相应属性的 setter()方法。由上面的代码可知，对照普通的设值注入，p 命名空间注入简化很多，其基本语法参见表 13.2。

表 13.2 p 命名空间注入的基本语法

语法格式	说明
p:bean 属性="值"	该值为基本类型的值
p:bean 属性-ref="值"	该值为其他 Bean 的 Id，其中，ref 称为引用，即引用了其他 Bean

（3）创建测试类 TestStudent5。

```
public class TestStudent5 {
    public static void main(String[] args) {
        ApplicationContext context=new ClassPathXmlApplicationContext
    ("applicationContext.xml");
        Student student4=(Student) context.getBean("student4");
        student4.show();
    }
}
```

测试结果如下。

学生编号：4 学生姓名：王五 学生性别女 学生年龄：23

13.4.4 注入各种数据类型的属性值

Spring 提供了多种用于实现各种类型的属性值的注入的标签，如<value>标签。这些标签同时适用于设值注入和构造注入。如果用于设值注入，可将标签置于<property></property>之间；如果用于构造注入，则将标签置于<constructor-arg></constructor-arg>之间。

1. 注入常量（字符串及基本数据类型）

使用<value></value>子标签，将常量置于标签中间，代码如下。

```
<bean id="student2" class="com.lifeng.entity.Student">
    <property name="sid">
        <value>2</value>
    </property>
    <property name="sname">
        <value>李四</value>
    </property>
    <property name="sex">
        <value>女</value>
    </property>
    <property name="age">
        <value>19</value>
    </property>
```

```
    </bean>
```

当然，也可以不用<value>子标签，而是直接在<property>标签中嵌入 value 属性，代码如下。

```
<bean id="student1" class="com.lifeng.entity.Student">
    <property name="sid" value="1"/>
    <property name="sname" value="张三"/>
    <property name="sex" value="男"/>
    <property name="age" value="18"/>
</bean>
```

上面两种格式可参考项目 spring03。

注入字符串常量值如果用到了特殊字符，则需要替换为对应的表达式，如表 13.3 所示。

表 13.3　特殊字符

符号	表达式
>	&gt;
<	&lt;
&	&amp;
'	&apos;
"	&quot;

2. 引用其他 Bean 组件

在 Spring 中定义的各个 Bean 之间可以互相引用，建立依赖关系，可以使用 ref 属性实现，也可用于<ref>子标签实现。

项目案例：新建一个 College 类，定义学校的编号、名称、地址属性并修改学生 Student 类，添加一个用于设置学生所在学校的 College 类型的属性。

实现步骤如下。

（1）创建 College 类。

```
public class College {
    private int id;
    private String collegename;
    private String address;
    //省略getter()、setter()方法
    public String toString(){
        return "大学名称: "+collegename+" 大学地址: "+address;
    }
}
```

（2）修改 Student 类，添加 college 属性，以及 getter()和 setter()方法（一般省略）。

```
private College college;
public College getCollege() {
    return college;
}
public void setCollege(College college) {
    this.college = college;
}
```

（3）创建 College 类的 Bean。

```
<bean id=" mycollege" class="com.lifeng.entity.College">
    <property name="id">
        <value>1</value>
    </property>
```

```
            <property name="collegename">
                <value>清华大学</value>
            </property>
            <property name="address">
                <value>北京五道口</value>
            </property>
        </bean>
```

（4）创建 Student 类的 Bean，引用 College 类的 Bean。

```
    <bean id="student5" class="com.lifeng.entity.Student">
        <property name="sid">
            <value>2</value>
        </property>
        <property name="sname">
            <value>李四</value>
        </property>
        <property name="sex">
            <value>女</value>
        </property>
        <property name="age">
            <value>19</value>
        </property>
        <property name="college">
            <ref bean="mycollege"/>
        </property>
    </bean>
```

引用了另外一个 Bean

可用<ref>标签引用其他的 Bean，也可以直接在<property>中用 ref 属性实现一样的效果，代码如下。

```
    <property name="college" ref ="mycollege"/>
```

（5）创建测试类 TestStudent1，关键代码如下。

```
public static void main(String[] args) {
    ApplicationContext context=new ClassPathXmlApplicationContext
("applicationContext.xml");
    Student student5=(Student) context.getBean("student5");
    student5.show();
    System.out.println("所读大学: \n"+student5.getCollege());
}
```

测试结果如下。

学生编号：2 学生姓名：李四 学生性别女 学生年龄：19

所读大学：

大学名称：清华大学 大学地址：北京五道口

3. 注入集合类型的属性

项目案例：在上述案例中，假如 Student 类还有一个属性，就是兴趣爱好，由于一个学生的兴趣爱好可能有多项，故可将之定义为集合类型，要求利用 Spring 创建 Student 实例，输出学生的基本信息与兴趣爱好。

实现步骤如下。

（1）修改 Student 类，添加 interesting（兴趣爱好）属性。

```
private List interesting;
public List getInteresting() {
    return interesting;
```

184

```
    }
    public void setInteresting(List interesting) {
        this.interesting = interesting;
    }
```

属性 interesting 被定义为 List 集合类型，根据需要也可定义为 Set 类型、Map 类型。

（2）在配置文件中创建 Student 类的 Bean，代码如下。

```
<bean id="student6" class="com.lifeng.entity.Student">
    <property name="sid">
        <value>2</value>
    </property>
    <property name="sname">
        <value>李四</value>
    </property>
    <property name="sex">
        <value>女</value>
    </property>
    <property name="age">
        <value>19</value>
    </property>
    <property name="college">
        <ref bean="mycollege"/>
    </property>

    //未完待续
    <property name="interesting">
        <list>
            <value>画画</value>
            <value>音乐</value>
            <value>舞蹈</value>
        </list>                                    注入 List 集合类型的值
    </property>
</bean>
```

其中，方框内的代码用来注入 List 集合类型的值。

如果属性是 Set 集合类型，则使用如下代码注入。

```
<property name="interesting">
    <set>
        <value>画画</value>
        <value>音乐</value>
        <value>舞蹈</value>
    </set>
</property>
```

如果属性是 Map 集合类型，由于其既有键又有值，因此还需要再嵌套一个子标签<entry>，以及再下一级子标签<key>，代码如下。

```
<property name="interesting">
    <map>
        <entry>
            <key><value>drawing</value></key>
            <value>画画</value>
        </entry>
        <entry>
            <key><value>music</value></key>
```

```
                <value>音乐</value>
            </entry>
            <entry>
                <key><value>dance</value></key>
                <value>舞蹈</value>
            </entry>
        </map>
    </property>
```

若是 Properties 类型的属性，则使用如下代码注入。

```
<property name="interesting">
    <props>
        <prop key="drawing">画画</prop>
        <prop key="music">音乐</prop>
        <prop key="dance">舞蹈</prop>
    </props>
</property >
```

（3）新建测试类 TestStudent2，关键代码如下。

```
public static void main(String[] args) {
    ApplicationContext context=new ClassPathXmlApplicationContext
("applicationContext.xml");
    Student student6=(Student) context.getBean("student6");
    student6.show();
    System.out.println("所读大学：\n"+student6.getCollege());
    List list=student6.getInteresting();
    System.out.println("兴趣爱好：");
    for(Object interest:list){
        System.out.println(interest);
    }
}
```

测试结果如下。

学生编号：6 学生姓名：李四 学生性别：女 学生年龄：19
所读大学：
大学名称：清华大学 大学地址：北京五道口
兴趣爱好：
画画
音乐
舞蹈

13.4.5 内部 Bean 注入

若不希望代码直接访问某个 Bean，即不允许在代码中通过 getBean()方法获取该 Bean 实例，则可将该 Bean 的定义放入调用者的 Bean 的内部。

例如，学生类里面有 College 类型的属性，之前的做法是先定义一个 College 类型的 Bean，再在定义 Student 类型的 Bean 的时候引用它。假如这个 College 类型的 Bean 只在这种场合用到，其他地方都引用不到，则可定义为内部 Bean，即在 Student 类型的 Bean 内部创建 College 类型的 Bean，而不是在 Student 类型的 Bean 创建之前先行创建 College 类型的 Bean。代码如下。

```
<bean id="student7" class="com.lifeng.entity.Student">
    <property name="sid">
        <value>7</value>
    </property>
```

```xml
<property name="sname">
    <value>李四</value>
</property>
<property name="sex">
    <value>女</value>
</property>
<property name="age">
    <value>19</value>
</property>
<property name="college">
    <!-- 这个 Bean 就是内部 Bean，直接赋值给 college 属性,其他地方都不能调用此 Bean -->
    <bean class="com.lifeng.entity.College">
        <property name="id">
            <value>1</value>
        </property>
        <property name="collegename">
            <value>清华大学</value>
        </property>
        <property name="address">
            <value>北京五道口</value>
        </property>
    </bean>
</property>
<property name="interesting">
    <list>
        <value>画画</value>
        <value>音乐</value>
        <value>舞蹈</value>
    </list>
</property>
</bean>
```

内部 Bean

上述程序也可理解为 Bean 的嵌套。只是内部定义的 Bean，无法被其他外部的 Bean 引用，只能被当前外层嵌套的 Bean 引用。对应的测试类 TestStudent3 关键代码如下。

```java
public class TestStudent3 {
    public static void main(String[] args) {
        ApplicationContext context=new ClassPathXmlApplicationContext
        ("applicationContext.xml");
        Student student7=(Student) context.getBean("student7");
        student7.show();
        System.out.println("所读大学:\n"+student7.getCollege());
    }
}
```

13.4.6　抽象 Bean 注入

如果多个 Bean 实例同属于一个类，且这些实例的属性值又相同，则可以使用抽象 Bean，以简化配置文件。抽象 Bean 把其他的 Bean 中的相同属性抽取出来创建成一个独立的 Bean，用于让其他 Bean 继承。这样可大大减少冗余。需要设置 abstract 属性为 true 来指明该 Bean 为抽象 Bean，默认值为 false。

　　项目案例：有两个以上的学生，他们的学校、性别、年龄都相同，只是姓名和编号不同。在这种情况下，可以把相同的属性抽取出来创建一个独立的抽象 Bean，再在具体创建学生 Bean 的时候继承这个抽象 Bean，只需注入不同的属性值即可。

关键步骤如下。

（1）创建抽象 Bean，用于给两个学生 Bean 的相同值的属性赋值。

```
<bean id="baseStudent" class="com.lifeng.entity.Student" abstract="true">
    <property name="sex">
        <value>女</value>
    </property>
    <property name="age">
        <value>19</value>
    </property>
    <property name="college">
        <ref bean="mycollege"/>
    </property>
</bean>
```

（2）创建两个学生 Bean，只需给不同的属性赋值，公共部分用 parent 引用上一步创建的抽象 Bean。

```
<bean id="student8" class="com.lifeng.entity.Student" parent="baseStudent">
    <property name="sid">
        <value>8</value>
    </property>
    <property name="sname">
        <value>张三</value>
    </property>
</bean>
```

都引用了同一个抽象 Bean

```
<bean id="student9" class="com.lifeng.entity.Student" parent="baseStudent">
    <property name="sid">
        <value>9</value>
    </property>
    <property name="sname">
        <value>李四</value>
    </property>
</bean>
```

（3）创建测试类 TestStudent4 的关键代码如下。

```
public static void main(String[] args) {
    ApplicationContext context=new ClassPathXmlApplicationContext
("applicationContext.xml");
    Student student8=(Student) context.getBean("student8");
    student8.show();
    System.out.println("所读大学: \n"+student8.getCollege());

    Student student9=(Student) context.getBean("student9");
    student9.show();
    System.out.println("所读大学: \n"+student9.getCollege());
}
```

测试结果如下。

学生编号：8 学生姓名：张三 学生性别：女 学生年龄：19
所读大学：
大学名称：清华大学 大学地址：北京五道口
学生编号：9 学生姓名：李四 学生性别：女 学生年龄：19
所读大学：
大学名称：清华大学 大学地址：北京五道口

在上述代码中，两个学生的性别、年龄、学校都相同，因为两个 Bean 都利用 parent 属性引用了同一个抽象 Bean。

13.5 自动注入

对域属性的注入（如上述项目中的 Student 类的 college 属性就是一个域属性），也可不在配置文件中显式地注入。可以通过为<bean>标签设置 autowire 属性值，从而为域属性进行隐式自动注入（又称自动装配）。根据判断标准的不同，自动注入可以分为两种方式。

（1）byName：根据名称自动注入。

（2）byType：根据类型自动注入。

13.5.1 byName 方式自动注入

当配置文件中被调用者的 Bean 的 id 值与调用者的 Bean 类的属性名相同时，可使用 byName 方式，让容器自动将被调用者的 Bean 注入给调用者的 Bean。容器通过调用者的 Bean 类的属性名与配置文件的被调用者的 Bean 的 id 进行比较，从而实现自动注入。

项目案例：先创建一个 College 类的 Bean，其 id 为 college，再创建一个 Student 类型的 Bean，其 id 为 student10。student10 这个 Bean 中的 college 属性的注入不再直接引用 college，而是改为自动注入。

实现步骤如下。

（1）创建 College 类的 Bean，其 id 为 college。

```
<bean id="college" class="com.lifeng.entity.College">
    <property name="id">
        <value>2</value>
    </property>
    <property name="collegename">
        <value>北京大学</value>
    </property>
    <property name="address">
        <value>北京中关村</value>
    </property>
</bean>
```

（2）创建一个 Student 类型的 Bean，采用自动注入。

```
<bean id="student10" class="com.lifeng.entity.Student" autowire="byName">
    <property name="sid">
        <value>10</value>
    </property>
    <property name="sname">
        <value>李四</value>
    </property>
    <property name="sex">
        <value>女</value>
    </property>
    <property name="age">
        <value>19</value>
    </property>
    <property name="interesting">
```

自动注入（按 Bean 名称）

```
            <list>
                <value>画画</value>
                <value>音乐</value>
                <value>舞蹈</value>
            </list>
        </property>
    </bean>
```

这里无须再给 college 属性赋值

这个 Bean 并没有出现直接为 Student 类的 college 属性注入值的有关配置，但值得注意的是，在这个 Bean 的头部出现了一个 autowire 属性，就是自动装配的意思。在这种情况下，Spring 会自动检查该 Bean 下的域属性，并自动给它们赋值。这里按 Bean 的名称赋值，具体来讲，如果这个域属性名叫 college，则 Spring 会在配置文件中自动查找到同样名为 college 的 Bean，把名为 college 的 Bean 注入给这个名为 college 的域属性。当然如果当前项目并不存在名为 college 的 Bean，则什么也不干，也不会报错。如果不采用自动装配，则需要显式地给所有域属性注入值。

（3）测试类 TestStudent5 的代码如下。

```
public class TestStudent5 {
    public static void main(String[] args) {
        ApplicationContext context=new ClassPathXmlApplicationContext
    ("applicationContext.xml");
        Student student10=(Student) context.getBean("student10");
        student10.show();
        System.out.println("所读大学: \n"+student10.getCollege());
    }
}
```

测试结果如下：

学生编号: 10 学生姓名: 李四 学生性别: 女 学生年龄: 19
所读大学:
大学名称: 北京大学 大学地址:北京中关村

13.5.2 byType 方式自动注入

byType 注入是指按类型进行匹配注入，即只要 Spring 容器中有与域属性类型相同的 Bean 就自动注入，而与名称无关。使用 byType 方式自动注入，要满足下面这个条件：配置文件中的被调用者 Bean 的 class 属性指定的类，要与调用者的 Bean 类的某域属性的类型同源，要么相同，要么有 is-a 关系（子类，或是实现类）。但这样同源的被调用的 Bean 只能有一个。多于一个，容器就不知该匹配哪一个，从而导致报错。

关键步骤如下。

（1）在项目 spring06 中新建一个 Bean，id 为 student11，把装配方式改为 byType，其他与 student10 一样。

```
<bean id="student11" class="com.lifeng.entity.Student" autowire="byType">
    <property name="sid">
        <value>11</value>
    </property>
    <property name="sname">
        <value>李四</value>
    </property>
    <property name="sex">
        <value>女</value>
    </property>
    <property name="age">
```

```
                <value>19</value>
        </property>
        <property name="interesting">
                <list>
                        <value>画画</value>
                        <value>音乐</value>
                        <value>舞蹈</value>
                </list>
        </property>
    </bean>
```

（2）创建测试类 TestStudent6，关键代码如下。

```
public static void main(String[] args) {
        ApplicationContext context=new ClassPathXmlApplicationContext
("applicationContext.xml");
        Student student11=(Student) context.getBean("student11");
        student11.show();
        System.out.println("所读大学: \n"+student11.getCollege());
}
```

这时运行测试程序会报错，因为在这个项目中，class="com.lifeng.entity.College"的 Bean 目前有两个（一个是清华大学 mycollege，另一个是北京大学 college，都是同源），Spring 不知该装配哪个。

```
Exception in thread "main" org.springframework.beans.factory.
UnsatisfiedDependencyException: Error creating bean with name 'student11' defined in class
path resource [applicationContext.xml]: Unsatisfied dependency expressed through bean property
'college'; nested exception is org.springframework.beans.factory.
NoUniqueBeanDefinitionException: No qualifying bean of type 'com.lifeng.entity.College'
available: expected single matching bean but found 2: mycollege,college
```

删掉其中一个，则程序正常运行。这里注释掉 id 为 college 的 Bean，运行结果如下。

学生编号：11 学生姓名：李四 学生性别：女 学生年龄：19

所读大学：

大学名称：清华大学 大学地址：北京五道口

13.6　Spring 配置文件的拆分

在项目中，随着应用规模的增加，Bean 的数量也不断增加，配置文件会变得越来越庞大、臃肿，可读性变差。为了提高配置文件的可读性与可维护性，可以将 Spring 配置文件分解成多个配置文件。拆分策略有两种，一是拆分为平等关系的若干个配置文件，二是拆分为父子关系的若干个配置文件。

1. 拆分为平等关系的若干个配置文件

将配置文件分解为地位平等的多个配置文件，各配置文件之间为不分主次的并列关系。在代码中将所有配置文件的路径定义为一个 String 数组，将其作为容器初始化参数出现。

例如，在 src 下创建 3 个 Spring 配置文件：spring-default.xml、spring-dao.xml、spring-service.xml，分别负责基本信息、数据库连接信息、业务逻辑层信息的配置。应用程序运行要同时用到这 3 个配置文件。用下面代码可一次性调用这 3 个配置文件。

```
public class TestStudent7 {
        public static void main(String[] args) {
                String[] resources={"spring-default.xml","spring-dao.xml","spring-service.
        xml"};
                ApplicationContext context=new ClassPathXmlApplicationContext(resources);
                Student student11=(Student) context.getBean("student11");
```

> 使用数组列出 3 个配置文件的名称，这样可以一次性读出 3 个配置文件

```
            student11.show();
            System.out.println("所读大学:\n"+student11.getCollege());
        }
    }
```

2. 拆分为父子关系的若干个配置文件

各配置文件中有一个总配置文件（父级），总配置文件将其他子文件（子级）通过<import>引入。在代码中只需要使用总配置文件对容器进行初始化即可。

例如，在 src 下创建 4 个 Spring 配置文件，名称分别为：spring-default.xml、spring-dao.xml、spring-service.xml、spring-all.xml。

其中，spring-all.xml 是总配置文件，在它里面通过下列代码引入其他 3 个配置文件。

```
<import rsource="classpath: spring-default.xml"></import>
<import rsource="classpath: spring-dao.xml"></import>
<import rsource="classpath: spring-service.xml"></import>
```

也可使用通配符*，即上面 3 行可以利用通配符综合成一行：

```
<import rsource="classpath: spring-*.xml"></import>
```

但此时要求父配置文件名本身不能满足"*"所能匹配的格式，否则将出现循环递归包含。就本例而言，父配置文件不能匹配 spring-*.xml 的格式，即不能起名为 spring-all.xml。

13.7　基于注解的依赖注入

除了用 XML 配置方式进行依赖注入外，还可以使用注解直接在类中定义 Bean 实例。这样就不再需要在 Spring 配置文件中声明 Bean 实例。使用注解，除了原有的 Spring 配置，还要注意以下三个关键步骤。

项目案例：使用注解定义和使用 Bean。

实现步骤如下。

（1）复制 spring06 为 spring07，导入 AOP 的 JAR 包，包名为 spring-aop-4.3.4.RELEASE.jar，这是因为注解的后台实现用到了 AOP 编程。

（2）需要更换配置文件头，即添加相应的约束。约束在 Spring 的解压文件夹中的\docs\spring-framework-reference\html\xsd-configuration.html 文件内，如图 13.1 所示。将相关代码复制到配置文件中。

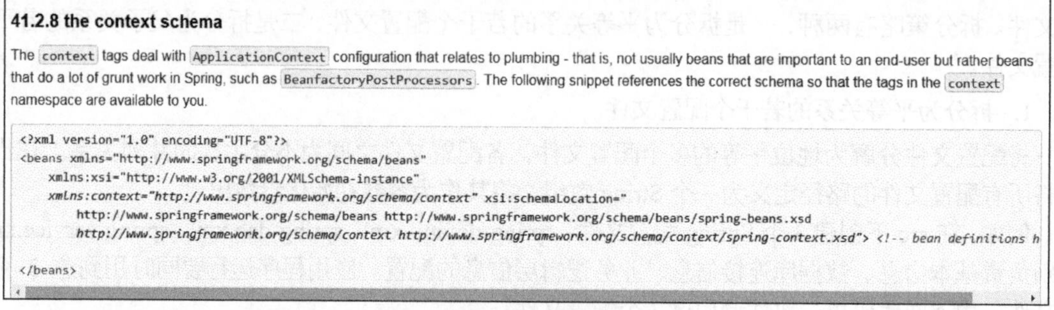

图 13.1　使用注解时的配置文件约束

（3）需要在 Spring 配置文件中配置组件扫描器，用于在指定的基本包中扫描注解。

```
<?xml version="1.0" encoding="UTF-8"?>
<beans xmlns="http://www.springframework.org/schema/beans"
    xmlns:xsi="http://www.w3.org/2001/XMLSchema-instance"
```

```
xmlns:context="http://www.springframework.org/schema/context" xsi:schemaLocation="
http://www.springframework.org/schema/beans
http://www.springframework.org/schema/beans/spring-beans.xsd
http://www.springframework.org/schema/context
http://www.springframework.org/schema/context/spring-context.xsd"> <!-- bean definitions
here -->
```

```
<context:component-scan base-package="com.lifeng"/>
```

配置组件扫描器
在这个基本包中扫描注解

```
</beans>
```

13.7.1　使用注解@Component 定义 Bean

该注解的 value 属性用于指定该 Bean 的 id 值。例如在持久化类 Student 中加注解@Component
(value="student")，它的意思是创建一个 Student 类的 Bean 实例，Bean 的 id 为 student。注解放置的具
体位置见下面代码。

在 Student 类中添加的@Component 注解如下。

```
@Component("student")
public class Student {
    private String sid;
    private String sname;
    private String sex;
    private int age;
    private College college;
    private List interesting;
//省略其他方法
}
```

@Component("student") 等同于@Component(value="student")，即默认的属性是 value，其效果等
同于 XML 配置文件：

```
<bean id="student" class="com.lifeng.entity.Student" />
```

Spring 还另外提供了下列 3 个与@Component 具有相同功能的注解。

① @Repository：专用于对 DAO 层实现类进行注解。

② @Service：专用于对 Service 层实现类进行注解。

③ @Controller：专用于对 Controller 类进行注解。

13.7.2　Bean 的作用域@Scope

需要在类上使用注解@Scope，其 value 属性用于指定作用域，默认值为 singleton。

接着做项目 spring07，在项目 spring07 的 Student 类中添加下列注解。

```
@Scope("prototype")
@Component("student")
public class Student {
    private String sid;
    private String sname;
    private String sex;
    private int age;
    private College college;
    private List interesting;
//省略其他方法
}
```

在上述代码中，@Scope("prototype")等同于@Scope(value="prototype")。这样就设置了 Bean 的作

用范围为"prototype"。

13.7.3　基本类型属性注入@Value

需要在属性上使用注解@Value，该注解的 value 属性用于指定要注入的值。使用该注解完成属性注入时，类中无须有 setter。当然，若属性有 setter，则也可将其加到 setter 上。

（1）接着项目 spring07，在项目 spring07 的 Student 类中添加下列注解。

```
@Scope("prototype")
@Component("student")
public class Student {
    @Value("1")
    private String sid;
    @Value("李白")
    private String sname;
    @Value("男")
    private String sex;
    @Value("18")
    private int age;
    public void show(){
        System.out.println("学生编号："+sid+" 学生姓名："+sname+" 学生性别："+sex+" 学生
    年龄："+age);
    }
//省略其他方法
}
```

（2）测试类 TestStudent1 的关键代码如下。

```
public static void main(String[] args) {
    ApplicationContext context=new ClassPathXmlApplicationContext
("applicationContext.xml");
    Student stu=(Student) context.getBean("student");
    stu.show();
}
```

测试结果如下。

学生编号：1 学生姓名：李白 学生性别：男 学生年龄：18

13.7.4　按类型注入域属性@Autowired

需要在域属性上使用注解@Autowired，该注解默认使用按类型自动装配 Bean 的方式。

项目案例： 使用注解，实现按类型注入域属性值。

关键步骤如下。

（1）复制 spring07 为 spring08，先应用下列注解创建 College 类的 Bean。

```
@Component("mycollege")
public class College {
    private int id;
    @Value("清华大学")
    private String collegename;
    @Value("北京五道口")
    private String address;
    //省略 getter()、setter()方法
    public String toString(){
        return "大学名称："+collegename+" 大学地址："+address;
    }
```

```
}
```
（2）在 Student 类中的 college 属性上面添加@Autowired 注解。
```
@Component("student")
public class Student {
    @Value("1")
    private String sid;
    @Value("李白")
    private String sname;
    @Value("男")
    private String sex;
    @Value("18")
    private int age;
    @Autowired
    private College college;
//省略其他方法
}
```
默认按类型装配，尽管属性名称是 college，Bean 的 id 是 mycollege，两者名称不一致，但由于其按类型装配，而不是按名称装配，所以可以注入。

（3）测试类 TestStudent1 的关键代码如下。
```
public static void main(String[] args) {
    ApplicationContext context=new ClassPathXmlApplicationContext
("applicationContext.xml");
    Student stu=(Student) context.getBean("student");
    stu.show();
    System.out.println(stu.getCollege());
```
测试结果如下。

学生编号：1 学生姓名：李白 学生性别：男 学生年龄：18
大学名称：清华大学 大学地址：北京五道口

13.7.5　按名称注入域属性@Autowired 与@Qualifier

需要在域属性上联合使用注解@Autowired 与@Qualifier。@Qualifier 的 value 属性用于指定要匹配的 Bean 的 id 值。

项目案例：使用注解，实现按名称注入域属性值。

关键步骤如下。

（1）将 spring08 复制为 spring09，在 Student 类中使用@Autowired 和@Qualifier 注解域属性。
```
@Component("student")
public class Student {
    @Value("1")
    private String sid;
    @Value("李白")
    private String sname;
    @Value("男")
    private String sex;
    @Value("18")
    private int age;
    @Autowired
    @Qualifier("mycollege")
    private College college;
```

```
//省略其他方法
}
```

这时域属性 college 必须装配 id 为 mycollege 的 Bean，如果找不到就会报错。

（2）测试类 TestStudent1 的关键代码如下。

```
public static void main(String[] args) {
    ApplicationContext context=new ClassPathXmlApplicationContext
("applicationContext.xml");
    Student stu=(Student) context.getBean("student");
    stu.show();
    System.out.println(stu.getCollege());
}
```

测试结果如下。

学生编号：1 学生姓名：李白 学生性别：男 学生年龄：18

大学名称：清华大学 大学地址：北京五道口

（3）如果修改 Student 类中的@Qualifier("mycollege")为@Qualifier("mycolleg")，再次运行测试类（注意，这里故意把"mycollege"打错为"mycolleg"，少了一个字母）。

```
Exception in thread "main" org.springframework.beans.factory.
UnsatisfiedDependencyException: Error creating bean with name 'student': Unsatisfied
dependency expressed through field 'college'; nested exception is org.springframework.
beans.factory.NoSuchBeanDefinitionException: No qualifying bean of type 'com.lifeng.entity.
College' available: expected at least 1 bean which qualifies as autowire candidate. Dependency
annotations: {@org.springframework.beans.factory.annotation.Autowired(required=true),
@org.springframework.beans.factory.annotation.Qualifier(value=mycolleg)}
```

结果是报错了，提示找不到匹配的 Bean。所以按名称注入域属性需要确保 Bean 的名称与注解一致。

@Autowired 还有一个属性 required，默认值为 true，表示当匹配失败时，终止程序运行。若将 required 的值设置为 false，则匹配失败，将被忽略而不会报错，未匹配的属性值为 null。

（4）将上一步的注解@Autowired 改为@Autowired(required=false)，@Qualifier("mycolleg")仍然用错的那个，代码如下。

```
@Component("student")
public class Student {
    @Value("1")
    private String sid;
    @Value("李白")
    private String sname;
    @Value("男")
    private String sex;
    @Value("18")
    private int age;
    @Autowired(required=false)
    @Qualifier("mycolleg")
    private College college;
//省略其他方法
}
```

再次运行测试类，结果如下。

学生编号：1 学生姓名：李白 学生性别：男 学生年龄：18

null

测试得知，这次 Bean 名称虽然匹配不上，但并没有报错，只是域属性没有注入值，显示为 null。

13.7.6　域属性注解@Resource

使用@Resource 注解既可以按名称匹配 Bean，也可以按类型匹配 Bean。

（1）按类型注入域属性

@Resource 注解若不带任何参数，则会按照类型进行 Bean 的匹配注入，示例代码如下。

```
@Component("student")
public class Student {
    @Value("1")
    private String sid;
    @Value("李白")
    private String sname;
    @Value("男")
    private String sex;
    @Value("18")
    private int age;
    @Resource
    private College college;
//省略其他方法
}
```

（2）按名称注入域属性。

@Resource 注解指定其 name 属性，则 name 的值即为按照名称进行匹配的 Bean 的 id。

```
@Component("student")
public class Student {
    @Value("1")
    private String sid;
    @Value("李白")
    private String sname;
    @Value("男")
    private String sex;
    @Value("18")
    private int age;
    @Resource(name="mycollege")
    private College college;
//省略其他方法
}
```

（3）测试类的关键代码如下。

```
public static void main(String[] args) {
    ApplicationContext context=new ClassPathXmlApplicationContext
("applicationContext.xml");
    Student stu=(Student) context.getBean("student");
    stu.show();
    System.out.println(stu.getCollege());
}
```

测试结果同前。

13.7.7　注解方式与 XML 配置方式的比较

注解方式的优点是：配置方便，直观。其缺点是：以硬编码的方式写入 Java 代码中，若要修改，就需要重新编译代码。

XML 配置方式的优点是：对其进行修改时，无须编译代码，只需重启服务器即可加载新的配置。

若注解方式与 XML 配置方式一起使用，则 XML 的优先级要高于注解方式。

上机练习

1. 使用 XML 配置方式，复制项目 spring06 为 springTest06，添加一个名为 Classes 的类，属性有班级编号、班级名称。修改 Student 类，添加 classes 属性。在配置文件中定义一个 id 为 classes 的 Bean，注入自定义的属性值，再在 id 为 student12 的 Bean 中引用这个 Bean。测试类 TestStudent8 输出学生的基本信息和所在班级的信息。

2. 需求同上，改为注解实现。

思考题

1. 基本类型如何注入属性值？
2. 集合类型如何注入属性值？
3. 域属性如何注入值？
4. 如何实现自动装配？
5. 注解有哪些？各有什么作用？

第 14 章 Spring 面向切面编程

本章目标

- ✧ 了解 AOP 编程的作用
- ✧ 了解切面、切点的概念
- ✧ 掌握使用 AspectJ 实现 AOP 的方法
- ✧ 掌握使用 XML 配置文件方式实现 AOP 的方法
- ✧ 掌握使用注解方式实现 AOP 的方法

AOP 是英文 Aspect Oriented Programming 的缩写，是面向切面编程的意思，一般用于主业务需要切入系统业务的场合。例如，主业务需要记录日志，可在不改变主业务代码的情况下，切入日志功能。除了切入日志，AOP 还可用于访问权限控制、事务管理、异常处理等系统级业务。

14.1 传统编程模式的弊端

学习下述案例，了解其中的弊端与解决问题的思路。

项目案例：在添加学生的同时输出日志。

实现步骤如下。

（1）新建项目 spring11，添加必需的 JAR 包，包结构如图 14.1 所示。

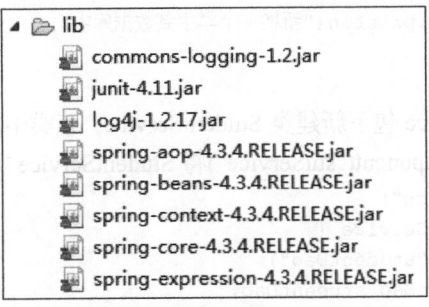

图 14.1 Spring 所需的 JAR 包

（2）在 src 下新建一个名为 log4j.properties 的文件，以便输出日志，代码如下。

```
# Global logging configuration
log4j.rootLogger=ERROR, stdout
# MyBatis logging configuration...
```

```
log4j.logger.com.lifeng=DEBUG
# Console output...
log4j.appender.stdout=org.apache.log4j.ConsoleAppender
log4j.appender.stdout.layout=org.apache.log4j.PatternLayout
log4j.appender.stdout.layout.ConversionPattern=%5p [%t] - %m%n
```

注意： 如果不想用日志也没关系，可以省略这一步，只需要用 System.out.println()代替下面出现的 log.info()语句即可。

（3）Spring 配置文件 applicationContext.xml 如下。

```xml
<?xml version="1.0" encoding="UTF-8"?>
<beans xmlns="http://www.springframework.org/schema/beans"
    xmlns:xsi="http://www.w3.org/2001/XMLSchema-instance"
    xmlns:context="http://www.springframework.org/schema/context" xsi:
schemaLocation="http://www.springframework.org/schema/beans
    http://www.springframework.org/schema/beans/spring-beans.xsd
    http://www.springframework.org/schema/context
    http://www.springframework.org/schema/context/spring-context.xsd">
<!-- bean definitions here -->
    <context:component-scan base-package="com.lifeng"/>
</beans>
```

（4）新建各种包，与之前项目相同，并在 com.lifeng.dao 包下新建 IStudentDao 接口、实现类 StudentDaoImpl，使用注解@Component("studentDao")将 StudentDaoImpl 定义为一个 Bean。

```java
public interface IStudentDao {
    public void show();
    public void addStudent();
}


@Component("studentDao")
public class StudentDaoImpl implements IStudentDao{
    @Override
    public void show() {
        System.out.println("学生姓名：李白，所在学校：砺锋科技");
    }
    @Override
    public void addStudent() {
        System.out.println("新增一个学生到数据库中");
    }
}
```

（5）在 com.lifeng.service 包下新建类 StudentService，该类中的 addStudent()方法用于完成新增学生的功能，使用注解@Component("stuService")将 StudentService 类定义为一个 Bean，参考代码如下。

```java
@Component("stuService")
public class StudentService {
    @Resource(name="studentDao")
    private IStudentDao studentDao;
    public void setStudentDao(IStudentDao studentDao) {
        this.studentDao = studentDao;
    }
    public void addStudent(){
        studentDao.addStudent();
    }
    public void show(){
        studentDao.show();
    }
```

}

如果想实现在 addStudent 操作时同时记录日志，则需修改代码如下。

```
import javax.annotation.Resource;
import org.apache.log4j.Logger;
import org.springframework.stereotype.Component;
import com.lifeng.dao.IStudentDao;
@Component("stuService")
public class StudentService {
    private static final Logger log=Logger.getLogger(StudentService.class);
    @Resource(name="studentDao")
    private IStudentDao studentDao;
    public void setStudentDao(IStudentDao studentDao) {
        this.studentDao = studentDao;
    }
    public void addStudent(){
        log.info("开始添加学生...");
        studentDao.addStudent();
        log.info("完成添加学生...");
    }
    public void show(){
        studentDao.show();
    }
}
```

嵌入日志的相关代码

也就是说，在主业务代码的开头和结尾位置分别添加输出日志的相关代码。

（6）新建测试类 TestStudent1。

```
public static void main(String[] args) {
    ApplicationContext context=new ClassPathXmlApplicationContext
("applicationContext.xml");
    StudentService stuService=(StudentService) context.getBean("stuService");
    stuService.addStudent();
}
```

测试结果如下。

```
INFO [main] - 开始添加学生...
新增一个学生到数据库中
INFO [main] - 完成添加学生...
```

可以看到，虽然在调用 addStudent()方法时实现了日志的输出，但这个程序有个问题，就是不得不在 addStudent()方法中的主业务代码前面添加 "log.info("开始添加学生...");" 语句，以及在主业务代码后面添加 "log.info("开始添加学生...");" 语句。这些语句以硬编码的方式混入主业务代码中，难于分割，可移植性差。另外，如果多种方法使用这些语句，则所有方法都要在头部、尾部反复编写这些代码，使程序变得更加复杂和冗余。如果要修改日志的格式之类的内容，则需进行频繁且大量的修改。

解决问题的思路就是将这些日志之类的功能独立出来，作为独立的一个或多个类，在需要时调用，而且最好不是显式的调用，因为如果是显式的调用，仍然要在目标方法的前面或后面嵌入代码，改进效果有限，最好能自动调用。例如，在上面这个案例中，addStudent()方法只保留主业务代码，不混入任何有关日志的代码，但通过第三方的配置，让 addStudent()方法执行时自动调用有关日志的功能，日志的功能本身也单独成一个类或多个类。

这种设想就是一种面向切面编程（AOP）的思想。可以把日志的功能想象为一个切面，切入目标类的 addStudent()方法的开始部位或结束部位，可把开始或结束的部位想象为切点。

14.2 AOP 初试身手

先了解如下基本概念。

① 切面：一个单独的类，通常在此类中定义一些辅助功能或系统级功能的方法，如日志、权限管理、异常处理、事务处理等。这个类中的方法在需要时可以切入主业务方法（切点），可以在主业务方法的前面、后面等位置。

② 切点：主业务类的有些方法只专注于完成核心业务逻辑，不混入一些辅助性的功能，可以把这些方法定义为切点，切点就是确定什么位置放置切面。

③ 通知：切点是确定了使用切面的位置，但什么时候应用切面就由通知来决定，例如可以通知在切点方法执行前或在切点方法执行后，或者在出现异常时应用切面，这个时机称为通知。

④ 织入：切面和切点都是独立的功能类，通过织入才能让切面切入切点中，所以织入就是一种配置过程，让切面能够精确地切入指定的位置。

项目案例： 用面向切面编程的方式改造 14.1 节的项目。

实现步骤如下。

（1）将项目 spring11 复制为 spring12，添加 JAR 包，如图 14.2 所示。

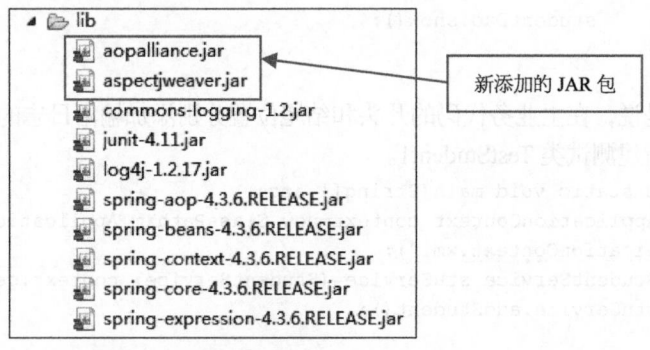

图 14.2 新添加的 JAR 包

（2）修改 StudentService 类，删除有关日志功能的代码，只保留主业务代码，这个类的 addStudent() 方法将作为切点。

```
@Component("stuService")
public class StudentService {
    @Resource(name="studentDao")
    private IStudentDao studentDao;
    public void setStudentDao(IStudentDao studentDao) {
        this.studentDao = studentDao;
    }
    public void addStudent(){
        studentDao.addStudent();
    }
    public void show(){
        studentDao.show();
    }
}
```

（3）新建名为 com.lifeng.aop 的包，包下新建一个名为 LoggerBefore 的类，这个类将作为一个切面，拟作为记录开头的日志。

```
public class LoggerBefore implements MethodBeforeAdvice{
    private static final Logger log=Logger.getLogger(LoggerBefore.class);
```

```
        @Override
        public void before(Method arg0, Object[] arg1, Object arg2) throws Throwable {
            log.info("开始添加学生...");
        }
    }
```

该方法实现了一个叫 **MethodBeforeAdvice**（前置通知）的接口，意味着将来这个方法会作用到切入目标的开始部位。

（4）在包 **com.lifeng.aop** 下新建一个名为 **LoggerAfterReturning** 的类，这个类将作为一个切面，拟作为记录结束位置的日志。

```
    public class LoggerAfterReturning implements AfterReturningAdvice{
        private static final Logger log=Logger.getLogger(LoggerAfterReturning.class);
        @Override
        public void afterReturning(Object arg0, Method arg1, Object[] arg2, Object arg3)
    throws Throwable {
            log.info("完成添加学生...");
        }
    }
```

该方法实现了一个叫 **AfterReturningAdvice**（后置通知）的接口，意味着将来这个方法会作用到切入目标的结束部位。

从上面几个类来看，主业务功能和辅助的日志功能已用不同的类完全分开，不存在交叉。接下来修改配置文件，让主业务能调用到辅助的日志功能。

（5）修改配置文件。

首先要引入 AOP 约束，请参考 Spring 解压缩文件包中的文件：**spring-framework-4.3.4.RELEASE-dist/spring-framework-4.3.4.RELEASE/docs/spring-framework-reference/html/xsd-configuration.html**，如图 14.3 所示。

§ 41.2.7 the aop schema

The `aop` tags deal with configuring all things AOP in Spring: this includes Spring's own proxy-based AOP framework and Spring's integration with the AspectJ AOP framework. These tags are comprehensively covered in the chapter entitled Chapter 11, *Aspect Oriented Programming with Spring*.

In the interest of completeness, to use the tags in the `aop` schema, you need to have the following preamble at the top of your Spring XML configuration file; the text in the following snippet references the correct schema so that the tags in the `aop` namespace are available to you.

```xml
<?xml version="1.0" encoding="UTF-8"?>
<beans xmlns="http://www.springframework.org/schema/beans"
    xmlns:xsi="http://www.w3.org/2001/XMLSchema-instance"
    xmlns:aop="http://www.springframework.org/schema/aop" xsi:schemaLocation="
        http://www.springframework.org/schema/beans http://www.springframework.org/schema/beans/spring-beans.xsd
        http://www.springframework.org/schema/aop http://www.springframework.org/schema/aop/spring-aop.xsd"> <!-- bean definitions here -->

</beans>
```

图 14.3　AOP 约束

```xml
<?xml version="1.0" encoding="UTF-8"?>
<beans xmlns="http://www.springframework.org/schema/beans"
    xmlns:xsi="http://www.w3.org/2001/XMLSchema-instance"
    xmlns:aop="http://www.springframework.org/schema/aop"
    xmlns:context="http://www.springframework.org/schema/context"
    xsi:schemaLocation="
        http://www.springframework.org/schema/beans
        http://www.springframework.org/schema/beans/spring-beans.xsd
        http://www.springframework.org/schema/context
        http://www.springframework.org/schema/context/spring-context.xsd
        http://www.springframework.org/schema/aop
        http://www.springframework.org/schema/aop/spring-aop.xsd">
```

引入 AOP

```
<context:component-scan base-package="com.lifeng"/>
    <!--定义切面-->                                                    1. 定义切面
<bean id="loggerBefore" class="com.lifeng.aop.LoggerBefore"/>
<bean id="loggerAfterReturning" class="com.lifeng.aop.LoggerAfterReturning"/>
<aop:config>
        <!-- 定义切点 -->                                               2. 定义切点
        <aop:pointcut expression="execution(* com.lifeng.service.StudentService.
    addStudent())" id="pointcut"/>
        <!-- 通知切点，切入 advice-ref 指定的 Bean（切面）里面的方法，切入位置在前还是在后由切面的
接口决定 -->                                                            3. 通知切点
        <aop:advisor pointcut-ref="pointcut" advice-ref="loggerBefore"/>
        <aop:advisor pointcut-ref="pointcut" advice-ref="loggerAfterReturning"/>
    </aop:config>
</beans>
```

注意要引入 xmlns:aop=http://www.springframework.org/schema/aop 约束。其基本流程是：先定义切面，再定义切点，最后通知切点切入切面，完成织入。

在上述代码中，<aop:config>的配置是关键，正是它实现了在主业务的切点位置切入的功能（切面）；<aop:pointcut>子标签用于定义切点，可以用一个也可以用模糊匹配多个方法作为切点，id 是切点的名称，expression 则匹配方法，凡匹配上的方法都将设置为切点。在本例中，expression="execution(* com.lifeng.service.StudentService.addStudent())"只匹配一个切点。

切点匹配规则的解释如下。

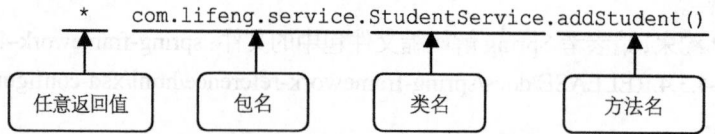

上述语句的意思是：将 com.lifeng.service 包下的 StudentService 类的 addStudent()方法设置为切点。

在更多的情况下，需要设置多个方法作为切点，所以要用到模糊匹配，常用的匹配手法如下所示。

上述语句的意思是：将 com.lifeng.service 包下的所有类的所有方法均设置为切点。

其他可能用到的方法如表 14.1 所示。

表 14.1　常用的定义切点的方法

表达式	说明
execution(public * *(...))	指定切点为任意公共方法
execution(* save *(...))	指定切点为任何一个以"save"开始的方法
execution(* com.lifeng.service.*.*(...))	指定切点为定义在 service 包中的任意类的任意方法
execution(* *.service.*.doAdd())	指定只有一级的包中的 service 子包下的所有类中的 doAdd()方法为切点
execution(* *..service.*. doAdd ())	指定所有包中的 service 子包下的所有类中的 doAdd()方法为切点
execution(* com.lifeng.service.IStudentService.*(...))	指定切点为 IStudentService 接口中的任意方法

表达式	说明
execution(* com.lifeng.service. IStudentService +.*(...))	指定切点：IStudentService 若为接口，则为接口中的任意方法及其所有实现类中的任意方法；若为类，则为该类及其子类中的任意方法
execution(*doRegister (String,*))	指定切点：所有的 doRegister()方法，该方法的第 1 个参数为 String，第 2 个参数可以是任意类型，如 doRegister(String s1,String s2)和 doRegister(String s1,double d2)都匹配。

（6）测试类的代码如下。

```
public static void main(String[] args) {
    ApplicationContext context=new ClassPathXmlApplicationContext
("applicationContext.xml");
    StudentService stuService=(StudentService) context.getBean("stuService");
    stuService.addStudent();
}
```

测试结果如下。

INFO [main] - 开始添加学生...

新增一个学生到数据库中

INFO [main] - 完成添加学生...

通过这个案例可以发现，主业务和辅助业务完全可以分开，可以将辅助业务想象为一个切面，将主业务想象为切点，通过 Spring 的配置将切面切入主业务的切点。这就是 AOP 编程的好处。这种编程也可理解为主业务的一种功能扩展，无须改动主业务类的代码，即可实现功能的扩展或增强。前面提到的 LoggerBefore 类看作一种前置增强，或者叫前置通知；LoggerAfterReturning 类看作一种后置增强，或者叫后置通知。

14.3 AspectJ

AspectJ 实现了 AOP 的功能，且实现方式更简捷，使用更方便，并且还支持注解式开发。Spring 已将 AspectJ 的对 AOP 的实现也引入了自己的框架中。

在 Spring 中使用 AOP 开发时，一般使用 AspectJ 的实现方式。AspectJ 是一个面向切面的框架，定义了 AOP 的语法。AspectJ 有一个专门的编译器用来生成遵守 Java 字节编码规范的 Class 文件。14.2 节中的案例用的正是 AspectJ 的实现方式，项目中引入了 aspectjweaver.jar 包。

AspectJ 通过通知来完成将切面切入到切点（织入）的过程。根据 AspectJ 切点的位置和通知的时机，AspectJ 中常用的通知有 5 种类型。

（1）前置通知：MethodBeforeAdvice。

（2）后置通知：AfterReturningAdvice。

（3）环绕通知：MethodInterceptor。

（4）异常通知：ThrowsAdvice。

（5）最终通知：AfterAdvice。

其中，最终通知是指无论程序执行是否正常，该通知都会执行。类似 Java SE 中 try…catch…finally 的 finally 代码块。

除了上例提到的前置增强（前置通知）和后置增强（后置通知）外，下面介绍其他的通知类型。下文中的异常抛出异常也叫异常通知，环绕增强也称环绕通知。

14.3.1 异常抛出增强

（1）将项目 spring12 复制为 spring13，在 com.lifeng.aop 包下新建一个名为 ErrorLogger 的类，实现 ThrowsAdvice 接口。

```java
public class ErrorLogger implements ThrowsAdvice{
    private static final Logger log=Logger.getLogger(ErrorLogger.class);
    public void afterThrowing(Method arg0, Object[] arg1, Object arg2,RuntimeException e){
        log.error(arg0.getName()+"这个方法发生了异常"+"异常信息: "+e);
    }
}
```

（2）在 StudentService 下新建一个方法。

```java
public void method(){
    int num=10/0;
    System.out.println("test!");
}
```

（3）修改配置文件。

```xml
<?xml version="1.0" encoding="UTF-8"?>
<beans xmlns="http://www.springframework.org/schema/beans"
    xmlns:xsi="http://www.w3.org/2001/XMLSchema-instance"
    xmlns:aop="http://www.springframework.org/schema/aop"
    xmlns:context="http://www.springframework.org/schema/context"
    xsi:schemaLocation="
        http://www.springframework.org/schema/beans
        http://www.springframework.org/schema/beans/spring-beans.xsd
        http://www.springframework.org/schema/context
        http://www.springframework.org/schema/context/spring-context.xsd
        http://www.springframework.org/schema/aop
        http://www.springframework.org/schema/aop/spring-aop.xsd">
    <context:component-scan base-package="com.lifeng"/>
    <!--定义切面-->                                            1. 定义切面
    <bean id="errorLogger" class="com.lifeng.aop.ErrorLogger"/>
    <bean id="loggerBefore" class="com.lifeng.aop.LoggerBefore"/>
    <bean id="loggerAfterReturning" class="com.lifeng.aop.LoggerAfterReturning"/>
    <aop:config>
        <!-- 定义切点 1 -->                                   2. 定义切点
        <aop:pointcut expression="execution(* com.lifeng.service.
StudentService.method())" id="pointcut1"/>
        <!-- 定义切点 2 -->
        <aop:pointcut expression="execution(* com.lifeng.service.StudentService.
addStudent())" id="pointcut2"/>
        <!-- 通知切点 1-->                                    3. 通知切点
        <aop:advisor pointcut-ref="pointcut1" advice-ref="errorLogger"/>
        <!-- 通知切点 2，切入 advice-ref 指定的 Bean（切面）里面的方法，切入位置在前还是在后由切面
的接口决定 -->
        <aop:advisor pointcut-ref="pointcut2" advice-ref="loggerBefore"/>
        <aop:advisor pointcut-ref="pointcut2" advice-ref="loggerAfterReturning"/>
    </aop:config>
</beans>
```

将 ErrorLogger 定义为一个切面，将 StudentService 类中的 method()方法定义为切点 pointcut1，使用通知实现切面 ErrorLogger 切入切点 method()的功能。

由上面代码也可发现，可以有多个切面、切点，只要 id 不同就不会冲突。此处原来的切点 pointcut

改名为 pointcut2。

（4）测试类的关键代码如下。

```
public static void main(String[] args) {
    public static void main(String[] args) {
    ApplicationContext context=new ClassPathXmlApplicationContext
("applicationContext.xml");
    StudentService stuService=(StudentService) context.getBean("stuService");
    stuService.addStudent();
    stuService.method();
}
```

（5）测试结果如下。

```
INFO [main] - 开始添加学生...
新增一个学生到数据库中
INFO [main] - 完成添加学生...
ERROR [main] - method 这个方法发生了异常信息:
Exception in thread "main" java.lang.ArithmeticException: / by zero
```

可以看到除了原来的日志继续有效外，异常通知也起到了作用。

14.3.2　环绕增强

环绕增强可以在目标方法的前后都切入增强功能，类似拦截器。Spring 把控制权交给环绕增强，可以获取目标方法的参数、返回值，可以进行异常处理、权限控制，也可以决定目标方法是否执行。

实现步骤如下。

（1）在 com.lifeng.aop 包下新建类 AroundLog，实现 MethodInterceptor 接口，将作为切面，代码如下。

```
public class AroundLog implements MethodInterceptor{
    private static final Logger log=Logger.getLogger(ErrorLogger.class);
    @Override
    public Object invoke(MethodInvocation arg0) throws Throwable {
        log.info(arg0.getMethod()+"方法执行之前...");
        Object result=arg0.proceed();//执行目标方法
        log.info(arg0.getMethod()+"方法执行之后...");
        return result;
    }
}
```

（2）在 StudentService 下新建一个方法 method2()，将作为切点。

```
public void method2(){
    System.out.println("test 测试环绕通知! ");
}
```

（3）修改配置文件。

```
<?xml version="1.0" encoding="UTF-8"?>
<beans xmlns="http://www.springframework.org/schema/beans"
    xmlns:xsi="http://www.w3.org/2001/XMLSchema-instance"
    xmlns:aop="http://www.springframework.org/schema/aop"
    xmlns:context="http://www.springframework.org/schema/context"
    xsi:schemaLocation="
        http://www.springframework.org/schema/beans
        http://www.springframework.org/schema/beans/spring-beans.xsd
        http://www.springframework.org/schema/context
```

```
                http://www.springframework.org/schema/context/spring-context.xsd
                http://www.springframework.org/schema/aop
                http://www.springframework.org/schema/aop/spring-aop.xsd">
        <context:component-scan base-package="com.lifeng"/>
        <!--定义切面-->
        <bean id="aroundLogger" class="com.lifeng.aop.AroundLog"/>
        <bean id="errorLogger" class="com.lifeng.aop.ErrorLogger"/>
        <bean id="loggerBefore" class="com.lifeng.aop.LoggerBefore"/>
        <bean id="loggerAfterReturning" class="com.lifeng.aop.LoggerAfterReturning"/>
        <aop:config>
            <!-- 定义切点 1 -->
            <aop:pointcut expression="execution(* com.lifeng.service.StudentService.
    method())" id="pointcut1"/>
            <!-- 定义切点 2 -->
            <aop:pointcut expression="execution(* com.lifeng.service.StudentService.
    addStudent())" id="pointcut2"/>
            <!-- 定义切点 3 -->
            <aop:pointcut expression="execution(* com.lifeng.service.StudentService.
    method2())" id="pointcut3"/>
            <!-- 通知切点 1-->
            <aop:advisor pointcut-ref="pointcut1" advice-ref="errorLogger"/>
            <!-- 通知切点 2, 切入 advice-ref 指定的 Bean（切面）里面的方法, 切入位置在前还是在后由切面
的接口决定 -->
            <aop:advisor pointcut-ref="pointcut2" advice-ref="loggerBefore"/>
            <aop:advisor pointcut-ref="pointcut2" advice-ref="loggerAfterReturning"/>
            <!-- 通知切点 3-->
            <aop:advisor pointcut-ref="pointcut3" advice-ref="aroundLogger"/>
        </aop:config>
    </beans>
```

（4）新建测试类 TestStudent2。

```
public static void main(String[] args) {
    ApplicationContext context=new ClassPathXmlApplicationContext
("applicationContext.xml");
    StudentService stuService=(StudentService) context.getBean("stuService");
    stuService.method2();
}
```

测试结果如下。

```
INFO [main] - public void com.lifeng.service.StudentService.method2()方法执行之前...
test 测试环绕通知!
INFO [main] - public void com.lifeng.service.StudentService.method2()方法执行之后...
```

上述代码简单地在目标方法的前面和后面输出了日志，相当于环绕着目标方法做了一些事情，功能上相当于同时实现了前置通知和后置通知。如果要进行权限控制，显然只要在调用 arg0.proceed() 执行目标方法之前进行就可以了，权限检查未通过的则不调用 arg0.proceed()方法，表示不执行目标方法。

14.4 使用注解实现通知

上述增强类（定义为切面的类，也可称为切面类）都是通过实现各种特定接口来实现的，缺点是必须实现特定接口，且一个类基本只有一个重写方法是有用的。普通的类（不实现特定的接口）能否作为切面呢？对普通的类不实现这些特定的接口，通过注解也可转化为增强类（切面类）。

增强类是用于定义增强代码的，即用于定义增强目标类中的目标方法的增强方法。这些增强方法使用不同的"通知"注解，会在不同的时间点完成织入。当然，增强代码还要通过 execution 表达式指定具体应用的目标类与目标方法，即切入点。

项目案例：将一个普通类用注解转化为增强类。

实现步骤如下。

（1）将项目 spring13 复制为 spring14，在 com.lifeng.aop 包下新建一个名为 MyLog 的类，不实现任何接口。

```
public class MyLog {
    private static final Logger log=Logger.getLogger(ErrorLogger.class);
    public void beforeMethod(){
        log.info("开始执行方法...");
    }
    public void afterMethod(){
        log.info("完成执行方法...");
    }
}
```

（2）在类 MyLog 中添加注解，将其转化为增强类（切面类）。

```
@Aspect
public class MyLog {
    private static final Logger log=Logger.getLogger(ErrorLogger.class);
    @Before("execution(* com.lifeng.service.StudentService.addStudent())")
    public void beforeMethod(){
        log.info("开始执行方法...");
    }
    @AfterReturning("execution(* com.lifeng.service.StudentService.addStudent())")
    public void afterMethod(){
        log.info("完成执行方法...");
    }
}
```

在上述代码中，@Aspect 注解将 MyLog 类定义为切面；@Before 注解用于将目标方法配置为前置增强（前置通知）；@AfterReturning 注解用于将目标方法配置为后置增强（后置通知）；execution 用于定义切点。此外@Around 用于定义环境增强（环绕通知），@AfterThrowing 用于配置异常通知。

@After 也是后置通知，与@AfterReturning 很相似。它们的区别在于：@AfterReturning 在方法执行完毕后返回，可以有返回值；@After 没有返回值。

（3）清空原配置文件中的代码，修改为以下代码。

```
<?xml version="1.0" encoding="UTF-8"?>
<beans xmlns="http://www.springframework.org/schema/beans"
    xmlns:xsi="http://www.w3.org/2001/XMLSchema-instance"
    xmlns:aop="http://www.springframework.org/schema/aop"
    xmlns:context="http://www.springframework.org/schema/context"
    xsi:schemaLocation="
        http://www.springframework.org/schema/beans
        http://www.springframework.org/schema/beans/spring-beans.xsd
        http://www.springframework.org/schema/context
        http://www.springframework.org/schema/context/spring-context.xsd
        http://www.springframework.org/schema/aop
        http://www.springframework.org/schema/aop/spring-aop.xsd">
    <context:component-scan base-package="com.lifeng"/>
    <aop:aspectj-autoproxy/>
    <bean id="myLog" class="com.lifeng.aop.MyLog"/>
```

上述代码中的关键是<aop:aspectj-autoproxy/>这条语句，其启动了对@AspectJ 注解的支持。还有添加了注解的类也要在配置文件中创建一个 Bean。具体到本案例，必须有<bean id="myLog"class="com.lifeng.aop.MyLog"/>这个配置。可以发现，使用了注解后，配置文件大大简化了。

（4）测试类 TestStudent1 的关键代码如下。

```
public static void main(String[] args) {
    ApplicationContext context=new ClassPathXmlApplicationContext
("applicationContext.xml");
    StudentService stuService=(StudentService) context.getBean("stuService");
    stuService.addStudent();
}
```

测试结果如下。

```
INFO [main] - 开始执行方法...
新增一个学生到数据库中
INFO [main] - 完成执行方法...
```

14.5 使用 XML 定义切面

上述增强类，要么用到了特定接口，要么用到了注解，各有不足之处。使用注解有个问题，就是直接在类里面编写注解，不能分离，不方便修改与维护。其实还有一种办法，既不需要实现任何特定接口，也不需要用注解，只需在第三方的配置文件中配置一下，即可让普通的类具有增强类的效果，这就是使用 XML 配置文件的方式定义切面的方法，这也是目前最常用的 AOP 方式。切面还可以获取切点方法的参数，也可不获取。先来熟悉一下在 XML 中配置 AspectJ 的若干标签的含义，如表 14.2 所示。

表 14.2　配置 AspectJ 的标签

标签名称	解释
<aop:config>	配置 AOP，实现将一个普通类设置为切面类的功能
<aop:aspect>	配置切面
<aop:pointcut>	定义切点
<aop:before>	配置前置通知，将一个切面方法设置为前置增强
<aop:after-returning>	配置后置通知，将一个切面方法设置为后置增强，可有返回值
<aop:around>	配置环绕通知
<aop:after-throwing>	配置异常通知，将一个切面方法设置为异常抛出增强
<aop:after>	配置最终通知，将一个切面方法设置为后置增强，无返回值，无论是否异常都执行

14.5.1　切面不获取切点方法的参数

项目案例：通过 XML 配置方式，让一个普通的类有前置、后置增强的效果。

实现步骤如下。

（1）复制 spring14 为 spring15，新建一个名为 MyLogger 的普通类，该类不实现特定接口，也不加注解。

```
public class MyLogger {
    private static final Logger log=Logger.getLogger(MyLogger.class);
    public void beforeMethod(){
```

```
        log.info("开始执行方法...");
    }
    public void afterMethod(){
        log.info("完成执行方法...");
    }
}
```

（2）清空原配置文件，修改为如下代码。

```xml
<?xml version="1.0" encoding="UTF-8"?>
<beans xmlns="http://www.springframework.org/schema/beans"
    xmlns:xsi="http://www.w3.org/2001/XMLSchema-instance"
    xmlns:aop="http://www.springframework.org/schema/aop"
    xmlns:context="http://www.springframework.org/schema/context"
    xsi:schemaLocation="
        http://www.springframework.org/schema/beans
        http://www.springframework.org/schema/beans/spring-beans.xsd
        http://www.springframework.org/schema/context
        http://www.springframework.org/schema/context/spring-context.xsd
        http://www.springframework.org/schema/aop
        http://www.springframework.org/schema/aop/spring-aop.xsd">
    <context:component-scan base-package="com.lifeng"/>
    <!-- 定义切面 -->                                    1. 定义切面
    <bean id="myLogger" class="com.lifeng.aop.MyLogger"/>
    <aop:config>
        <!-- 定义切点 -->                                2. 定义切点
        <aop:pointcut expression="execution(* com.lifeng.service.*.*(..))" id="pointcut"/>
        <!-- 引用包含增强方法的 Bean（切面），设置各种通知 -->
        <aop:aspect ref="myLogger">                      3. 通知切点
            <!-- 将切面的 beforeMethod() 方法设置为前置增强 -->
            <aop:before method="beforeMethod" pointcut-ref="pointcut"></aop:before>
            <!-- 将切面的 afterMethod() 方法设置为后置增强，有返回值 -->
            <aop:after-returning method="afterMethod" pointcut-ref="pointcut">
            </aop:after-returning>
        </aop:aspect>
    </aop:config>
</beans>
```

（3）测试类的代码如下。

```
public static void main(String[] args) {
    ApplicationContext context=new ClassPathXmlApplicationContext
("applicationContext.xml");
    StudentService stuService=(StudentService) context.getBean("stuService");
    stuService.addStudent();
}
```

测试结果如下。

```
INFO [main] - 开始执行方法...
新增一个学生到数据库中
INFO [main] - 完成执行方法...
```

注意： 切入点可有多个，根据需要引用。

14.5.2　切面获取切点方法的参数与返回值

项目案例： 将一个普通类设置为切面，同时能够获取切点方法的参数以及切点方法的返回值。

实现步骤如下。

（1）将项目 spring15 复制为 spring16，新建一个名为 MyAspect 的普通类，代码如下。

```
public class MyAspect {
    public void beforeSave(String studentName){
        System.out.println("开始执行添加...名为"+studentName+"的学生");
    }
    public void afterSave(String studentName){
        System.out.println("完成执行添加...名为"+studentName+"的学生\n\n");
    }
    public void beforeUpdate(String id,String name,String sex,int age){
        System.out.println("开始执行修改...编号 id 为: "+id+",名为: "+name+",性别为: "+sex+",
年龄为: "+age+"的学生");
    }
    public void afterUpdate(String id,String name,String sex,int age){
        System.out.println("完成执行修改...编号 id 为: "+id+",名为: "+name+",性别为: "+sex+",
年龄为: "+age+"的学生\n\n");
    }
    public void beforeDelete(){
        System.out.println("开始删除学生, 返回 start deleting");
    }
    //切面获取到切点的返回值
    public void afterDelete(String result){
        System.out.println(result+"\n\n");
    }
    public void throwMethod(Throwable t){
        System.out.println("出现异常啦, 异常信息: "+t.getMessage());
    }
}
```

（2）修改 StudentService 类，添加几个方法，代码如下。

```
@Component("stuService")
public class StudentService {
    public StudentService(){
    }
    public void save(String studentName){
        System.out.println("向数据库中保存学生信息...");
    }
    public void update(String id,String name,String sex,int age){
        System.out.println("向数据库中修改学生信息...");
    }
    public String delete(){
        System.out.println("向数据库中删除学生信息...");
        return "删除成功返回 success";
    }
    public void methodThrow(){
        Integer.parseInt("a");
    }
}
```

（3）对 Spring 配置文件进行如下修改。

```
<?xml version="1.0" encoding="UTF-8"?>
<beans xmlns="http://www.springframework.org/schema/beans"
    xmlns:xsi="http://www.w3.org/2001/XMLSchema-instance"
    xmlns:aop="http://www.springframework.org/schema/aop"
```

```
xmlns:context="http://www.springframework.org/schema/context"
xsi:schemaLocation="
    http://www.springframework.org/schema/beans
    http://www.springframework.org/schema/beans/spring-beans.xsd
    http://www.springframework.org/schema/context
    http://www.springframework.org/schema/context/spring-context.xsd
    http://www.springframework.org/schema/aop
    http://www.springframework.org/schema/aop/spring-aop.xsd">
<context:component-scan base-package="com.lifeng"/>
<!-- 定义切面 -->
<bean id="myAspect" class="com.lifeng.aop.MyAspect"/>
<aop:config>
    <!-- 定义切点 -->
    <aop:pointcut expression="execution(* com.lifeng.service.StudentService.save
(String)) and args(studentName)" id="pointcut1"/>
    <aop:pointcut expression="execution(* com.lifeng.service.StudentService.
update(String,String,String,int)) and args(id,name,sex,age)" id="pointcut2"/>
    <aop:pointcut expression="execution(* com.lifeng.service.StudentService.
delete())" id="pointcut3"/>
    <aop:pointcut expression="execution(* com.lifeng.service.StudentService.*
(..))" id="pointcut"/>
    <!--配置切面，引用切面的 Bean -->
    <aop:aspect ref="myAspect">
        <aop:before method="beforeSave" pointcut-ref="pointcut1"/>
        <aop:after method="afterSave" pointcut-ref="pointcut1"/>

        <aop:before method="beforeUpdate" pointcut-ref="pointcut2"/>
        <aop:after method="afterUpdate" pointcut-ref="pointcut2"/>

        <aop:before method="beforeDelete" pointcut-ref="pointcut3"/>
        <aop:after-returning method="afterDelete" pointcut-ref="pointcut3"
returning="result"/>

        <aop:after-throwing method="throwMethod" pointcut-ref="pointcut"
throwing="t"/>

    </aop:aspect>
</aop:config>
</beans>
```

注意：expression="execution(* com.lifeng.service.StudentService.save(String)) and args(studentName)"在定义切点的同时还声明了该切点方法的形式参数，用于传递给切面。该参数名称需在几个地方保持一致（分别是切点、切面、配置文件，都用同一个名称）。

<aop:after-returning method="afterDelete"pointcut-ref="pointcut3"returning="result"/>在通知标签的同时声明了用于返回值的参数。该参数名称与切面类中的 **afterDelete()**方法中的参数名称也要一致。这样切面就可获取到切点方法中的返回值。

（4）测试类 **TestStudent1** 的代码如下。

```
public static void main(String[] args) {
    ApplicationContext context=new ClassPathXmlApplicationContext
("applicationContext.xml");
    StudentService stuService=(StudentService) context.getBean("stuService");
    stuService.save("张三");
    stuService.update("1", "李四", "女", 18);
    stuService.delete();
```

```
            stuService.methodThrow();
}
```

测试结果如下。

开始执行添加...名为张三的学生
向数据库中保存学生信息...
完成执行添加...名为张三的学生

开始执行修改...编号 id 为：1，名为：李四，性别为：女，年龄为：18 的学生
向数据库中修改学生信息...
完成执行修改...编号 id 为：1，名为：李四，性别为：女，年龄为：18 的学生

开始删除学生，返回 start deleting
向数据库中删除学生信息...
删除成功返回 success

出现异常啦，异常信息：For input string: "a"
Exception in thread "main" java.lang.NumberFormatException: For input string: "a"

可见切面获取了切点方法的参数，甚至还获取了切点方法的返回值。

上机练习

复制项目 spring16，在 StudentService 类中添加 Method01()、Method02(String myname)和 Method03() 方法，再在 com.lifeng.aop 包下新建一个名为 MyApsect2 的类，用来做切面，在该类中定义 beforeMethod01、afterMethod01、beforeMethod02、afterMethod02、afterReturningMethod03 方法，其中，beforeMethod02、afterMethod02 用于获取并输出切点的参数，afterReturningMethod03 方法要能输出返回值。

思考题

1. 通知类型有哪些？
2. 切面如何获取切点的参数？

第15章 Spring 操作数据库

本章目标
- ✧ 掌握使用 JdbcTemplate 模板操作数据库的方法
- ✧ 掌握各种数据源的配置方法

15.1 使用 JdbcTemplate 模板操作数据库

针对原始 JDBC 操作数据的代码比较复杂、冗长的问题，Spring 专门提供了一个模板类 JdbcTemplate 来简化 JDBC 的操作。

项目案例：用 Spring 操作数据库 Student，实现增、删、改、查数据的功能。

实现步骤如下。

（1）新建项目 spring17，导入 JAR 包，包结构如图 15.1 所示。

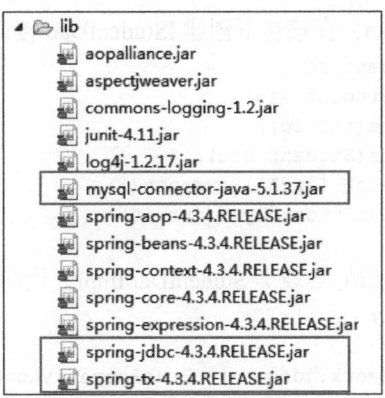

▲ 📂 lib
    📄 aopalliance.jar
    📄 aspectjweaver.jar
    📄 commons-logging-1.2.jar
    📄 junit-4.11.jar
    📄 log4j-1.2.17.jar
    📄 mysql-connector-java-5.1.37.jar
    📄 spring-aop-4.3.4.RELEASE.jar
    📄 spring-beans-4.3.4.RELEASE.jar
    📄 spring-context-4.3.4.RELEASE.jar
    📄 spring-core-4.3.4.RELEASE.jar
    📄 spring-expression-4.3.4.RELEASE.jar
    📄 spring-jdbc-4.3.4.RELEASE.jar
    📄 spring-tx-4.3.4.RELEASE.jar

图 15.1 所需的 JAR 包

其中，需特别注意以下三个 JAR 包：mysql-connector-java-5.1.37.jar、spring-jdbc-4.3.4.RELEASE.jar、spring-tx-4.3.4.RELEASE.jar。

（2）创建名为 studentdb 的 MySQL 数据库，创建表 student 的代码如下。

```
create table student (
    id double,
    studentname varchar(60),
    gender varchar(6),
    age double,
    classno varchar (30)
);
```

```
        insert into student (id, studentname, gender, age, classno) values('1','张飞','男','18',
'201801');
        insert into student (id, studentname, gender, age, classno) values('2','李白','男','20',
'201801');
        insert into student (id, studentname, gender, age, classno) values('3','张无忌','男','19',
'201801');
        insert into student (id, studentname, gender, age, classno) values('4','赵敏','女','17',
'201801');
```

（3）新建包 com.lifeng.entity，在该包下创建名为 Student 的持久化类，代码如下。

```java
public class Student {
    private String sid;
    private String sname;
    private String sex;
    private int age;
    public Student(){
    }
    public Student(String sid,String sname,String sex,int age){
        this.sid=sid;
        this.sname=sname;
        this.sex=sex;
        this.age=age;
    }
    public void show(){
        System.out.println("学生编号："+sid+" 学生姓名："+sname+" 学生性别："+sex+" 学生年
龄："+age);
    }
    //省略 setter()、getter()方法
}
```

（4）新建包 com.lifeng.dao，在该包下创建 IStudentDao 接口，代码如下。

```java
public interface IStudentDao {
    public void add(Student stu);
    public void delete(int id);
    public void update(Student stu);
    public List<Student> findAllStudents();
    public Student findStudentById(int id);
}
```

（5）创建 IStudentDao 接口的实现类 StudentDaoImpl，代码如下。

```java
package com.lifeng.dao;
import java.util.List;
import org.springframework.jdbc.core.BeanPropertyRowMapper;
import org.springframework.jdbc.core.JdbcTemplate;
import org.springframework.jdbc.core.RowMapper;
import com.lifeng.entity.Student;
public class StudentDaoImpl implements IStudentDao{
    JdbcTemplate jdTemplate;
    public JdbcTemplate getJdTemplate() {
        return jdTemplate;
    }
    public void setJdTemplate(JdbcTemplate jdTemplate) {
        this.jdTemplate = jdTemplate;
    }
    @Override
    public void add(Student stu) {
        String sql="insert into student(id,studentname,gender,age) values(?,?,?,?)";
```

```
        Object[] params={stu.getSid(),stu.getSname(),stu.getSex(),stu.getAge()};
        jdTemplate.update(sql,params);
    }
    @Override
    public void delete(int id) {
        String sql="delete from student where id=?";
        Object[] params={id};
        jdTemplate.update(sql,params);
    }
    @Override
    public void update(Student stu) {
        String sql="update student set studentname=?,gender=?,age=? where id=?";
        Object[] params={stu.getSname(),stu.getSex(),stu.getAge(),stu.getSid()};
        jdTemplate.update(sql,params);
    }
    @Override
    public List<Student> findAllStudents() {
        String sql="select id as sid, studentname as sname,gender as sex,age from
student";
        RowMapper<Student> rowMapper=new BeanPropertyRowMapper<Student>
(Student.class);
        List<Student> list=jdTemplate.query(sql, rowMapper);
        return list;
    }
    @Override
    public Student findStudentById(int id) {
        String sql="select id as sid, studentname as sname,gender as sex,age  from
student where id=?";
        Object[] params={id};
        RowMapper<Student> rowMapper=new BeanPropertyRowMapper<Student>
(Student.class);
        Student student=jdTemplate.queryForObject(sql, params,rowMapper);
        return student;
    }}
```

　　上面代码定义了 **JdbcTemplate** 类型的 **jdTemplate** 对象的属性，通过这个对象可以方便地操作数据库。在上面代码中，**JdbcTemplate** 用到的各种增、删、改、查方法下面会有详细介绍。但这个对象目前还没实例化，显然等待下一步在配置文件中注入。

　　（6）配置文件 applicationContext.xml，代码如下。

```
<?xml version="1.0" encoding="UTF-8"?>
<beans xmlns="http://www.springframework.org/schema/beans"
   xmlns:xsi="http://www.w3.org/2001/XMLSchema-instance"
   xmlns:aop="http://www.springframework.org/schema/aop"
   xmlns:context="http://www.springframework.org/schema/context"
   xsi:schemaLocation="
     http://www.springframework.org/schema/beans
     http://www.springframework.org/schema/beans/spring-beans.xsd
     http://www.springframework.org/schema/context
     http://www.springframework.org/schema/context/spring-context.xsd
     http://www.springframework.org/schema/aop
     http://www.springframework.org/schema/aop/spring-aop.xsd">
   <!-- 配置数据源 -->
   <bean id="dataSource" class="org.springframework.jdbc.datasource.
DriverManagerDataSource">
        <property name="driverClassName">
            <value>com.mysql.jdbc.Driver</value>
```

```
        </property>
        <property name="url">
            <value>jdbc:mysql://localhost:3306/studentdb?characterEncoding=
        utf8</value>
        </property>
        <property name="username">
            <value>root</value>
        </property>
        <property name="password">
            <value>root</value>
        </property>
    </bean>
    <!-- 配置 JdbcTemplate 模板，注入 dataSource -->
    <bean id="jdbcTemplate" class="org.springframework.jdbc.core.JdbcTemplate">
        <property name="dataSource" ref="dataSource" />
    </bean>
    <!-- 配置 DAO，注入 jdTemplate 属性值 -->
    <bean id="studentDao" class="com.lifeng.dao.StudentDaoImpl">
        <property name="jdTemplate" ref="jdbcTemplate"/>
    </bean>
</beans>
```

这里先定义了一个名为 dataSource 的 Bean 作为数据源，里面配置了连接数据的所有信息；再定义了一个名为 JdbcTemplate 的 Bean，将上面定义的 dataSource 这个 Bean 注入该 Bean 的 dataSource 属性；最后定义一个名为 studentDao 的 Bean，并将 JdbcTemplate 这个 Bean 注入该 Bean 的 jdTemplate 属性。

（7）测试类 TestStudent1，代码如下。

```
package com.lifeng.test;
import java.util.List;
import org.springframework.context.ApplicationContext;
import org.springframework.context.support.ClassPathXmlApplicationContext;
import com.lifeng.dao.IStudentDao;
import com.lifeng.entity.Student;
public class TestStudent1 {
    public static void main(String[] args) {
        ApplicationContext context=new ClassPathXmlApplicationContext
    ("applicationContext.xml");
        IStudentDao stuDao=(IStudentDao) context.getBean("studentDao");
        System.out.println("----------查找全部学生---------");
        List<Student> list=stuDao.findAllStudents();
        for(Student stu:list){
            stu.show();
        }
        System.out.println("\n----------查找一名学生---------");
        Student student=stuDao.findStudentById(1);
        student.show();
        System.out.println("\n----------添加一名学生---------");
        student=new Student();
        student.setSid("6");
        student.setSname("李寻欢");
        student.setSex("男");
        student.setAge(22);
        stuDao.add(student);
        list=stuDao.findAllStudents();
```

```
            for(Student stu:list){
                stu.show();
            }
            System.out.println("\n----------修改一名学生----------");
            student=stuDao.findStudentById(5);
            student.setSname("小李飞刀");
            stuDao.update(student);
            list=stuDao.findAllStudents();
            for(Student stu:list){
                stu.show();
            }
            System.out.println("\n----------删除一名学生----------");
            stuDao.delete(6);
            list=stuDao.findAllStudents();
            for(Student stu:list){
                stu.show();
            }
    }
}
```

测试结果如下。

```
----------查找全部学生----------
学生编号：1 学生姓名：张飞 学生性别：男 学生年龄：18
学生编号：2 学生姓名：李白 学生性别：男 学生年龄：20
学生编号：3 学生姓名：张无忌 学生性别：男 学生年龄：19
学生编号：4 学生姓名：赵敏 学生性别：女 学生年龄：18


----------查找一名学生----------
学生编号：1 学生姓名：张飞 学生性别：男 学生年龄：18


----------添加一名学生----------
学生编号：1 学生姓名：张飞 学生性别：男 学生年龄：18
学生编号：2 学生姓名：李白 学生性别：男 学生年龄：20
学生编号：3 学生姓名：张无忌 学生性别：男 学生年龄：19
学生编号：4 学生姓名：赵敏 学生性别：女 学生年龄：18
学生编号：6 学生姓名：李寻欢 学生性别：男 学生年龄：22


----------修改一名学生----------
学生编号：1 学生姓名：张飞 学生性别：男 学生年龄：18
学生编号：2 学生姓名：李白 学生性别：男 学生年龄：20
学生编号：3 学生姓名：张无忌 学生性别：男 学生年龄：19
学生编号：4 学生姓名：赵敏 学生性别：女 学生年龄：18
学生编号：6 学生姓名：小李飞刀 学生性别：男 学生年龄：22


----------删除一名学生----------
学生编号：1 学生姓名：张飞 学生性别：男 学生年龄：18
学生编号：2 学生姓名：李白 学生性别：男 学生年龄：20
学生编号：3 学生姓名：张无忌 学生性别：男 学生年龄：19
学生编号：4 学生姓名：赵敏 学生性别：女 学生年龄：18
```

JdbcTemplate 的常用方法如表 15.1 所示。

表 15.1 JdbcTemplate 的常用方法

方法	描述
int update(String sql)	执行不带参数的 insert、update、delete 等 SQL 语句
int update(String sql,Object… args)	执行带参数的 insert、update、delete 语句，args 是参数列表，可用 Object[] 数组
void execute(String sql)	执行任意 SQL 语句

List<T> query(String sql,RowMapper<T>rowMapper)	执行不带参数的 select 语句，返回多条值的情况，封装成 T 类型的泛型集合，事先要定义好 RowMapper<T>对象 rowMapper
	示例：
	`RowMapper<Student>rowMapper=new`
	`BeanPropertyRowMapper<Student>(Student.class);`
	`    List<Student>list=jdTemplate.query(sql, rowMapper);`

List<T> query(String sql,Object[] args,RowMapper<T>rowMapper)	执行带参数的 select 语句，返回多条值的情况，封装成 T 类型的泛型集合，事先要定义好 RowMapper<T>对象 rowMapper
	示例：
	`RowMapper<Student>rowMapper=new`
	`BeanPropertyRowMapper<Student>(Student.class);`
	`    List<Student>list=jdTemplate.query(sql, params,`
	`rowMapper);`

SqlRowSet queryForRowSet (String sql)	可用于查询部分列，或者类似 count(*)之类的聚合查询语句，返回 SqlRowSet 行集合。需要调用 next()方法移到行集合的第一行，再用 getInt（列号）获取

T queryForObject(String sql, RowMapper<T>rowMapper)	执行不带参数的 select 语句，返回单条值的情况，封装成 T 类型，事先要定义好 RowMapper<T>对象 rowMapper
	示例：
	`RowMapper<Student>rowMapper=new`
	`BeanPropertyRowMapper<Student>(Student.class);`
	`    Student student=jdTemplate.queryForObject(sql,`
	`rowMapper);`

T queryForObject(String sql,Object[] args,RowMapper<T>rowMapper)	执行带参数的 select 语句，返回单条值的情况，封装成 T 类型，事先要定义好 RowMapper<T>对象 rowMapper
	示例：
	`RowMapper<Student>rowMapper=new`
	`BeanPropertyRowMapper<Student>(Student.class);`
	`    Student student=jdTemplate.queryForObject(sql,params,`
	`rowMapper);`

15.2 数据源的配置

15.1 节在操作数据库时用到了 Spring 默认的数据源，但其实有以下三种数据源可供用户选择。

（1）Spring 默认的数据源 DriverManagerDataSource。

（2）DBCP（Data Base Connection Pool，数据库连接池）数据源。

（3）C3P0（一个开源的 JDBC 连接池）数据源。

下面主要介绍 DBCP 和 C3P0 数据源。

15.2.1 使用 DBCP 数据源 BasicDataSource

需要导入以下两个 JAR 包：commons-dbcp-osgi-1.2.2.jar 和 commons-pool-1.5.3.jar。

项目案例：用 Spring 操作数据库 Student，实现增、删、改、查数据的功能，使用 DBCP 数据源。关键步骤如下。

（1）复制项目 spring17 为 spring1701，添加上述两个 JAR 包。

（2）修改配置文件如下。

```
<?xml version="1.0" encoding="UTF-8"?>
```

```
<beans xmlns="http://www.springframework.org/schema/beans"
    xmlns:xsi="http://www.w3.org/2001/XMLSchema-instance"
    xmlns:aop="http://www.springframework.org/schema/aop"
    xmlns:context="http://www.springframework.org/schema/context"
    xsi:schemaLocation="
        http://www.springframework.org/schema/beans
        http://www.springframework.org/schema/beans/spring-beans.xsd
        http://www.springframework.org/schema/context
        http://www.springframework.org/schema/context/spring-context.xsd
        http://www.springframework.org/schema/aop
        http://www.springframework.org/schema/aop/spring-aop.xsd">
    <!-- 配置数据源 -->
    <bean id="dataSource" class="org.apache.commons.dbcp.BasicDataSource">
        <property name="driverClassName">
            <value>com.mysql.jdbc.Driver</value>
        </property>
        <property name="url">
            <value>jdbc:mysql://localhost:3306/studentdb?characterEncoding=utf8</value>
        </property>
        <property name="username">
            <value>root</value>
        </property>
        <property name="password">
            <value>root</value>
        </property>
    </bean>
    <!-- 配置 JdbcTemplate 模板 -->
    <bean id="jdbcTemplate" class="org.springframework.jdbc.core.JdbcTemplate">
        <property name="dataSource" ref="dataSource" />
    </bean>
    <!-- 配置 DAO 层, 注入 jdTemplate 属性值 -->
    <bean id="studentDao" class="com.lifeng.dao.StudentDaoImpl">
        <property name="jdTemplate" ref="jdbcTemplate"/>
    </bean>
</beans>
```

这里改用了 DBCP 数据源

（3）其他地方不变，测试运行，所得到的结果与上节中的案例的结果一样。数据源配置成功。

15.2.2 使用 C3P0 数据源 ComboPooledDataSource

需要导入 JAR 包 c3p0-0.9.1.2.jar，并且配置的关键字也与前文有不同之处。详见下面的项目案例。
项目案例： 用 Spring 操作数据库 Student，实现增、删、改、查数据的功能，使用 C3P0 数据源。
关键步骤如下。

（1）复制项目 spring17 为 spring1702，添加上述 JAR 包。
（2）修改配置文件如下。

```
<?xml version="1.0" encoding="UTF-8"?>
<beans xmlns="http://www.springframework.org/schema/beans"
    xmlns:xsi="http://www.w3.org/2001/XMLSchema-instance"
    xmlns:aop="http://www.springframework.org/schema/aop"
    xmlns:context="http://www.springframework.org/schema/context"
    xsi:schemaLocation="
        http://www.springframework.org/schema/beans
        http://www.springframework.org/schema/beans/spring-beans.xsd
        http://www.springframework.org/schema/context
        http://www.springframework.org/schema/context/spring-context.xsd
```

```
        http://www.springframework.org/schema/aop
        http://www.springframework.org/schema/aop/spring-aop.xsd">
    <!-- 配置数据源 -->
    <bean id="dataSource" class="com.mchange.v2.c3p0.ComboPooledDataSource">
        <property name="driverClass">
            <value>com.mysql.jdbc.Driver</value>
        </property>
        <property name="jdbcUrl">
            <value>jdbc:mysql://localhost:3306/studentdb?characterEncoding=utf8
        </value>
        </property>
        <property name="user">
            <value>root</value>
        </property>
        <property name="password">
            <value>root</value>
        </property>
    </bean>
    <!-- 配置 JdbcTemplate 模板 -->
    <bean id="jdbcTemplate" class="org.springframework.jdbc.core.JdbcTemplate">
        <property name="dataSource" ref="dataSource" />
    </bean>
    <!-- 配置 DAO 层，注入 jdTemplate 属性值 -->
    <bean id="studentDao" class="com.lifeng.dao.StudentDaoImpl">
        <property name="jdTemplate" ref="jdbcTemplate"/>
    </bean>
</beans>
```

（注意不同之处）

（3）运行测试，所得到的结果与上节中的案例的结果一样。证明数据源配置成功。

15.2.3　使用属性文件读取数据库连接信息

能否把数据库连接信息单独放在一个属性文件中，与配置文件分开呢？若能则更换数据库时只需要修改该属性文件，这样便于数据库连接信息的修改与维护。

项目案例：用 Spring 操作数据库 Student，实现增、删、改、查数据的功能，使用 DBCP 数据源。关键步骤如下。

（1）复制项目 spring1702 为 spring1703，在 src 下添加属性文件 jdbc.properties，代码如下，包含了数据库连接所需要的 4 条信息。

```
jdbc.driver=com.mysql.jdbc.Driver
jdbc.url=jdbc:mysql://localhost:3306/studentdb
jdbc.username=root
jdbc.password=root
```

（2）修改配置文件，先要注册属性文件，再在数据源配置中用 EL 表达式引用属性文件。

```
<?xml version="1.0" encoding="UTF-8"?>
<beans xmlns="http://www.springframework.org/schema/beans"
    xmlns:xsi="http://www.w3.org/2001/XMLSchema-instance"
    xmlns:aop="http://www.springframework.org/schema/aop"
    xmlns:context="http://www.springframework.org/schema/context"
    xsi:schemaLocation="
        http://www.springframework.org/schema/beans
        http://www.springframework.org/schema/beans/spring-beans.xsd
        http://www.springframework.org/schema/context
        http://www.springframework.org/schema/context/spring-context.xsd
        http://www.springframework.org/schema/aop
```

```
                    http://www.springframework.org/schema/aop/spring-aop.xsd">
```

```
    <!-- 注册属性文件的第一种方式 -->
    <bean class="org.springframework.beans.factory.config.
    PropertyPlaceholderConfigurer">
        <property name="location" value="classpath:jdbc.properties"/>
    </bean>
```

```
    <!-- 配置数据源 -->
    <bean id="dataSource" class="com.mchange.v2.c3p0.ComboPooledDataSource">
        <property name="driverClass">
            <value>${jdbc.driver}</value>
        </property>
        <property name="jdbcUrl">
            <value>${jdbc.url}</value>
        </property>
        <property name="user">
            <value>${jdbc.username}</value>
        </property>
        <property name="password">
            <value>${jdbc.password}</value>
        </property>
    </bean>
```

```
    <!-- 配置 JdbcTemplate 模板 -->
    <bean id="jdbcTemplate" class="org.springframework.jdbc.core.JdbcTemplate">
        <property name="dataSource" ref="dataSource" />
    </bean>
```

```
    <!-- 配置 DAO 层，注入 jdTemplate 属性值 -->
    <bean id="studentDao" class="com.lifeng.dao.StudentDaoImpl">
        <property name="jdTemplate" ref="jdbcTemplate"/>
    </bean>
</beans>
```

　　要引用数据库属性文件需要先注册该属性文件。注册属性文件除了上面用到的第一种方式，还有另一种方式：

```
    <!-- 注册属性文件的第二种方式 -->
        <context:property-placeholder location="classpath:jdbc.properties"/>
```

　　这种方式要求配置的文件头中有 context 约束信息。这两种效果相同，选用其中一个即可。考虑到第二种方法略简单些，本案例就选用第二种方法。

　　（3）运行测试类，所得到的效果与前述案例的效果一样。

上机练习

　　连接第 1 章的数据库，操作商品表，利用 JdbcTemplate 进行增、删、改、查操作。

思考题

1. 说明使用 JdbcTemplate 的步骤。
2. JdbcTemplate 有哪些常用方法？
3. 在 Spring 中，有哪几种配置数据源的办法？

第 16 章　Spring 事务管理

本章目标
- ✧ 了解事务隔离级别
- ✧ 掌握通过配置 XML 的方式来实现 Spring 事务管理的步骤
- ✧ 掌握使用注解实现 Spring 事务管理的步骤

事务（Transaction）是访问数据库的一个操作序列。这些操作要么都做，要么都不做，是一个不可分割的工作单位。通过事务，数据库能将逻辑相关的一组操作绑定在一起，以便保持数据的完整性。

事务有 4 个重要特性，简称 ACID，具体介绍如下。

（1）A：Atomicity，原子性，即事务中的所有操作要么全部执行，要么全部不执行。

（2）C：Consistency，一致性，事务执行的结果必须是使数据库从一个一致状态变为另一个一致状态。

（3）I：Isolation，隔离性，即一个事务的执行不能被另一个事务影响。

（4）D：Durability，持久性，即事务提交后将被永久保存。

在 Java EE 开发中，事务原本属于 DAO 层中的范畴，但在一般情况下需要将事务提升到业务层（Service 层），以便能够使用事务的特性来管理具体的业务。

在 Spring 中可以通过使用 Spring 的事务代理工厂、Spring 的事务注解、AspectJ 的 AOP 配置管理事务。

16.1　Spring 事务管理接口

Spring 的事务管理，主要会用到两个与事务相关的接口。

16.1.1　事务管理器接口

事务管理器接口 PlatformTransactionManager 主要用于完成对事务的提交、回滚操作，并能够获取事务的状态信息。PlatformTransactionManager 接口有如下两个常用的实现类。

（1）DataSourceTransactionManager 实现类：在通过 JDBC 或 MyBatis 进行数据持久化时使用。

（2）HibernateTransactionManager 实现类：在通过 Hibernate 进行数据持久化时使用。

关于 Spring 的事务提交和回滚方式默认是：在发生运行异常时回滚，发生受检查异常时提交，也就是说，在程序抛出 runtime 异常的时候，才会进行回滚，其他异常不回滚。

16.1.2　事务定义接口

事务定义接口 TransactionDefinition 中定义了事务描述相关的三类常量：事务隔离级别常量、事务传播行为常量、事务默认超时时限常量，以及对它们的操作。

1. 事务隔离级别常量

定义的 5 个事务隔离常量如下。

（1）ISOLATION_DEFAULT：采用数据库默认的事务隔离级别。MySQL 默认的事务隔离级别为 REPEATABLE_READ（可重复读）；Oracle 默认的事务隔离级别为 READ_COMMITTED（读已提交）。

（2）ISOLATION_READ_UNCOMMITTED：读未提交。允许另外一个事务看到这个事务未提交的数据，隔离级别最低，未解决任何并发问题，会产生脏读、不可重复读和幻读。

（3）ISOLATION_READ_COMMITTED：读已提交。一个事务修改的数据要在提交后才能被另外一个事务读取，另外一个事务不能读取该事务未提交的数据。这能解决脏读，但还存在不可重复读与幻读。

（4）ISOLATION_REPEATABLE_READ：可重复读。这能解决脏读、不可重复读，但还存在幻读。

（5）ISOLATION_SERIALIZABLE：串行化。不存在并发问题，最可靠，但影响性能与效率。

2. 事务传播行为常量

事务传播行为是指处于不同事务中的方法在相互调用时，执行期间事务的维护情况。例如，A 事务中的方法 actionA() 调用 B 事务中的方法 actionB()，在调用执行期间事务的维护情况，就称为事务传播行为。事务传播行为是加在方法上的。7 个事务传播行为常量的相关说明如下。

（1）PROPAGATION_REQUIRED：指定的方法必须在事务内执行。若当前存在事务，就加入当前事务中；若当前没有事务，则创建一个新事务。这种传播行为是最常见的选择，也是 Spring 默认的事务传播行为。例如，该传播行为加在 actionB() 方法上，该方法将被 actionA() 调用：若 actionA() 方法在执行时就是在事务内的，则 actionB() 方法的执行也加入该事务内执行；若 actionA() 方法没有在事务内执行，则 actionB() 方法会创建一个事务，并在其中执行。

（2）PROPAGATION_SUPPORTS：指定的方法支持当前事务，但若当前没有事务，也可以以非事务方式执行。

（3）PROPAGATION_MANDATORY：指定的方法必须在当前事务内执行，若当前没有事务，则直接抛出异常。

（4）PROPAGATION_REQUIRES_NEW：总是新建一个事务，若当前存在事务，就将当前事务挂起，直到新事务执行完毕。

（5）PROPAGATION_NOT_SUPPORTED：指定的方法不能在事务环境中执行，若当前存在事务，就将当前事务挂起。

（6）PROPAGATION_NEVER：指定的方法不能在事务环境下执行，若当前存在事务，就直接抛出异常。

（7）PROPAGATION_NESTED：指定的方法必须在事务内执行。若当前存在事务，则在嵌套事务内执行；若当前没有事务，则创建一个新事务。

3. 事务默认超时时限常量

常量 TIMEOUT_DEFAULT 定义了事务底层默认的超时时限，以及不支持事务超时时限设置的 none 值。该值一般使用默认值即可。

16.2 实现 Spring 事务管理

16.2.1 没有事务管理的情况分析

项目案例：模拟银行业务中的转账，张三、李四原本各有账户余额 1 000 元，张三转账 500 元给李四，但转账过程中间出现异常。

实现步骤如下。

（1）复制项目 spring17 为 spring18，在 MySQL 中创建数据库表。

```
create table account (
    accountname varchar (60),
    amount double
);
insert into account (accountname, amount) values('张三','1000');
insert into account (accountname, amount) values('李四','1000');
```

（2）在 com.lifeng.dao 包下创建 IAccountDao 接口。

```
public interface IAccountDao {
    public void transfer(String fromA,String toB,int amount);
}
```

（3）在 com.lifeng.dao 包下创建 IAccountDao 接口的实现类 AccountDaoImpl。

```
package com.lifeng.dao;
import org.springframework.jdbc.core.JdbcTemplate;
public class AccountDaoImpl implements IAccountDao{
    JdbcTemplate jdTemplate;
    public JdbcTemplate getJdTemplate() {
        return jdTemplate;
    }
    public void setJdTemplate(JdbcTemplate jdTemplate) {
        this.jdTemplate = jdTemplate;
    }
    @Override
    public void transfer(String fromA, String toB, int amount) {
        jdTemplate.update("update account set amount=amount-? where accountname=?",
amount,fromA);
        Integer.parseInt("a");
        jdTemplate.update("update account set amount=amount+? where accountname=?",
amount,toB);
    }
}
```

这个 transfer()方法主要实现两个操作。操作一：转出操作，张三的账户减少钱。操作二：转入操作，李四的账户增加钱。这两个操作中间出了差错（异常），这将导致张三的钱减少了，李四的钱却没增加。

（4）修改 Spring 配置文件。

```
<?xml version="1.0" encoding="UTF-8"?>
<beans xmlns="http://www.springframework.org/schema/beans"
    xmlns:xsi="http://www.w3.org/2001/XMLSchema-instance"
```

```
xmlns:aop="http://www.springframework.org/schema/aop"
xmlns:context="http://www.springframework.org/schema/context"
xsi:schemaLocation="
    http://www.springframework.org/schema/beans
    http://www.springframework.org/schema/beans/spring-beans.xsd
    http://www.springframework.org/schema/context
    http://www.springframework.org/schema/context/spring-context.xsd
    http://www.springframework.org/schema/aop
    http://www.springframework.org/schema/aop/spring-aop.xsd">
    <!-- 配置数据源 -->
    <bean id="dataSource" class="org.springframework.jdbc.datasource.
DriverManagerDataSource">
        <property name="driverClassName">
            <value>com.mysql.jdbc.Driver</value>
        </property>
        <property name="url">
            <value>jdbc:mysql://localhost:3306/studentdb?characterEncoding=utf8
        </value>
        </property>
        <property name="username">
            <value>root</value>
        </property>
        <property name="password">
            <value>root</value>
        </property>
    </bean>
    <!-- 配置 JdbcTemplate 模板 -->
    <bean id="jdbcTemplate" class="org.springframework.jdbc.core.JdbcTemplate">
        <property name="dataSource" ref="dataSource" />
    </bean>
    <!-- 配置 DAO, 注入 jdTemplate 属性值 -->
    <bean id="accountDao" class="com.lifeng.dao.AccountDaoImpl">
        <property name="jdTemplate" ref="jdbcTemplate"/>
    </bean>
```

> 新加的 Bean

```
    <!-- 配置 DAO 层, 注入 jdTemplate 属性值 -->
    <bean id="studentDao" class="com.lifeng.dao.StudentDaoImpl">
        <property name="jdTemplate" ref="jdbcTemplate"/>
    </bean>
</beans>
```

（5）测试类 TestAccount 的代码如下。

```
public class TestAccount {
    public static void main(String[] args) {
        ApplicationContext context=new ClassPathXmlApplicationContext
    ("applicationContext.xml");
        IAccountDao accountDao=(IAccountDao) context.getBean("accountDao");
        accountDao.transfer("张三", "李四", 500);
    }
}
```

（6）测试结果如下。

① 转账前的数据库如图 16.1 所示。

② 转账后的数据库如图 16.2 所示。

	accountname	amount
☐	张三	1000
☐	李四	1000
*	(NULL)	(NULL)

图 16.1　转账前的数据库

	accountname	amount
☐	张三	500
☐	李四	1000
*	(NULL)	(NULL)

图 16.2　转账后的数据库

观察图 16.2 会发现张三的 500 元转出去了，但李四的 500 元却没收到，控制台的输出如下。

```
Exception in thread "main" java.lang.NumberFormatException: For input string: "a"
    at java.lang.NumberFormatException.forInputString(Unknown Source)
    at java.lang.Integer.parseInt(Unknown Source)
    at java.lang.Integer.parseInt(Unknown Source)
    at com.lifeng.dao.AccountDaoImpl.transfer(AccountDaoImpl.java:20)
    at com.lifeng.test.TestAccount.main(TestAccount.java:14)
```

提示发生了异常，如图 16.3 所示。

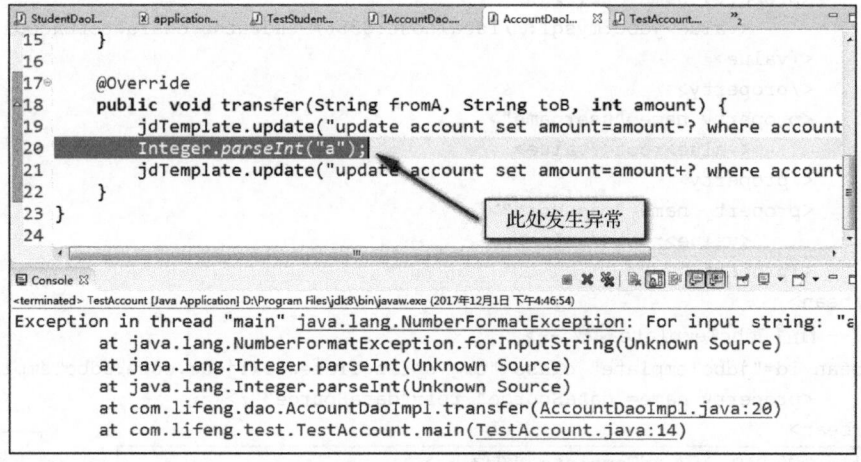

图 16.3　异常信息

上述程序在张三的钱刚转走的时候发生了异常，程序中断，而钱来不及转进李四的账户。这样就出现了问题。

解决问题的思路在于，转入、转出这两个操作应合并为同一个事务，即要么同时成功，要么同时失败，不能只成功一半。

16.2.2　通过配置 XML 来实现事务管理

下面进行事务管理方面的改进，目标是把类 AccountDaoImpl 里的整个 transfer() 方法作为事务管理，这样 transfer() 里面的所有操作（包括转出、转入操作）都纳入同一个事务，从而 transfer() 里面的所有操作要么一起成功，要么一起失败。这里就利用了 Spring 的事务管理机制进行处理。

项目案例： 模拟银行业务中的转账，原本张三、李四各有账户余额 1 000 元，张三转账 500 元给李四，但转账过程中出现异常，导致数据的不一致，现应用 Spring 的事务管理，并配置 XML，以避免出现不一致的情况。

实现步骤如下。

（1）复制项目 spring18 为 spring19，修改配置文件，添加文件头约束及事务管理模块。

其中，约束信息存在于如下路径中：/spring-framework-4.3.4.RELEASE/docs/spring-framework-reference/html/xsd-configuration.html。约束信息如图 16.4 所示。

41.2.6 the tx (transaction) schema

The `tx` tags deal with configuring all of those beans in Spring's comprehensive support for transactions. These tags are covered in the chapter entitled Chapter 17, *Transaction Management*.

> You are strongly encouraged to look at the `'spring-tx.xsd'` file that ships with the Spring distribution. This file is (of course), the XML Schema for Spring's transaction configuration, and covers all of the various tags in the `tx` namespace, including attribute defaults and suchlike. This file is documented inline, and thus the information is not repeated here in the interests of adhering to the DRY (Don't Repeat Yourself) principle.

In the interest of completeness, to use the tags in the `tx` schema, you need to have the following preamble at the top of your Spring XML configuration file; the text in the following snippet references the correct schema so that the tags in the `tx` namespace are available to you.

```xml
<?xml version="1.0" encoding="UTF-8"?>
<beans xmlns="http://www.springframework.org/schema/beans"
    xmlns:xsi="http://www.w3.org/2001/XMLSchema-instance"
    xmlns:aop="http://www.springframework.org/schema/aop"
    xmlns:tx="http://www.springframework.org/schema/tx" xsi:schemaLocation="
    http://www.springframework.org/schema/beans http://www.springframework.org/schema/beans/spring-beans.xsd
    http://www.springframework.org/schema/tx http://www.springframework.org/schema/tx/spring-tx.xsd
    http://www.springframework.org/schema/aop http://www.springframework.org/schema/aop/spring-aop.xsd"> <!-- bean definitions here -->

</beans>
```

图 16.4 约束信息

```xml
<?xml version="1.0" encoding="UTF-8"?>
<beans xmlns="http://www.springframework.org/schema/beans"
    xmlns:xsi="http://www.w3.org/2001/XMLSchema-instance"
    xmlns:aop="http://www.springframework.org/schema/aop"
    xmlns:tx="http://www.springframework.org/schema/tx"
    xmlns:context="http://www.springframework.org/schema/context"
    xsi:schemaLocation="
        http://www.springframework.org/schema/beans
        http://www.springframework.org/schema/beans/spring-beans.xsd
        http://www.springframework.org/schema/context
        http://www.springframework.org/schema/context/spring-context.xsd
        http://www.springframework.org/schema/tx
        http://www.springframework.org/schema/tx/spring-tx.xsd
        http://www.springframework.org/schema/aop
        http://www.springframework.org/schema/aop/spring-aop.xsd">
    <!-- 配置数据源 -->
    <bean id="dataSource" class="org.springframework.jdbc.datasource.
    DriverManagerDataSource">
        <property name="driverClassName">
            <value>com.mysql.jdbc.Driver</value>
        </property>
        <property name="url">
            <value>jdbc:mysql://localhost:3306/studentdb?characterEncoding=utf8
        </value>
        </property>
        <property name="username">
            <value>root</value>
        </property>
        <property name="password">
            <value>root</value>
        </property>
    </bean>
    <!-- 配置 JdbcTemplate 模板 -->
    <bean id="jdbcTemplate" class="org.springframework.jdbc.core.JdbcTemplate">
        <property name="dataSource" ref="dataSource" />
    </bean>
    <!-- 配置 DAO, 注入 jdTemplate 属性值 -->
    <bean id="accountDao" class="com.lifeng.dao.AccountDaoImpl">
```

```
            <property name="jdTemplate" ref="jdbcTemplate"/>
        </bean>
        <!-- 定义事务管理器 -->
        <bean id="txManager"
            class="org.springframework.jdbc.datasource.DataSourceTransactionManager">
            <property name="dataSource" ref="dataSource" />
        </bean>
        <!-- 编写事务通知 -->
        <tx:advice id="txAdvice" transaction-manager="txManager">
            <tx:attributes>
                <tx:method name="*" propagation="REQUIRED"
            isolation="DEFAULT"        read-only="false" />
            </tx:attributes>
        </tx:advice>
        <!-- 编写 AOP，让 Spring 自动将事务切入目标切点 -->
        <aop:config>
            <!-- 定义切入点 -->
            <aop:pointcut id="txPointcut"
                expression="execution(* com.lifeng.dao.*.*(..))" />
            <!-- 将事务通知与切入点组合 -->
            <aop:advisor advice-ref="txAdvice" pointcut-ref="txPointcut" />
        </aop:config>
</beans>
```

这里可以把事务功能理解为切面，通过 AOP 配置实现事务（切面）自动切入到切入点（目标方法），从而将目标方法（切入点）纳入事务管理，而目标方法本身可以不用管事务，专心做自己的主业务功能就行了。

（2）其他程序不变，运行测试。

在测试时，尽管转账中间出现了异常，但张三、李四的钱都没变化，保持了一致性，这样就达到了目的，证明了 transfer() 方法中的两个操作都纳入了同一个事务。

上述配置中的代码：

```
<tx:method name="*" propagation="REQUIRED"
        isolation="DEFAULT" read-only="false" />
```

表示匹配的切点方法都进行事务管理，其中，*表示匹配所有切点方法；propagation="REQUIRED"表示匹配的切点方法必须在事务内执行；isolation="DEFAULT"表示使用默认的事务隔离级别，若使用 MySQL 数据库，则默认的隔离级别为 REPEATABLE_READ（可重复读）；read-only="false"表示非只读。

上述配置粒度太大，所有方法都使用同一种事务管理模式，要想不同的方法实现不一样的事务管理，还得细化配置。项目中常见的细化配置如下列代码所示。

```
    <!-- 编写通知 -->
        <tx:advice id="txAdvice" transaction-manager="txManager">
            <tx:attributes>
                <tx:method name="save*" propagation="REQUIRED" />
                <tx:method name="add*" propagation="REQUIRED" />
                <tx:method name="insert*" propagation="REQUIRED" />
                <tx:method name="delete*" propagation="REQUIRED" />
                <tx:method name="update*" propagation="REQUIRED" />
                <tx:method name="search*" propagation="SUPPORTS"  read-only="true"/>
                <tx:method name="select*" propagation="SUPPORTS"  read-only="true"/>
                <tx:method name="find*" propagation="SUPPORTS"  read-only="true"/>
                <tx:method name="get*" propagation="SUPPORTS"  read-only="true"/>
```

```
        </tx:attributes>
    </tx:advice>
```

这样，不同的方法匹配不同的事务管理模式。

<tx:method name="save*" propagation="REQUIRED" />表示凡是以 save 开头的切点方法必须在事务内执行，其他增、删、改都是一样的意思。对于查询操作，则使用<tx:method name="select*" propagation="SUPPORTS" read-only="true"/>，表示以 select 开头的切点方法支持当前事务，若当前没有事务，也可以按非事务方式执行，read-only="true"表示只读，其他几个类似。

16.2.3　利用@Transactional 注解实现事务管理

前面介绍的是利用 XML 配置文件实现事务管理的办法，下面介绍用注解实现事务管理的方法。

在类或方法上使用@Transactional 注解即可实现事务管理。@Transactional 注解的属性如下（可选）。

① propagation：用于设置事务传播的属性，该属性类型为 propagation 枚举，默认值为 Propagation. REQUIRED。

② isolation：用于设置事务的隔离级别，该属性类型为 isolation 枚举，默认值为 Isolation. DEFAULT。

③ readOnly：用于设置该方法对数据库的操作是否为只读的，该属性为 boolean，默认值为 false。

④ timeout：用于设置本操作与数据库连接的超时时限。单位为秒，类型为 int，默认值为-1，即没有时限。

⑤ rollbackFor：指定需要回滚的异常类，类型为 Class[]，默认值为空数组。当然，若只有一个异常类，则可以不使用数组。

⑥ rollbackForClassName：指定需要回滚的异常类的类名，类型为 String[]，默认值为空数组。当然，若只有一个异常类，则可以不使用数组。

⑦ noRollbackFor：指定不需要回滚的异常类。类型为 Class[]，默认值为空数组。当然，若只有一个异常类，则可以不使用数组。

⑧ noRollbackForClassName：指定不需要回滚的异常类的类名。类型为 String[]，默认值为空数组。当然，若只有一个异常类，则可以不使用数组。

需要注意的是：@Transactional 只能用在 public()方法上。对于其他非 public()方法，如果加上了注解@Transactional，虽然 Spring 不会报错，但不会将指定事务织入该方法中。因为 Spring 会忽略掉所有非 public()方法上的@Transaction 注解。若@Transaction 注解在类上，则表示该类上的所有方法均将在执行时织入事务。

项目案例：模拟银行业务中的转账，原本张三、李四各有账户余额 1 000 元，张三转账 500 元给李四，但转账过程中出现异常，应用 Spring 的事务管理，并使用注解，以避免出现不一致的情况。

实现步骤如下。

（1）将项目 spring19 复制为 spring20，修改配置文件如下。

```xml
<?xml version="1.0" encoding="UTF-8"?>
<beans xmlns="http://www.springframework.org/schema/beans"
    xmlns:xsi="http://www.w3.org/2001/XMLSchema-instance"
    xmlns:aop="http://www.springframework.org/schema/aop"
    xmlns:tx="http://www.springframework.org/schema/tx"
    xmlns:context="http://www.springframework.org/schema/context"
    xsi:schemaLocation="
        http://www.springframework.org/schema/beans
        http://www.springframework.org/schema/beans/spring-beans.xsd
```

```
              http://www.springframework.org/schema/context
              http://www.springframework.org/schema/context/spring-context.xsd
              http://www.springframework.org/schema/tx
              http://www.springframework.org/schema/tx/spring-tx.xsd
              http://www.springframework.org/schema/aop
              http://www.springframework.org/schema/aop/spring-aop.xsd">
    <!-- 配置数据源 -->
    <bean id="dataSource" class="org.springframework.jdbc.datasource.
DriverManagerDataSource">
        <property name="driverClassName">
            <value>com.mysql.jdbc.Driver</value>
        </property>
        <property name="url">
            <value>jdbc:mysql://localhost:3306/studentdb?characterEncoding=utf8
        </value>
        </property>
        <property name="username">
            <value>root</value>
        </property>
        <property name="password">
            <value>root</value>
        </property>
    </bean>
    <!-- 配置 JdbcTemplate 模板 -->
    <bean id="jdbcTemplate" class="org.springframework.jdbc.core.JdbcTemplate">
        <property name="dataSource" ref="dataSource" />
    </bean>
    <!-- 配置 DAO，注入 jdTemplate 属性值 -->
    <bean id="accountDao" class="com.lifeng.dao.AccountDaoImpl">
        <property name="jdTemplate" ref="jdbcTemplate"/>
    </bean>
    <!-- 定义事务管理器 -->
    <bean id="txManager"
        class="org.springframework.jdbc.datasource.DataSourceTransactionManager">
        <property name="dataSource" ref="dataSource" />
    </bean>
    <!-- 开启事务注解驱动 -->
    <tx:annotation-driven transaction-manager=" txManager "/>
</beans>
```

从上述代码中可以发现，配置文件比之前简化了很多，事务方面只需定义好事务管理器，再开启事务注解驱动就行了。其他的交给注解来解决。

（2）利用@Transactional 注解修改转账方法。

@Transactional 既可以修饰类，也可以修饰方法。如果修饰类，则表示事务的设置对整个类的所有方法都起作用；如果修饰方法，则只对该方法起作用，代码如下。

```
package com.lifeng.dao;
import org.springframework.jdbc.core.JdbcTemplate;
import org.springframework.transaction.annotation.Isolation;
import org.springframework.transaction.annotation.Propagation;
import org.springframework.transaction.annotation.Transactional;
public class AccountDaoImpl implements IAccountDao{
    JdbcTemplate jdTemplate;
    public JdbcTemplate getJdTemplate() {
        return jdTemplate;
    }
```

```
    public void setJdTemplate(JdbcTemplate jdTemplate) {
        this.jdTemplate = jdTemplate;
    }
    @Override
    @Transactional(propagation=Propagation.REQUIRED,isolation=Isolation.
DEFAULT,readOnly=false)
    public void transfer(String fromA, String toB, int amount) {
        jdTemplate.update("update account set amount=amount-? where accountname=?",
    amount,fromA);
        Integer.parseInt("a");
        jdTemplate.update("update account set amount=amount+? where accountname=?",
    amount,toB);
    }
}
```

注解事务

上述代码将 transfer()方法注解为事务。

（3）运行测试，发现数据库同样没改变，所以注解事务起到作用了。

16.2.4　在业务层实现事务管理

上面的案例是在 DAO 层实现事务管理，相对简单一些，但实际开发时需要在业务层实现事务管理，而不是在 DAO 层，为此，项目修改如下，特别要注意在业务层的事务管理实现。

项目案例： 模拟银行业务中的转账，原本张三、李四各有账户余额 1 000 元，张三转账 500 元给李四，但转账过程中出现异常，应用 Spring 的事务管理，并配置 XML，以避免出现不一致的情况。

实现步骤如下。

（1）复制项目 spring20 为 spring21，修改 DAO 层，将转出、转入拆分成两个方法。

```
public class AccountDaoImpl implements IAccountDao{
    JdbcTemplate jdTemplate;
    public JdbcTemplate getJdTemplate() {
        return jdTemplate;
    }
    public void setJdTemplate(JdbcTemplate jdTemplate) {
        this.jdTemplate = jdTemplate;
    }
    public void tranferFrom(String fromA,int amount){
        jdTemplate.update("update account set amount=amount-? where accountname=?",
    amount,fromA);
    }
    public void tranferTo(String toB,int amount){
        jdTemplate.update("update account set amount=amount+? where accountname=?",
    amount,toB);
    }
}
```

（2）新建包 com.lifeng.service，创建业务层 AccountService 类，代码如下。

```
public class AccountService {
    IAccountDao accountDao;
    public IAccountDao getAccountDao() {
        return accountDao;
    }
    public void setAccountDao(IAccountDao accountDao) {
        this.accountDao = accountDao;
    }
    public void transfer(String fromA, String toB, int amount) {
```

```
            accountDao.tranferFrom(fromA, amount);
            Integer.parseInt("a");
            accountDao.tranferTo(toB, amount);
        }
    }
```

上述代码相当于把有异常问题的 transfer()方法迁移到业务层中来。

（3）修改配置文件。关键配置如下。

```xml
<!-- 配置 JdbcTemplate 模板 -->
<bean id="jdbcTemplate" class="org.springframework.jdbc.core.JdbcTemplate">
    <property name="dataSource" ref="dataSource" />
</bean>
<!-- 配置 DAO 层, 注入 jdTemplate 属性值 -->
<bean id="accountDao" class="com.lifeng.dao.AccountDaoImpl">
    <property name="jdTemplate" ref="jdbcTemplate"/>
</bean>
<!-- 配置 Service 层, 注入 accountDao 属性值 -->
<bean id="accountService" class="com.lifeng.service.AccountService">
    <property name="accountDao" ref="accountDao"/>
</bean>
<!-- 定义事务管理器 -->
<bean id="txManager"
    class="org.springframework.jdbc.datasource.DataSourceTransactionManager">
    <property name="dataSource" ref="dataSource" />
</bean>
<!-- 编写通知 -->
<tx:advice id="txAdvice" transaction-manager="txManager">
    <tx:attributes>
        <tx:method name="*" propagation="REQUIRED"
    isolation="DEFAULT" read-only="false" />
    </tx:attributes>
</tx:advice>
<!-- 编写 AOP, 让 Spring 自动切入事务到目标切面 -->
<aop:config>
    <!-- 定义切入点 -->
    <aop:pointcut id="txPointcut"
        expression="execution(* com.lifeng.service.*.*(..))" />
    <!-- 将事务通知与切入点组合 -->
    <aop:advisor advice-ref="txAdvice" pointcut-ref="txPointcut" />
</aop:config>
```

（4）修改测试类，具体代码如下。

```java
public class TestAccount {
    public static void main(String[] args) {
        ApplicationContext context=new ClassPathXmlApplicationContext
    ("applicationContext.xml");
        AccountService accountService=(AccountService) context.getBean
    ("accountService");
        accountService.transfer("张三", "李四", 500);
    }
}
```

测试运行，结果显示数据库中的数据保持不变，证明事务管理成功。

上机练习

　　复制项目 spring20 为 spring20Test，分别使用 XML 配置方式和注解方式，实现业务层的 transfer() 方法的事务管理。

思考题

1. 事务隔离级别有哪些？
2. 有哪些方式可以实现事务管理？各自的实现过程是怎样的？

17 第 17 章　SSH 三大框架整合

本章目标

- ✧ 掌握 Spring 与 Hibernate 的整合方法
- ✧ 掌握 Spring 与 Struts 2 的整合方法

17.1　SSH 框架整合的原理

前几章单独学习了 Hibernate、Struts 2、Spring 三大框架，在实际项目开发中，这三大框架往往会被同时使用。为避免可能的冲突，以及集中发挥它们的最大优势，就需要对其进行整合。整合是以 Spring 框架为核心，分别整合 Spring 与 Hibernate 及 Spring 与 Struts 2，使它们在 Spring 的统一管理下协调运行。其中在对 Spring 与 Hibernate 进行整合时，需要把原来由 Hibernate 管理的数据源交给 Spring 管理，事务也交给 Spring 管理，DAO 层使用 Spring 提供的模板 HibernateTemplate 类进行相应的增、删、改、查操作。原来 Hibernate 的配置文件 hibernate.cfg.xml 可以使用也可以不使用，不使用的话，其原有配置的内容大部分由 Spring 的配置文件取代。Spring 与 Struts 2 整合是把 Struts 2 中的实例化 Action 交由 Spring 进行统一管理。下面以学生信息管理系统为例讲解 SSH 整合。

17.2　Spring 整合 Hibernate

（1）新建项目 ssh17，首先导入 Hibernate 所需的 JAR 包：连接 C3P0 数据源所需的 JAR 包，以及连接 MySQL 数据库所需的 JAR 包，一共 12 个，如图 17.1 所示。

```
antlr-2.7.6.jar
c3p0-0.9.1.jar
commons-collections-3.1.jar
dom4j-1.6.1.jar
hibernate-jpa-2.0-api-1.0.1.Final.jar
hibernate3.jar
javassist-3.12.0.GA.jar
jta-1.1.jar
log4j-1.2.16.jar
mysql-connector-java-5.1.21.jar
slf4j-api-1.6.1.jar
slf4j-log4j12-1.7.12.jar
```

图 17.1　Hibernate 所需的 JAR 包

（2）接着导入 Spring 所需的 JAR 包，一共 14 个，如图 17.2 所示。

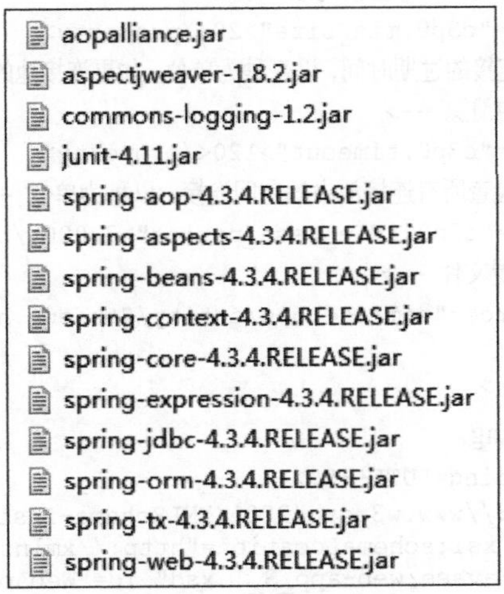

图 17.2　Spring 所需的 JAR 包

（3）创建配置文件 hibernate.cfg.xml，该文件并不是非要不可，后面介绍的 Spring 配置文件会针对有没有配置文件 hibernate.cfg.xml 做出相应变动。

```
<?xml version='1.0' encoding='UTF-8'?>
<!-- 配置文件的 DTD 信息 -->
<!DOCTYPE hibernate-configuration PUBLIC "-//Hibernate/Hibernate Configuration DTD 3.0//EN"
"http://hibernate.sourceforge.net/hibernate-configuration-3.0.dtd">
<hibernate-configuration>
    <session-factory>
        <!-- 数据库方言 -->
        <property name="hibernate.dialect">org.hibernate.dialect.MySQL5Dialect
</property>
        <!-- 数据库驱动 -->
        <property name="hibernate.connection.driver_class">com.mysql.jdbc.Driver
</property>
        <!-- 链接数据库 URL -->
        <property name="hibernate.connection.url">jdbc:mysql://localhost:3306/
studentdb?characterEncoding=UTF-8</property>
        <!-- 账号 -->
        <property name="hibernate.connection.username">root</property>
        <!-- 密码 -->
        <property name="hibernate.connection.password">root</property>
        <!-- 其他配置 -->
        <!-- 自动建表设置 -->
        <property name="hibernate.hbm2ddl.auto">update</property>
        <!-- 显示 SQL -->
        <property name="hibernate.show_sql">true</property>
        <!-- 格式化 SQL -->
        <property name="hibernate.format_sql">true</property>
        <!-- C3P0 连接池 -->
        <!-- 使用 C3P0 连接池，配置连接池供应商 -->
        <property name="connection.provider_class">org.hibernate.connection.
C3P0ConnectionProvider</property>
        <!-- 连接池中可用的数据库连接的最少数目 -->
```

```
                <property name="c3p0.min_size">5</property>
                <!-- 连接池中可用的数据库连接的最多数目 -->
                <property name="c3p0.min_size">20</property>
                <!-- 设定数据库连接的过期时间，以毫秒为单位。如果连接池的某个数据库连接处于空闲状态的时间超
过了 timeout，则其就会被从连接池中清除 -->
                <property name="c3p0.timeout">120</property>
                <!-- 每 3 000 秒检查所有连接池中的空闲连接，以秒为单位 -->
                <property name="c3p0.idle_test_period">3 000</property>
                <!-- 关联 HBM 配置文件 -->
                <mapping resource="com/seehope/entity/Student.hbm.xml"/>
        </session-factory>
    </hibernate-configuration>
```

（4）在 web.xml 中配置 Spring。

```
<?xml version="1.0" encoding="UTF-8"?>
<web-app xmlns:xsi="http://www.w3.org/2001/XMLSchema-instance" xmlns="http://
xmlns.jcp.org/xml/ns/javaee" xsi:schemaLocation="http://xmlns.jcp.org/xml/ns/javaee
http://xmlns.jcp.org/xml/ns/javaee/web-app_3_1.xsd" id="WebApp_ID" version="3.1">
    <!-- 注册 Spring 配置文件的位置 -->
    <context-param>
        <param-name>contextConfigLocation</param-name>
        <param-value>classpath:applicationContext.xml</param-value>
    </context-param>
    <!-- 注册 ServletContext 监听器，创建 Spring 容器 -->
    <listener>
        <listener-class>
            org.springframework.web.context.ContextLoaderListener
        </listener-class>
    </listener>
      <welcome-file-list>
        <welcome-file>index.jsp</welcome-file>
      </welcome-file-list>
</web-app>
```

文件 applicationContext.xml 暂未创建，后续步骤会有介绍。

（5）新建包 com.seehope.entity，将第 8 章项目的持久化类 Student 和映射文件 Student.hbm.xml 复制过来。

（6）在 src 下新建包 com.seehope.dao，新建 DAO 层接口 StudentDao.java。

```
public interface StudentDao {
    public void addStudent(Student student);
    public void updateStudent(Student student);
    public void deleteStudent(Student student);
    public Student findStudentById(Integer id);
    public List<Student> findAllStudent();
}
```

（7）新建接口实现类 StudentDaoImpl.java。

```
package com.seehope.dao;
import java.util.List;
import org.springframework.orm.hibernate3.HibernateTemplate;
public class StudentDaoImpl implements StudentDao {
    private HibernateTemplate hibernateTemplate;
    public HibernateTemplate getHibernateTemplate() {
        return hibernateTemplate;
    }
    public void setHibernateTemplate(HibernateTemplate hibernateTemplate) {
```

```
            this.hibernateTemplate = hibernateTemplate;
        }
        @Override
        public void addStudent(Student student) {
            this.hibernateTemplate.save(student);
        }
        @Override
        public void updateStudent(Student student) {
            this.hibernateTemplate.update(student);
        }
        @Override
        public void deleteStudent(Student student) {
            this.hibernateTemplate.delete(student);
        }
        @Override
        public Student findStudentById(Integer id) {
            return this.hibernateTemplate.get(Student.class, id);
        }
        @Override
        public List<Student> findAllStudent() {
            return (List<Student>) this.hibernateTemplate.find("from Student");
        }
    }
```

从上述代码可以看出,该 DAO 层的实现类使用 Spring 提供的 HibernateTemplate 类进行增、删、改、查操作,大大简化了原始的 JDBC 的操作,无须过多的 SQL 语句和繁杂的操作,支持 HQL 查询。

HibernateTemplate 的常用方法说明如下。

① delete(Object entity):删除指定的持久化实例。

② find(String queryString):根据 HQL 查询字符串来返回实例集合。

③ findByNamedQuery(String queryName):根据命名查询字符串并返回实例集合。

④ load 或 get(Classentity Class,Serializable id):根据主键获得持久化类的实例。

⑤ save(Object entity):保存新的实例。

⑥ saveOrUpdate(Object entity):根据实例瞬时或游离状态,选择保存或者更新。

⑦ update(Object entity):更新实例的状态,要求 entity 是持久状态。

⑧ setMaxResults(intmax Results):设置分页的大小。

(8)新建包 com.seehope.service 作为业务层,新建接口 StudentService,代码如下。

```
public interface StudentService {
    public void addStudent(Student student);
    public void updateStudent(Student student);
    public void deleteStudent(Student student);
    public Student findStudentById(Integer id);
    public List<Student> findAllStudent();
}
```

(9)新建 StudentServiceImpl 类,以实现上述接口。

```
public class StudentServiceImpl implements StudentService{
    private StudentDao studentDao;
    public StudentDao getStudentDao() {
        return studentDao;
    }
    public void setStudentDao(StudentDao studentDao) {
        this.studentDao = studentDao;
    }
    @Override
```

```
                public void addStudent(Student student) {
                    studentDao.addStudent(student);
                }
                @Override
                public void updateStudent(Student student) {
                    studentDao.updateStudent(student);
                }
                @Override
                public void deleteStudent(Student student) {
                    studentDao.deleteStudent(student);
                }
                @Override
                public Student findStudentById(Integer id) {
                    return studentDao.findStudentById(id);
                }
                @Override
                public List<Student> findAllStudent() {
                    return studentDao.findAllStudent();
                }
        }
```

（10）配置 Spring 配置文件 applicationContext.xml。

① 情形一，假设使用 Hibernate 的配置文件 hibernate.cfg.xml，代码如下。

```xml
<?xml version="1.0" encoding="UTF-8"?>
<beans xmlns="http://www.springframework.org/schema/beans"
    xmlns:xsi="http://www.w3.org/2001/XMLSchema-instance"
    xmlns:aop="http://www.springframework.org/schema/aop"
    xmlns:tx="http://www.springframework.org/schema/tx"
    xmlns:context="http://www.springframework.org/schema/context"
    xsi:schemaLocation="http://www.springframework.org/schema/beans
        http://www.springframework.org/schema/beans/spring-beans.xsd
        http://www.springframework.org/schema/context
        http://www.springframework.org/schema/context/spring-context.xsd
        http://www.springframework.org/schema/tx
        http://www.springframework.org/schema/tx/spring-tx.xsd
        http://www.springframework.org/schema/aop
        http://www.springframework.org/schema/aop/spring-aop.xsd">
    <!-- 配置 SessionFactory, 引入 hibernate.cfg.xml 文件 -->
    <bean id="sessionFactory" class="org.springframework.orm.hibernate3.
    LocalSessionFactoryBean">
        <property name="configLocation" value="classpath:hibernate.cfg.xml">
        </property>
    </bean>
    <!-- 配置 Hibernate 模板 -->
    <bean id="hibernateTemplate" class="org.springframework.orm.hibernate3.
    HibernateTemplate">
        <property name="sessionFactory" ref="sessionFactory"></property>
    </bean>
    <!-- 配置 DAO -->
    <bean id="studentDao" class="com.seehope.dao.StudentDaoImpl">
        <property name="hibernateTemplate" ref="hibernateTemplate"></property>
    </bean>
    <!-- 配置 Service -->
    <bean id="studentService" class="com.seehope.service.StudentServiceImpl">
        <property name="studentDao" ref="studentDao"></property>
    </bean>
```

```
<!-- 定义事务管理器 -->
<bean id="txManager"
      class="org.springframework.orm.hibernate3.HibernateTransactionManager">
    <property name="sessionFactory" ref="sessionFactory" />
</bean>
<!-- 编写通知 -->
<tx:advice id="txAdvice" transaction-manager="txManager">
    <tx:attributes>
        <tx:method name="add*" propagation="REQUIRED"/>
        <tx:method name="save*" propagation="REQUIRED"/>
        <tx:method name="insert*" propagation="REQUIRED"/>
        <tx:method name="delete*" propagation="REQUIRED"/>
        <tx:method name="update*" propagation="REQUIRED"/>
    <tx:method name="select*" propagation="SUPPORTS" read-only="true" />
    <tx:method name="find*" propagation="SUPPORTS" read-only="true" />
    <tx:method name="search*" propagation="SUPPORTS" read-only="true" />
    </tx:attributes>
</tx:advice>
<!-- 编写 AOP, 让 Spring 自动切入事务到目标切面 -->
<aop:config>
    <!-- 定义切入点 -->
    <aop:pointcut id="txPointcut"expression="execution(* com.seehope.service.*.*(..))" />
    <!-- 将事务通知与切入点组合 -->
    <aop:advisor advice-ref="txAdvice" pointcut-ref="txPointcut" />
</aop:config>
</beans>
```

② 情形二, 不使用 hibernate.cfg.xml 文件, 这时其原有配置实际上是转由 Spring 配置文件来承担的。

首先在 src 下创建 c3p0-db.properties 文件, 内容如下。

```
jdbc.driverClass=com.mysql.jdbc.Driver
jdbc.jdbcUrl=jdbc:mysql://localhost:3306/studentdb?characterEncoding=UTF-8
jdbc.user=root
jdbc.password=root
```

然后创建配置文件 applicationContext2.xml, 代码如下。

```
<?xml version="1.0" encoding="UTF-8"?>
<beans xmlns="http://www.springframework.org/schema/beans"
   xmlns:xsi="http://www.w3.org/2001/XMLSchema-instance"
   xmlns:aop="http://www.springframework.org/schema/aop"
   xmlns:tx="http://www.springframework.org/schema/tx"
   xmlns:context="http://www.springframework.org/schema/context"
   xsi:schemaLocation="http://www.springframework.org/schema/beans
http://www.springframework.org/schema/beans/spring-beans.xsd
http://www.springframework.org/schema/context
http://www.springframework.org/schema/context/spring-context.xsd
http://www.springframework.org/schema/tx
http://www.springframework.org/schema/tx/spring-tx.xsd
http://www.springframework.org/schema/aop
http://www.springframework.org/schema/aop/spring-aop.xsd">
    <context:property-placeholder location="classpath:c3p0-db.properties"/>
    <!-- 配置数据源 -->
     <bean id="dataSource" class="com.mchange.v2.c3p0.ComboPooledDataSource">
        <property name="driverClass" value="${jdbc.driverClass}"/>
        <property name="jdbcUrl" value="${jdbc.jdbcUrl}"/>
```

```
                        <property name="user" value="${jdbc.user}"/>
                        <property name="password" value="${jdbc.password}"/>
                </bean>
                <!-- 配置 SessionFactory, 其内容类似 hibernate.cfg.xml 文件 -->
                <bean id="sessionFactory" class="org.springframework.orm.hibernate3.
        LocalSessionFactoryBean">
                        <property name="dataSource" ref="dataSource"></property>
                        <property name="hibernateProperties">
                                <props>
                                        <prop key="hibernate.dialect">org.hibernate.dialect.MySQL5Dialect
                                </prop>
                                        <prop key="hibernate.show_sql">true</prop>
                                        <prop key="hibernate.format_sql">true</prop>
                                        <prop key="hibernate.hbm2ddl.auto">update</prop>
                                        <prop key="javax.persistence.validation.mode">none</prop>
                                        <prop key="hibernate.current_session_context_class">thread</prop>
                                </props>
                        </property>
                        <property name="mappingResource" value="com/seehope/entity/Student.hbm.xml">
                        </property>
                </bean>
                <!-- 配置 Hibernate 模板 -->
                <bean id="hibernateTemplate" class="org.springframework.orm.hibernate3.
        HibernateTemplate">
                        <property name="sessionFactory" ref="sessionFactory"></property>
                </bean>
                <!-- 配置 DAO -->
                <bean id="studentDao" class="com.seehope.dao.StudentDaoImpl">
                        <property name="hibernateTemplate" ref="hibernateTemplate"></property>
                </bean>
                <!-- 配置 Service -->
                <bean id="studentService" class="com.seehope.service.StudentServiceImpl">
                        <property name="studentDao" ref="studentDao"></property>
                </bean>
                <!-- 定义事务管理器 -->
                <bean id="txManager"
                        class="org.springframework.orm.hibernate3.HibernateTransactionManager">
                        <property name="sessionFactory" ref="sessionFactory" />
                </bean>
                <!-- 编写通知 -->
                <tx:advice id="txAdvice" transaction-manager="txManager">
                        <tx:attributes>
                                <tx:method name="add*" propagation="REQUIRED"/>
                                <tx:method name="save*" propagation="REQUIRED"/>
                                <tx:method name="insert*" propagation="REQUIRED"/>
                                <tx:method name="delete*" propagation="REQUIRED"/>
                                <tx:method name="update*" propagation="REQUIRED"/>
                        <tx:method name="select*" propagation="SUPPORTS" read-only="true" />
                        <tx:method name="find*" propagation="SUPPORTS" read-only="true" />
                        <tx:method name="search*" propagation="SUPPORTS" read-only="true" />
                        </tx:attributes>
                </tx:advice>
                <!-- 编写 AOP, 让 Spring 自动切入事务到目标切面 -->
                <aop:config>
                        <!-- 定义切入点 -->
```

```
            <aop:pointcut id="txPointcut"
                    expression="execution(* com.seehope.service.*.*(..))" />
            <!-- 将事务通知与切入点组合 -->
            <aop:advisor advice-ref="txAdvice" pointcut-ref="txPointcut" />
        </aop:config>
    </beans>
```

将 web.xml 中的 applicationContext.xml 替换为 applicationContext2.xml，以便项目启动时加载配置文件 applicationContext2.xml。上述两种情形只能选一个测试。

两种情形下的 Spring 配置文件的区别：若使用 hibernate.cfg.xml，则 applicationContext.xml 配置文件会简单些，直接引用 hibernate.cfg.xml 即可快速创建好 SessionFactory 这个 Bean，以供后续使用。若不使用 hibernate.cfg.xml 文件，配置文件 applicationContext.xml 会很臃肿，相当于将 hibernate.cfg.xml 中的内容迁移到配置文件 applicationContext.xml 中来，并且除了创建 SessionFactory 这个 Bean 外，还要先创建一个名为 dataSource 的 Bean，该 Bean 的配置包含了大量数据库连接信息，而这原本是由 hibernate.cfg.xml 来做的事情。

（11）新建包 com.seehope.test，新建测试类 Test。

```
import java.util.List;
import org.Springframework.context.ApplicationContext;
import org.Springframework.context.support.ClassPathXmlApplicationContext;
import com.seehope.entity.Student;
import com.seehope.service.StudentService;
public class Test {
    public static void main(String[] args) {
        test1();
    }
    public static void test1() {
        ApplicationContext applicationContext=new ClassPathXmlApplicationContext
        ("applicationContext.xml");
        StudentService studentService=applicationContext.getBean("studentService",
StudentService.class);
        List<Student> list=studentService.findAllStudent();
        for(Student stu:list) {
            System.out.println(stu);
        }
    }
}
```

分别按第（10）步的两种情形进行测试，结果都一样，具体如下。

```
Hibernate:
    select
        student0_.id as id0_,
        student0_.studentname as studentn2_0_,
        student0_.gender as gender0_,
        student0_.age as age0_
    from
        student student0_
    Student [id=1, studentname=李白, age=28, gender=男]
    Student [id=2, studentname=杜甫, age=22, gender=男]
    Student [id=3, studentname=张无忌, age=19, gender=男]
    Student [id=4, studentname=赵敏, age=18, gender=女]
    Student [id=5, studentname=李寻欢, age=20, gender=女]
    Student [id=9, studentname=王维, age=19, gender=女]
```

17.3　Spring 整合 Struts 2

接着上文中的项目继续完善。

（1）导入与 Struts 2 相关的 JAR 包，如图 17.3 所示。

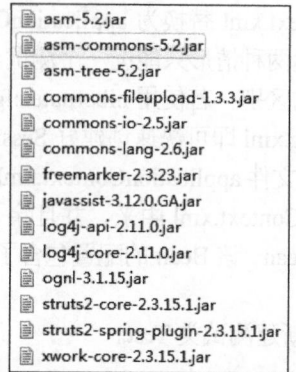

图 17.3　与 Struts 2 相关的 JAR 包

其中，struts2-spring-plugin-2.3.15.1.jar 用于 Spring 与 Struts 2 的整合。

（2）在 web.xml 中配置 Struts 2 核心过滤器，注意 web.xml 中原有的配置保留不动。

```xml
<filter>
<filter-name>struts 2</filter-name>
    <filter-class>org.apache.struts 2.dispatcher.ng.filter.
StrutsPrepareAndExecuteFilter</filter-class>
</filter>
<filter-mapping>
<filter-name>struts 2</filter-name>
<url-pattern>/*</url-pattern>
</filter-mapping>
```

（3）创建 struts.xml 配置文件。

```xml
<?xml version="1.0" encoding="UTF-8" ?>
<!DOCTYPE struts PUBLIC
    "-//Apache Software Foundation//DTD Struts Configuration 2.0//EN"
    "http://struts.apache.org/dtds/struts-2.5.dtd">
<struts>
    <constant name="struts.devMode" value="true"></constant>
    <package name="default" namespace="/" extends="struts-default">
        <action name="stuAction_*" class="com.seehope.action.StudentAction"
method="{1}">
            <result name="success">/list.jsp</result>
            <result name="all" type="redirectAction">stuAction_finaAll</result>
            <result name="update">/update.jsp</result>
        </action>
    </package>
</struts>
```

整合方案一：在 Spring 配置文件 applicationContext.xml 中，不创建有关 Action 的 Bean，由整合包自动给 Action 中调用的业务层的接口属性注入实例，默认采用的是按名称匹配的方式注入。在这种情况下，要求 Action 中的接口属性名称必须与 appplicationContext.xml 中已创建好的业务层的 Bean 的名称一致。还有在 Struts 2 配置文件中，各个 Action 对应的 class 属性必须采用完整路径名称，例如，com.seehope.action.StudentAction。

整合方案二：在配置文件 applicationContext.xml 中创建 Action 的 Bean，示例如下。

```
<bean id="stuAction" class="com.seehope.action.StudentAction">
    <property name="studentService" ref="studentService"></property>
</bean>
```

这时配置文件 struts.xml 有关 Action 的 class 属性应设置为此 Bean 的名称，示例如下。

```
<action name="stuAction_*" class="stuAction" method="{1}">
    <result name="success">/list.jsp</result>
    <result name="all" type="redirectAction">stuAction_finaAll</result>
    <result name="update">/update.jsp</result>
</action>
```

两种方案中，第一种方案几乎不用做什么额外的事情，只需确保之前导入了整合 JAR 包，无须为 Action 创建 Bean，且配置文件 struts.xml 几乎无任何变化，就像之前单独使用 Struts 2 一样。因此，推荐使用第一种方案。

（4）新建 com.seehope.action 包，新建 StudentAction 类。

```
package com.seehope.action;
import java.util.List;
import com.opensymphony.xwork2.ActionSupport;
import com.seehope.entity.Student;
import com.seehope.service.StudentService;
public class StudentAction extends ActionSupport{
    private Student student;
    private int id;
    private List<Student> list;
    private StudentService studentService;
    //省略 getter()、setter()方法
    public String add() {
        this.studentService.addStudent(student);
        return "all";
    }
    public String delete() {
        student=studentService.findStudentById(id);
        this.studentService.deleteStudent(student);
        return "all";
    }
    public String update() {
        this.studentService.updateStudent(student);
        return "all";
    }
    public String finaAll() {
        list=this.studentService.findAllStudent();
        return "success";
    }
    public String toupdate() {
        student=this.studentService.findStudentById(id);
        return "update";
    }
}
```

（5）创造前台页面。

list.jsp 用来展示所有学生列表，代码如下。

```
<%@ page language="java" contentType="text/html; charset=UTF-8"
    pageEncoding="UTF-8"%>
<%@ taglib prefix="s" uri="/struts-tags" %>
<!DOCTYPE html PUBLIC "-//W3C//DTD HTML 4.01 Transitional//EN" "http://www.w3.org/TR/
```

```
html4/loose.dtd">
    <html>
    <head>
    <meta http-equiv="Content-Type" content="text/html; charset=UTF-8">
    <title>Insert title here</title>
    </head>
    <body>
    <a href="add.jsp">添加学生</a>
    <table border=1>
      <tr>
      <td>学号</td><td>学生姓名</td><td>性别</td><td>年龄</td><td>删除</td><td>修改</td>
      </tr>
      <s:iterator value="list">
          <tr>
              <td><s:property value="id"/> </td>
              <td><s:property value="studentName"/></td>
              <td><s:property value="gender"/></td>
              <td><s:property value="age"/></td>
              <td><a href="stuAction_delete?id=<s:property value='id'/>"  onclick=
          "return confirm('你确定要删除吗?');">删除</a>
               <td><a href="stuAction_toupdate?id=<s:property value='id'/>">修改</a>
          </tr>
      </s:iterator>
      </table>
    </body>
    </html>
```

add.jsp 用来添加新的学生，代码如下。

```
<%@ page language="java" contentType="text/html; charset=UTF-8"
    pageEncoding="UTF-8"%>
<!DOCTYPE html PUBLIC "-//W3C//DTD HTML 4.01 Transitional//EN" "http://www.w3.org/
TR/html4/loose.dtd">
    <html>
    <head>
    <meta http-equiv="Content-Type" content="text/html; charset=UTF-8">
    <title>Insert title here</title>
    </head>
    <body>
    <h2>添加新学生</h2>
    <form action="stuAction_add" method="post">
        <table border=1>
        <!-- <tr><td>学号</td><td><input type="text" name="student.id"/></td></tr> -->
        <tr><td>姓名</td><td><input type="text" name="student.studentName"/></td></tr>
        <tr><td>性别</td><td><input type="text" name="student.gender"/></td></tr>
        <tr><td>年龄</td><td><input type="text" name="student.age"/></td></tr>
        <tr><td colspan="2" style="text-align:center"><input type="submit" value="保存"/>
    </td>
        </table>
    </form>
    </body>
    </html>
```

update.jsp 用于修改学生，代码如下。

```
<%@ page language="java" contentType="text/html; charset=UTF-8"
    pageEncoding="UTF-8"%>
```

```
    <%@ taglib prefix="s" uri="/struts-tags" %>
    <!DOCTYPE html PUBLIC "-//W3C//DTD HTML 4.01 Transitional//EN" "http://www.w3.org/TR/
html4/loose.dtd">
    <html>
    <head>
    <meta http-equiv="Content-Type" content="text/html; charset=UTF-8">
    <title>Insert title here</title>
    </head>
    <body>
    <h2>添加新学生</h2>
    <form action="stuAction_update" method="post">
        <table border=1>
        <tr><td>学号</td><td><input type="text" name="student.id" value=<s:property
value="student.id"/> readyonly=true></td></tr>
        <tr><td>姓名</td><td><input type="text" name="student.studentName" value=
<s:property value="student.studentName"/>></td></tr>
        <tr><td>性别</td><td><input type="text" name="student.gender" value=<s:property
value="student.gender"/>></td></tr>
        <tr><td>年龄</td><td><input type="text" name="student.age" value=<s:property
value="student.age"/>></td></tr>
        <tr><td colspan="2" style="text-align:center"><input type="submit" value="保存"/>
</td>
        </table>
    </form>
    </body>
    </html>
```

测试效果：在浏览器的地址栏中输入 http://localhost:8080/ssh17/stuAction_finaAll，结果如图 17.4 所示。
单击"添加学生"按钮，弹出图 17.5 所示的界面。

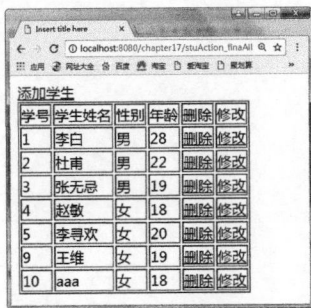

图 17.4　所有学生列表

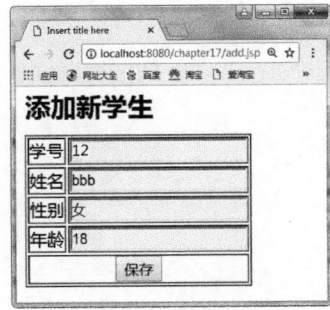

图 17.5　添加学生

输入数据，单击"保存"按钮后，结果如图 17.6 所示。

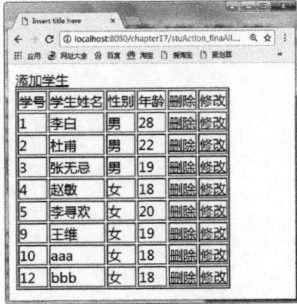

图 17.6　添加学生成功

247

可以看到图 17.6 中多了一条学生记录，删除、修改等功能也测试正常。至此 SSH 整合完成。

上机练习

参考本章案例，用 SSH 实现对商品信息的增、删、改、查操作。

思考题

1. SSH 整合的原理是什么？
2. Spring 整合 Struts 2 有哪些方案？有什么不同？

18 第 18 章　SSH 项目实战

本章目标

✧　掌握项目开发的流程

只有把理论知识同具体实际相结合，才能正确回答实践提出的问题，扎实提升读者的理论水平与实战能力。为此，下面给出 SSH 项目实战案例，以供读者实践。

18.1　项目需求分析

项目名称：砺锋在线书店。

功能需求如下。

（1）顾客能够自动登录，浏览分类商品及商品详情，按动态条件搜索书籍，查看商品评论，将商品加入购物车，管理购物车，下订单，模拟支付，即实现顾客购物的完整流程。

（2）顾客进入后台管理订单。

（3）书店管理员管理商品与订单。

本章将给出详细步骤实现功能（1），这也是本项目最重要的功能。其余功能作为课后作业留给读者自行完善。项目源码参见本书配套资源。

技术要求：Spring 4+Struts 2+Hibernate 3。

数据库：MySQL 5.7。

前端框架：jQuery+Bootstrap。

服务器：Tomcat 8.5。

Java 版本：JDK 1.8。

18.2　数据库设计

（1）使用 MySQL 创建数据库 bookshop，创建用户表 user，该表的结构如图 18.1 所示。

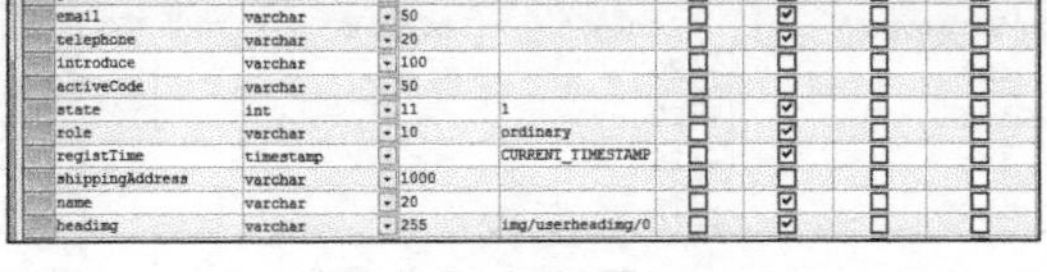
Alter Table 'user' in 'bookshop'

Field Name	Datatype	Len	Default	PK?	Not Null?	Unsigned?	Auto Incr?
id	int	11		☑	☑	☐	☑
username	varchar	20		☐	☑	☐	☐
password	varchar	20		☐	☑	☐	☐
gender	varchar	10		☐	☐	☐	☐
email	varchar	50		☐	☑	☐	☐
telephone	varchar	20		☐	☑	☐	☐
introduce	varchar	100		☐	☐	☐	☐
activeCode	varchar	50		☐	☐	☐	☐
state	int	11	1	☐	☑	☐	☐
role	varchar	10	ordinary	☐	☑	☐	☐
registTime	timestamp		CURRENT_TIMESTAMP	☐	☑	☐	☐
shippingAddress	varchar	1000		☐	☐	☐	☐
name	varchar	20		☐	☑	☐	☐
headimg	varchar	255	img/userheadimg/0	☐	☑	☐	☐

图 18.1　用户表 user

（2）创建产品表 products，如图 18.2 所示。

Alter Table 'products' in 'bookshop'

Field Name	Datatype	Len	Default	PK?	Not Null?	Unsigned?	Auto Incr?	Zerofill?	Comment
id	varchar	100		☑	☑	☐	☐	☐	订单id
name	varchar	40		☐	☑	☐	☐	☐	
price	double	11,0		☐	☑	☐	☐	☐	价格
category	varchar	40		☐	☐	☐	☐	☐	类别
pnum	int	11		☐	☑	☐	☐	☐	数量
imgurl	varchar	255		☐	☑	☐	☐	☐	图片地址
description	varchar	255		☐	☐	☐	☐	☐	说明
author	varchar	20		☐	☐	☐	☐	☐	作者
sales	int	11		☐	☐	☐	☐	☐	

图 18.2　产品表 products

（3）创建商品评论表 evaluation，如图 18.3 所示。

Alter Table 'evaluation' in 'bookshop'

Field Name	Datatype	Len	Default	PK?	Not Null?	Unsigned?	Auto Incr?	Zerofill?	Comment
id	int	20		☑	☑	☐	☑	☐	
order_id	int	20		☐	☐	☐	☐	☐	商品id
comments	varchar	255		☐	☐	☐	☐	☐	评语
products_id	int	20		☐	☑	☐	☐	☐	
score	int	1		☐	☑	☐	☐	☐	评分
user_id	int	20		☐	☑	☐	☐	☐	
time	timestamp		CURRENT_TIMESTAMP	☐	☑	☐	☐	☐	
imgurl	varchar	255		☐	☐	☐	☐	☐	

图 18.3　商品评论表 evaluation

（4）创建订单表 orders，如图 18.4 所示。

Alter Table 'orders' in 'bookshop'

Field Name	Datatype	Len	Default	PK?	Not Null?	Unsigned?	Auto Incr?
id	int	100		☑	☑	☐	☑
money	double			☐	☐	☐	☐
receiverAddress	varchar	255		☐	☐	☐	☐
receiverName	varchar	20		☐	☐	☐	☐
receiverPhone	varchar	20		☐	☐	☐	☐
paystate	int	11		☐	☐	☐	☐
ordertime	timestamp		CURRENT_TIMESTAMP	☐	☑	☐	☐
user_id	int	11		☐	☐	☐	☐

图 18.4　订单表 orders

（5）创建订单明细表 orderitem，如图 18.5 所示。

Alter Table 'orderitem' in 'bookshop'

Field Name	Datatype	Len	Default	PK?	Not Null?	Unsigned?	Auto Incr?	Zerofill?	Comment
order_id	int	100		☐	☑	☐	☐	☐	订单id
product_id	varchar	100		☐	☑	☐	☐	☐	产品表
buynum	int	11		☐	☐	☐	☐	☐	订单购买数量
id	int	11		☑	☑	☐	☑	☐	

图 18.5　订单明细表 orderitem

（6）创建购物车表 cart，如图 18.6 所示。

Alter Table 'cart' in 'bookshop'

Field Name	Datatype	Len	Default	PK?	Not Null?	Unsigned?	Auto Incr?
id	int	20		☑	☑	☐	☑
product_id	int	20		☐	☑	☐	☐
user_id	int	20		☐	☑	☐	☐
booknum	int	11		☐	☐	☐	☐

图 18.6　购物车表 cart

　　随书资源提供了 bookshop.sql 文件，供用户一次性生成数据库与 6 个表。该文件已含有部分数据供测试用。读者在 MySQL 开发工具中导入此文件即可。6 个表之间的关系如图 18.7 所示。

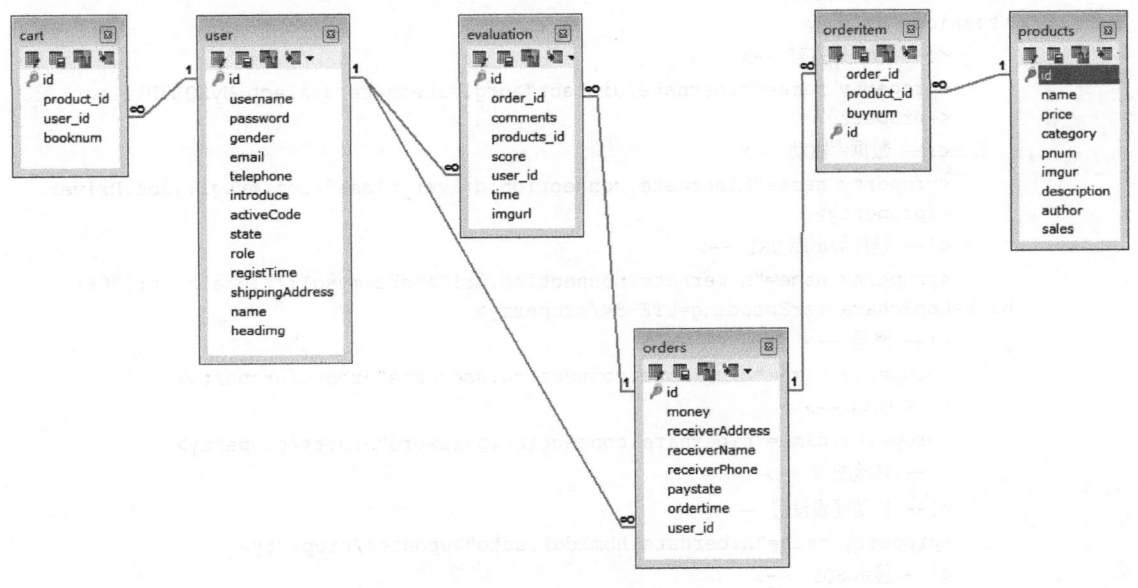

图 18.7　表之间的关系示意图

18.3　搭建 SSH 框架

　　（1）新建项目 bookshop，参考前文内容导入 Hibernate 3 所需的 JAR 包、Struts 2.3.16 所需的 JAR 包、Spring 4.3.4 所需的 JAR 包。其他的 JAR 包有：连接 MySQL 所需的 JAR 包 mysql-connector-java-5.1.21.jar、连接 JSON 所需的 JAR 包 struts 2-json-plugin-2.1.8.1.jar 及 ezmorph-1.0.6.jar。项目所需的全部 JAR 包清单如图 18.8 所示（所有的 JAR 包均可从配套资源项目中获取）。

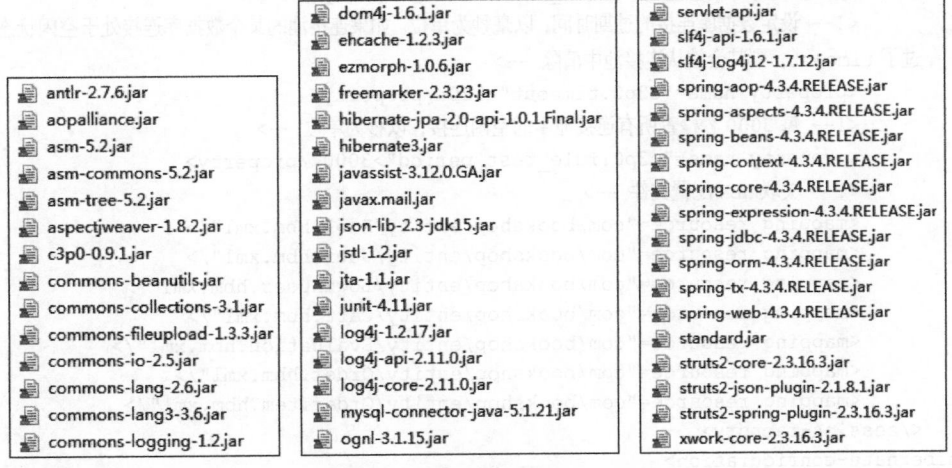

图 18.8　项目所需的全部 JAR 包

　　（2）创建配置文件 hibernate.cfg.xml，代码如下所示。

```
<?xml version='1.0' encoding='UTF-8'?>
```

```xml
<!-- 配置文件的 DTD 信息 -->
<!DOCTYPE hibernate-configuration PUBLIC "-//Hibernate/Hibernate Configuration DTD 3.0//EN"
        "http://hibernate.sourceforge.net/hibernate-configuration-3.0.dtd">
<hibernate-configuration>
    <session-factory>
        <!-- 数据库方言 -->
        <property name="hibernate.dialect">org.hibernate.dialect.MySQL5Dialect
        </property>
        <!-- 数据库驱动 -->
        <property name="hibernate.connection.driver_class">com.mysql.jdbc.Driver
        </property>
        <!-- 链接数据库 URL -->
        <property name="hibernate.connection.url">jdbc:mysql://localhost:3306/
    bookshop?characterEncoding=UTF-8</property>
        <!-- 账号 -->
        <property name="hibernate.connection.username">root</property>
        <!-- 密码 -->
        <property name="hibernate.connection.password">root</property>
        <!-- 其他配置 -->
        <!-- 自动建表设置 -->
        <property name="hibernate.hbm2ddl.auto">update</property>
        <!-- 显示 SQL -->
        <property name="hibernate.show_sql">true</property>
        <!-- 格式化 SQL -->
        <property name="hibernate.format_sql">true</property>
        <!-- C3P0 连接池 -->
        <!-- 使用 C3P0 连接池配置连接池供应商 -->
        <property name="connection.provider_class">org.hibernate.connection.
    C3P0ConnectionProvider</property>
        <!-- 连接池中可用的数据库连接的最少数目 -->
        <property name="c3p0.min_size">5</property>
        <!-- 连接池中可用的数据库连接的最多数目 -->
        <property name="c3p0.min_size">20</property>
        <!-- 设定数据库连接的过期时间，以毫秒为单位。如果连接池的某个数据库连接处于空闲状态的时间超
    过了 timeout，则其会被从连接池中清除 -->
        <property name="c3p0.timeout">120</property>
        <!-- 每 3000 秒检查所有连接池中的空闲连接，以秒为单位 -->
        <property name="c3p0.idle_test_period">3000</property>
        <!-- 关联 HBM 配置文件 -->
        <mapping resource="com/bookshop/entity/Book.hbm.xml"/>
        <mapping resource="com/bookshop/entity/User.hbm.xml"/>
        <mapping resource="com/bookshop/entity/LoginUser.hbm.xml"/>
        <mapping resource="com/bookshop/entity/Cart.hbm.xml"/>
        <mapping resource="com/bookshop/entity/Evaluation.hbm.xml"/>
        <mapping resource="com/bookshop/entity/Order.hbm.xml"/>
        <mapping resource="com/bookshop/entity/OrderItem.hbm.xml"/>
    </session-factory>
</hibernate-configuration>
```

注意：该文件已关联了后面要用到的所有映射文件，但在进行分模块设计时，可以只保留当前
要用到的映射文件。例如，在制作 18.4 节的用户登录模块时，可只保留如下一行代码。

```xml
<mapping resource="com/bookshop/entity/User.hbm.xml"/>
```

其他暂时用不到的，先注释掉，待后面用到时再取消注释即可。

（3）配置文件 struts.xml 如下，暂且只有如下内容，包括访问首页、登录和退出登录的 3 个 Action，随着业务的开展会逐步进行添加、修改与完善。

```xml
<?xml version="1.0" encoding="UTF-8" ?>
<!DOCTYPE struts PUBLIC
    "-//Apache Software Foundation//DTD Struts Configuration 2.0//EN"
    "http://struts.apache.org/dtds/struts-2.5.dtd">
<struts>
    <package name="default" namespace="/" extends="json-default">
        <!-- 访问首页 -->
        <action name="index" class="com.bookshop.action.UserAction" method="index">
            <result name="success">index.jsp</result>
        </action>
        <!-- 登录 -->
        <action name="login" class="com.bookshop.action.UserAction" method="login" >
            <result type="json" name="success">
                <param name="root">result</param>
            </result>
        </action>
        <!-- 退出登录 -->
        <action name="logout" class="com.bookshop.action.UserAction" method="logout" >
            <result name="success" type="redirect">${path}</result>
        </action>
    </package>
</struts>
```

由于登录采用了 JSON 方式进行前后台数据交互，所以 Struts 2 的 package 必须继承 extends="json-default"。这里定义了两个 URL 的映射关系。注意：退出 "logout" 之所以用到了 ${path}，目的是让不同地方退出后能回到原来所在的地方，所以用了动态的 ${path}。

（4）配置文件 applicationContext.xml 如下，暂且只有如下内容，包括用户登录需用到的 DAO 层和业务层的 Bean，随着业务的开展会逐步进行添加与完善。

```xml
<?xml version="1.0" encoding="UTF-8"?>
<beans xmlns="http://www.Springframework.org/schema/beans"
    xmlns:xsi="http://www.w3.org/2001/XMLSchema-instance"
    xmlns:aop="http://www.springframework.org/schema/aop"
    xmlns:tx="http://www.springframework.org/schema/tx"
    xmlns:context="http://www.springframework.org/schema/context"
    xsi:schemaLocation="
    http://www.springframework.org/schema/beans
    http://www.springframework.org/schema/beans/spring-beans.xsd
    http://www.springframework.org/schema/context
    http://www.springframework.org/schema/context/spring-context.xsd
    http://www.springframework.org/schema/tx
    http://www.springframework.org/schema/tx/spring-tx.xsd
    http://www.springframework.org/schema/aop
    http://www.springframework.org/schema/aop/spring-aop.xsd">
    <!-- 配置 SessionFactory, 引入 hibernate.cfg.xml 文件 -->
    <bean id="sessionFactory" class="org.springframework.orm.hibernate3.
LocalSessionFactoryBean">
        <property name="configLocation" value="classpath:hibernate.cfg.xml">
        </property>
    </bean>
    <!-- 配置 Hibernate 模板 -->
```

```
        <bean id="hibernateTemplate" class="org.springframework.orm.hibernate3.
    HibernateTemplate">
            <property name="sessionFactory" ref="sessionFactory"></property>
        </bean>
        <bean id="userDao" class="com.bookshop.dao.UserDaoImpl">
        <property name="hibernateTemplate" ref="hibernateTemplate"></property>
        </bean>
        <!-- 配置 Service -->
        <bean id="userService" class="com.bookshop.service.UserServiceImpl">
            <property name="userDao" ref="userDao"></property>
        </bean>
        <!-- 定义事务管理器 -->
        <bean id="txManager"
            class="org.springframework.orm.hibernate3.HibernateTransactionManager">
            <property name="sessionFactory" ref="sessionFactory" />
        </bean>
        <!-- 编写通知 -->
        <tx:advice id="txAdvice" transaction-manager="txManager">
            <tx:attributes>
                <tx:method name="add*" propagation="REQUIRED"/>
                <tx:method name="save*" propagation="REQUIRED"/>
                <tx:method name="insert*" propagation="REQUIRED"/>
                <tx:method name="delete*" propagation="REQUIRED"/>
                <tx:method name="remove*" propagation="REQUIRED"/>
                <tx:method name="update*" propagation="REQUIRED"/>
            <tx:method name="select*" propagation="SUPPORTS" read-only="true" />
            <tx:method name="find*" propagation="SUPPORTS" read-only="true" />
            <tx:method name="search*" propagation="SUPPORTS" read-only="true" />
            </tx:attributes>
        </tx:advice>
        <!-- 编写 AOP，让 Spring 自动切入事务到目标切面 -->
        <aop:config>
            <!-- 定义切入点 -->
            <aop:pointcut id="txPointcut"
                expression="execution(* com.bookshop.service.*.*(..))" />
            <!-- 将事务通知与切入点组合 -->
            <aop:advisor advice-ref="txAdvice" pointcut-ref="txPointcut" />
        </aop:config>
    </beans>
```

（5）创建工具类，新建包 com.bookshop.util，在该包下新建名为 HibernateUtil 的类，以便在 DAO 层能构建复杂的 HQL 查询。代码参见随书资源。

（6）再在此包下新建一个 Unicode 类，用来解决传递参数时的中文乱码问题。代码参见随书资源。

18.4 首页与用户登录模块

在浏览器中访问 http://localhost:8080/bookshop/index，出现首页，首页效果如图 18.9 所示。

将鼠标光标移动到左侧主题（图书分类）后，会弹出图 18.10 所示的界面。

单击右上角的"登录"按钮，会弹出一个登录框，如图 18.11 所示。

图 18.9　首页

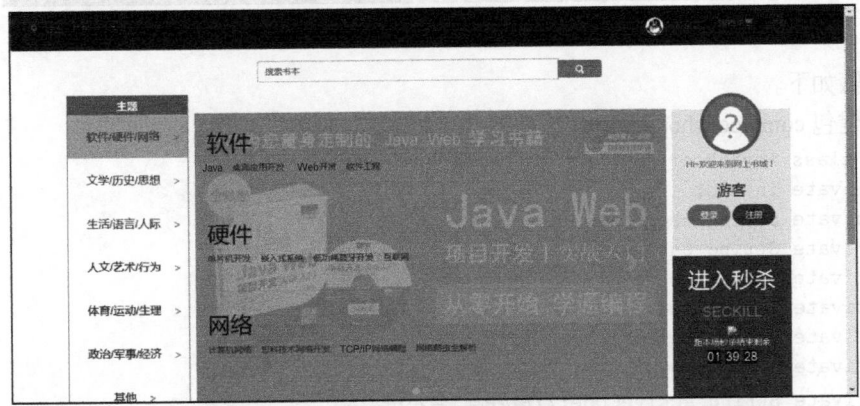

图 18.10　分类导航

图 18.11　弹出登录框

登录成功后，信息显示在图 18.12 所示的右上角位置。

图 18.12　登录成功后的首页

实现步骤如下。

（1）新建包 com.bookshop.entity，新建持久化类 LoginUser。

```
public class LoginUser {
    private int id;
    private String username;
    private String password;
    private String gender;
    private String email;
    private String telephone;
    private String introduce;
    private String activeCode;//激活码，暂不用
    private int state;          //激活状态，暂不用
    private String role;
    private Date registTime;
    private String shippingAddress;
    private String name;
    private String headimg;
    //省略 getter()、setter()方法
```

另外，还需在同一个包下创建映射文件 LoginUser.hbm.xml，代码参见随书资源。

（2）创建 DAO 层，在 src 下新建包 com.bookshop.dao，新建接口 UserDao，内容如下。

```
package com.bookshop.dao;
import java.util.List;
import com.bookshop.entity.LoginUser;
public interface UserDao {
    // 用户登录
    public LoginUser findUser(String username, String password);
}
```

（3）在同一个包下新建类 UserDaoImpl，以实现 UserDao 接口。

```java
public class UserDaoImpl implements UserDao{
    private HibernateTemplate hibernateTemplate;
    public HibernateTemplate getHibernateTemplate() {
        return hibernateTemplate;
    }
    public void setHibernateTemplate(HibernateTemplate hibernateTemplate) {
        this.hibernateTemplate = hibernateTemplate;
    }
    @Override
    public LoginUser findUser(String username, String password) {
        LoginUser user=null;
        try {
            List<LoginUser> list=(List<LoginUser>) hibernateTemplate.find("from
        LoginUser where username=? and password=?",username,password);
            if(list.size()>0) {
                user=list.get(0);
            }
        }catch(Exception e) {
            e.printStackTrace();
        }
        return user;
    }
}
```

（4）新建包 com.bookshop.service 作为业务层，新建接口 UserService，代码如下。

```java
package com.bookshop.service;
import java.util.List;
import com.bookshop.entity.LoginUser;
public interface UserService {
    // 用户登录
    public LoginUser login(String username, String password);
}
```

（5）在 com.bookshop.service 包下新建类 UserServiceImpl，以实现 UserService 接口。

```java
public class UserServiceImpl implements UserService{
    private UserDao userDao;
    //省略 userDao 的 getter()、setter()方法
    @Override
    public LoginUser login(String username, String password) {
        return userDao.findUser(username, password);
    }
}
```

（6）新建包 com.bookshop.action 作为控制层，新建类 UserAction 继承父类 ActionSupport，该类
中有实现登录和退出的方法。相关信息以 JSON 格式传回客户端，相应地配置文件 struts.xml 要实现
JSON，前面已实现。

```java
public class UserAction extends ActionSupport{
    private static final long serialVersionUID = 1L;
    private UserService userService;
    public JSONObject result;    //传回客户端的 JSON 格式的数据
    public String autologin;     //自动登录
    public String username;
    public String password;
    public String path;          //客户端的 URL 路径，以识别从哪个页面登录
```

```
                //省略 getter()、setter()方法
                public String login() {
                    LoginUser user = userService.login(username, password);
                    try {
                        Map<String,Object> list = new HashMap<String,Object>();
                        //登录成功，存入 Cookie，以便下次自动登录
                        if(user != null) {
                            HttpSession session = ServletActionContext.getRequest().
                    getSession();
                            session.setAttribute("user", user);
                            if(autologin.equals("true")) {
                                Cookie cookie = new Cookie("user", new Unicode().toCookieUnicode(user.
                    getUsername()) + "==" +new Unicode().toCookieUnicode(user.getPassword()));
                                cookie.setPath("/");
                                cookie.setMaxAge(1000*60*60*24);//24 小时
                                ServletActionContext.getResponse().addCookie(cookie);
                            }
                            list.put("state","true");
                            list.put("user", user);
                        }else {
                            list.put("state","false");
                        }
                        result=JSONObject.fromObject(list);
                    }catch(Exception e){
                        e.printStackTrace();
                    }
                    return "success";
                }
                //退出登录，清除 Cookie
                public String logout() throws IOException {
                    HttpSession session = ServletActionContext.getRequest().getSession();
                    session.removeAttribute("user");
                    Cookie cookie = new Cookie("user", "");
                    cookie.setPath("/");
                    cookie.setMaxAge(0);
                    ServletActionContext.getResponse().addCookie(cookie);
                    System.out.println("state:true");
                    return "success";
                }
            }
```

（7）实现自动登录。上面代码已实现若用户登录时勾选了自动登录，则服务器会创建有效期为 24 小时的 Cookie 存入客户端，下次再访问 index.jsp 页面时可以通过拦截器进行自动登录。

首先在 src 下新建一个包 com.bookshop.interceptor，在该包下新建类 AutoLoginInterceptor 继承 AbstractInterceptor。

```
public class AutoLoginInterceptor extends AbstractInterceptor{
    @Override
    public String intercept(ActionInvocation invocation) throws Exception {
        HttpServletRequest request = (HttpServletRequest)
    invocation.getInvocationContext().get(ServletActionContext.HTTP_REQUEST);
        Cookie[] cookies = request.getCookies();
        String username = "";
        String password = "";
        //为避免中文乱码问题，使用了工具类 Unicode，该类在包 com.bookshop.util 下
```

```
            Unicode unicode = new Unicode();
            //遍历 Cookie
            if(cookies !=null) {
                for(int i = 0; i <cookies.length; i++) {
                    if(cookies[i].getName().equals("user")) {
                        username = unicode.toCookieString(cookies[i].getValue().
                    split("==")[0]);
                        password = unicode.toCookieString(cookies[i].getValue().
                    split("==")[1]);
                        break;
                    }
                }
                if((username !=null || username !="") && (password !=null ||
            password !="")) {
                    //验证从 Cookie 中获取用户名和密码是否合法
                    ApplicationContext applicationContext=new ClassPathXmlApplicationContext
                ("applicationContext.xml");
                    UserService userService=applicationContext.getBean("userService",
                UserService.class);
                    LoginUser user=userService.login(username, password);
                    //如果是合法用户，则设置 Session
                    if(user != null)
                        request.getSession().setAttribute("user", user);
                }
            }
            //放行
            String result=invocation.invoke();
            return result;
        }
    }
```

修改 struts.xml，定义和使用拦截器。代码如下。

```xml
<?xml version="1.0" encoding="UTF-8" ?>
<!DOCTYPE struts PUBLIC "-//Apache Software Foundation//DTD Struts Configuration 2.0//EN"
"http://struts.apache.org/dtds/struts-2.5.dtd">
<struts>
    <package name="default" namespace="/" extends="json-default">
        <!-- 定义自动登录拦截器 -->
        <interceptors>
            <interceptor name="autologin" class="com.bookshop.interceptor.
        AutoLoginInterceptor">
            </interceptor>
        </interceptors>
        <!-- 访问首页 -->
        <action name="index" class="com.bookshop.action.UserAction" method="index">
            <result name="success">index.jsp</result>
            <!-- 使用拦截器 -->
            <interceptor-ref name="autologin"></interceptor-ref>
        </action>
        <!-- 登录 -->
        <action name="login" class="com.bookshop.action.UserAction" method="login" >
            <result type="json" name="success">
                <param name="root">result</param>
            </result>
```

```
                </action>
                <!-- 退出登录 -->
                <action name="logout" class="com.bookshop.action.UserAction" method="logout" >
                        <result name="success" type="redirect">${path}</result>
                </action>
        </package>
</struts>
```

首次登录时若勾选了自动登录，则用户名和密码就存入了客户端的 Cookie 中，下次此客户端再次访问 http://localhost:8080/bookshop/index，拦截器会进行拦截，并获取 Cookie 进行验证，验证通过则创建 Session，从而实现自动登录。

注意： 这里下次访问首页的 URL 必须是 index，不能是 index.jsp，否则拦截器拦截不到，不能实现自动登录。

（8）在 WebContent 下建立以下文件夹。

① bootstrap：放置 bootstrap 资源。

② img：放置各个页面要用到的图片。

③ css：放置各个页面要用到的 CSS 文件。

④ js：放置各个页面用到的 JavaScript 文件。

⑤ jspt：放置重复使用的页面头部和脚部，供其他页面调用。

读者仿做此项目时，可直接从配套资源中复制 img 文件夹、bootstrap 文件夹、jspt 文件夹，再把 index.css 复制到 css 文件夹，index.js 复制到 js 文件夹。

jspt 文件夹里面包含了 navbar.jsp 文件，作为供其他页面重复调用的头部。navbar.jsp 文件中包含了登录模块，但一开始让它隐藏，只有单击"登录"后才用 jQuery 的下拉特效显示出来。登录使用 Ajax，传递用户名和密码到 Action，传回登录状态、用户对象等，再在 Ajax 的回调函数 success 中改变若干页面元素，使之显示用户名、头像等。

（9）navbar.jsp 文件的代码如下。

```
<%@ page language="java" contentType="text/html; charset=UTF-8" pageEncoding="UTF-8"%>
<!DOCTYPE html PUBLIC "-//W3C//DTD HTML 4.01 Transitional//EN" "http://www.w3.org/TR/
html4/loose.dtd">
<!--隐藏登录块 -->
<div id="maxDiv" hidden="hidden" class="container">
        <div class="col-md-4 col-sm-3 col-xs-12"></div>
        <div class="col-md-3 col-sm-6 col-xs-12" id="login">
                <div id="closeLogin">
                        <button type="button" class="btn btn-link glyphicon glyphicon-remove">
                        </button>
                </div>
                <h1>登录</h1>
                <br />
                <div class="input-group col-xs-12">
                        <input type="text" name="username" class="form-control loginInput"
                placeholder="请输入用户名" aria-describedby="basic-addon1">
                </div>
                <br>
                <div class="input-group col-xs-12">
                        <input type="password" name="passwd" class="form-control loginInput"
                placeholder="请输入密码" aria-describedby="basic-addon2">
                </div>
                <div class="text-right">
```

```
                <a href="javascript:void(0)">忘记密码? </a>
            </div>
            <div class="text-center">
                <a href="javascript:void(0)">注册新账户>></a>
            </div>
            <input type="checkbox" name="zidong" value="true" checked="checked" />自动
    登录<br />
            <button type="button" class="btn btn-danger col-xs-12" id="loginbtn">登录
    </button>
        </div>
        <div class="col-md-5 col-sm-3 col-xs-12"></div>
    </div>
</div>
<!--end 隐藏登录块 -->
<!--导航条-->
<div>
    <nav class="navbar navbar-inverse">
    <div class="container-fluid">
        <div class="navbar-header">
            <a class="navbar-text" data-toggle="collapse" href="javascript:void(0)">
             <span class="glyphicon glyphicon-map-marker"> 送至: </span>广东
            </a> <a href="index.jsp" class="navbar-text">主页</a>
        </div>
        <div class="collapse navbar-collapse navbar-right">
            <span class="navbar-text" id="lxkh">
                <img alt="" src="img/qq.jpg" width="15px">
                <a>联系客服</a>
            </span>
          <a class="nav navbar-text" id="cart" href="javascript:void(0)" onclick=
        "return cart()"> 购物车<span class="glyphicon glyphicon-shopping-cart"></span>
        </a>
            <p class="navbar-text" id="helloStr">
                <c:if test="${empty sessionScope.user.username}">
                    <a href="javascript:void(0)">游客</a>
                    <a href="javascript:void(0)" class="loginbutton" style=
                "color:blue;">请登录</a>
                </c:if>
                <c:if test="${not empty sessionScope.user.username}">
                    <a href="user.jsp" id="username">${sessionScope.user.
                username }</a>
                    <a href="javascript:void(0)" class="logoutbutton" style=
                "color:red;">退出</a>
                </c:if>
            </p>
        </div>
    </div>
    </nav>
</div>
            <script type="text/javascript">
            //购物车
            function cart(){
                var username = $("#username").html();
                if(username == null || username == ""){
                    alert("请先登录! ");
```

```
                            return false;
                    }else{
                            location.href="findCart";
                    }
            }
            $(function(){
                    $(".logoutbutton").click(function(){
                            if(confirm("是否退出登录？")){
                                    var url = window.location.href.split("/");
                                    path = url[url.length-1];
                                    window.location.href="logout?path="+path;
                            }
                    });
            });
            </script>
<!--end 导航条-->
```

此文件还有配套的 JavaScript 代码，放在 js 文件夹下，文件名称为 **navbar.js**，代码如下。

```
$(function(){
    // 联系客户, 弹出 QQ
    $("#lxkh").click(function(){
        window.open("http://wpa.qq.com/msgrd?v=3&uin=01000000&site=qq&menu=yes");
    });
    // 刷新界面
    function re(){
        var path = window.location.href;
        var arr = path.split("/")
        var url = arr[arr.length-1];
        var url2 = url.split("?")[0];
        if(url2 != "index.jsp" || url2 != "bookShow")
            window.location.reload();
    }
    // 获取路径
    var path="index.jsp";
    function getPath() {
        var url = window.location.href.split("/");
        path = url[url.length-1];
        return path;
    }
    // 单击打开（下拉）登录界面
    $(".loginbutton").click(function() {
        $("#maxDiv").slideDown();
    });
    // 单击关闭（上拉）登录界面
    $("#closeLogin").click(function() {
        $("#maxDiv").slideUp();
    });
    // 登录按钮事件
    $("#loginbtn").click(function(){
        var username = $("#login").find("input[name='username']").val();
        var passwd = $("#login").find("input[name='passwd']").val();
        var zidong = $("#login").find("input[name='zidong']").is(":checked") + "";
        if(username == null || username == "")
            alert("用户名不能为空");
```

```
            else if(passwd == null || passwd == "")
                alert("密码不能为空");
            else{
                $.ajax({
                    type:"post",
                    url:"login",
                    data:"username=" + username + "&password=" + passwd + "&autologin=" +
                zidong+"&path="+getPath(),
                    success:function(logindata){
                        if(logindata.state == "true"){
                            alert("登录成功");
                            $("#helloStr").html("您好, " + logindata.user.username + "<a
                        href='javascript:void(0)' class='logoutbutton' style=
                        'color:red'>退出</a>");
                            $("#maxDiv").slideUp();
                            var $row5 = $(".row5");
                            $row5.attr("href","user.jsp");
                            $row5.find("img").attr("src",logindata.user.headimg);
                            $row6 = $(".row6");
                            $row6.find(".username").attr("href","user.jsp");
                            $row6.find("h3").text(logindata.user.username);
                            $row6.find("button").hide();
                            $row6.find(".reBtn").hide();
                            re();
                        }else{
                            alert("登录失败，请检查您的输入信息或确认账号是否已冻结! ");
                        }
                    },
                    error:function(){
                        alert("发生异常");
                    }
                });
            }
        });
    });
```

注意： 与登录相关的代码是重点。

（10）创建 index.jsp，导入前端资源，将 navbar.jsp 包含进来。在首页实现图片轮播功能，这可通过 bootstrap 实现，关键代码如下。

```
<%@ page language="java" contentType="text/html; charset=UTF-8" pageEncoding="UTF-8"%>
<%@ taglib uri="http://java.sun.com/jsp/jstl/core" prefix="c" %>
<!DOCTYPE html PUBLIC "-//W3C//DTD HTML 4.01 Transitional//EN" "http://www.w3.org/TR/
html4/loose.dtd">
    <html>
        <head>
            <meta charset="UTF-8">
            <title>砺锋在线书店</title>
            <link rel="stylesheet" href="bootstrap/css/bootstrap.min.css" />
            <script src="bootstrap/js/jquery-3.1.0.min.js"></script>
            <script src="bootstrap/js/jquery-1.11.2.min.js"></script>
            <script src="bootstrap/js/bootstrap.min.js"></script>
            <link rel="stylesheet" href="css/index.css" />
            <link rel="stylesheet" href="css/navbar.css" />
            <script src="js/index.js"></script>
            <script src="js/navbar.js" ></script>
```

```
            </head>
            <body>
                <%@include file="jspt/navbar.jsp"%>
                <!--搜索框-->
                <div class="container" id="sosoDiv">
                        <!--省略代码-->
                </div>
                <!--end 搜索框-->
                <!--主页面-->
                <div class="container text-center mainPage">
                        <div class="row">
                                <div class="col-md-2 col-sm-4 col-xs-4 con1">
                                        <div class="col-xs-12 row1">
                                                主题
                                        </div>
                                        <div class="col-xs-12 row2">
                                                <div class="it"><a href="page?category=计算机"><font>软件/
                                硬件/网络
                                                </font></a><div class="glyphicon">></div></div>
                                                <div class="wx"><a href="page?category=文学"><font>文学/
                                历史/思想</font></a>
                                                <div class="glyphicon">></div></div>
                                                <div class="sh"><a href="page?category=生活"><font>生活/
                                语言/人际</font></a>
                                                <div class="glyphicon">></div></div>
                                        </div>
                                </div>
                                <div class="col-md-8 col-sm-4 col-xs-4 con2">
                                        <div class="col-xs-12 row3">
                                                 
                                        </div>
                                        <div class="col-xs-12 row4">
                                                <div class="ztfl1" hidden="hidden" data="h">
                                                        <h1>软件</h1>
                                                        <div>
                                                                <a href="javascript:void(0)">Java</a> 
                                                          
                                                                <a href="javascript:void(0)">桌面应用开发</a>
                                                           
                                                                <a href="javascript:void(0)">Web 开发</a>
                                                           
                                                                <a href="javascript:void(0)">软件工程</a> 
                                                          
                                                        </div>
                                                        <h1>硬件</h1>
                                                        <div>
                                                                <a href="javascript:void(0)">单片机开发</a>
                                                           
                                                                <a href="javascript:void(0)">嵌入式系统</a>
                                                           
                                                                <a href="javascript:void(0)">低功耗蓝牙开发</a>
```

```
                           
                            <a href="javascript:void(0)">互联网</a> 
                          
                    </div>
                </div>
                <!-- 省略其他类别，详见本书配套资源 -->
                <div class="ztfl7" hidden="hidden" data="h">
                    <h1>其他</h1>
                </div>
                <!--图片轮播 -->
                <div id="carousel-example-generic" class="carousel slide"
        data-ride="carousel">
                        <!--省略代码-->
                </div>
            </div>
        </div>
        <div class="col-md-2 col-sm-4 col-xs-4 con3 text-center">
            <c:if test="${empty sessionScope.user }">
                <a href="javascript:void(0)" class="col-xs-12 row5">
                    <img src="img/defaultUserHeadImg.jpg" height=
                "100px" width="100px"/>
                </a>
                <div class="col-xs-12 row6">
                    <p class="welcomeStr">Hi ~ 欢迎来到网上书城! </p>
                    <a class="username" href="javascript:void(0)">
                <h3 id="index_username">游客
                    </h3></a>
                    <button type="button" class="btn btn-info loginBtn
                loginbutton">登录
                    </button>
                    <a href="registered.jsp" class="btn btn-primary
                reBtn">注册</a>
                </div>
            </c:if>
            <c:if test="${not empty sessionScope.user }">
                <a href="user.jsp" class="col-xs-12 row5">
                    <img src="${user.headimg }" height="100px" width=
                "100px"/>
                </a>
                <div class="col-xs-12 row6">
                    <p class="welcomeStr">Hi ~ 欢迎来到网上书城! </p>
                    <a class="username" href="user.jsp"><h3 id=
                "index_username">${user.name }
                 </h3></a>
                    <button type="button" class="btn btn-info loginBtn
                loginbutton">登录
                    </button>
                    <a href="registered.jsp" class="btn btn-primary
                reBtn">注册</a>
                    <script type="text/javascript">
                        $(".loginbutton").hide();
                        $(".reBtn").hide();
                    </script>
                </div>
            </c:if>
```

```
                    <a href="http://ww.baidu.com">
                        <div class="col-xs-12 row7" id="msDiv">
                            <h1>进入秒杀</h1>
                                <!--省略代码-->
                        </div>
                    </a>
                </div>
            </div>
        </div>
        <!--end 主页面-->
        <!--排行榜使用了静态代码，这里省略，请参考配套资源-->
        <!--end 排行榜-->
        <%@include file="jspt/bottombar.jsp" %>
    </body>
</html>
```

接下来就可以测试运行了，通过浏览器访问 http://localhost:8080/bookshop.index，可以打开首页页面，单击"登录"按钮，弹出登录框，输入用户名、密码，选择自动登录，登录成功后显示用户名。关闭浏览器，再次访问 http://localhost:8080/bookshop.index，即可实现自动登录。

首页还有分类查看商品和搜索商品功能，留到下一个模块再做。

18.5 商品查询与分页模块

本项目一共有三处搜索业务。首页里面有个搜索框，搜索条件只有一个，就是书名 name；首页还可分类（主题）查询书籍，查询条件也只有一个，就是书的种类 category；lisp.jsp 页面可进行多条件动态查询，条件有多个。这里都统一按多条件动态查询来处理，不论条件有多少个。搜索完毕都用分页呈现。实现步骤如下。

（1）在 com.bookshop.entity 包下新建持久化类 Book。

```
public class Book implements Serializable{
    private int id;
    private String name;
    private double price;
    private String category;
    private int pnum;
    private String imgurl;
    private String description;
    private String author;
    private int sales;
    private Set<OrderItem> orderitems=new HashSet<OrderItem>();
//省略 getter()、setter()方法
}
```

（2）在 com.bookshop.entity 包下新建映射文件 Book.hbm.xml。

```
<?xml version='1.0' encoding='UTF-8'?>
<!DOCTYPE hibernate-mapping PUBLIC "-//Hibernate/Hibernate Mapping DTD 3.0//EN"
"http://www.hibernate.org/dtd/hibernate-mapping-3.0.dtd">
<hibernate-mapping>
    <!-- name 代表的是持久化类名，table 代表的是表名 -->
    <class name="com.bookshop.entity.Book" table="products">
        <id name="id" column="id">
            <generator class="assigned"></generator><!-- 主键生成策略 -->
```

```
        </id>
        <!-- 其他属性用<property>标签来映射 -->
        <property name="name" column="name" type="string"></property>
        <property name="price" column="price" type="double"></property>
        <property name="category" column="category" type="string"></property>
        <property name="pnum" column="pnum" type="integer"></property>
        <property name="sales" column="sales" type="integer"></property>
        <property name="imgurl" column="imgurl" type="string"></property>
        <property name="description" column="description" type="string"></property>
        <property name="author" column="author" type="string"></property>
        <!-- 一对多关系用 Set 集合来映射 -->
        <set name="orderitems" inverse="true">
            <key column="product_id"></key>
            <one-to-many class="com.bookshop.entity.OrderItem"/>
        </set>
    </class>
</hibernate-mapping>
```

（3）在 com.bookshop.entity 包下新建持久化类 BookCondition，用于封装查询条件。

```
public class BookCondition {
    private int id;
    private String name;
    private double minprice;
    private double maxprice;
    private String category;
    private int pnum;
    private String imgurl;
    private String description;
    private String author;
    private int sales;
    private String pnumSorting;
    private String priceSorting;
    //省略 getter()、setter()方法
    public BookCondition() {}
    public BookCondition(int id, String name, double minprice, double maxprice, String
category,String pnumSorting,String priceSorting) {
        super();
        this.id = id;
        this.name = name;
        this.minprice = minprice;
        this.maxprice = maxprice;
        this.category = category;
        this.pnumSorting=pnumSorting;
        this.priceSorting=priceSorting;
    }
}
```

（4）在 com.bookshop.entity 包下新建持久化类 PageBean，用于封装分页信息。

```
public class PageBean {
    private int currentPage;
    private int pageSize;
    private Long count;
    private int totalPage;
    private List<Book> books;
    //封装查询条件
    private BookCondition bookCondition;
```

```
                //省略 getter()、setter()方法
    }
```

（5）在 com.bookshop.dao 下新建接口 BookDao。

```
public interface BookDao {
        // 根据查询条件获取当前分页的书
        public List<Book> findBooksPage(int currentPage, int pageSize ,String pnumSorting ,
String priceSorting,String name, int id,String category ,double minprice ,double maxprice);
        // 根据查询条件获取书的总记录数
        public Long findBooksCount(int id, String name, String category, double minprice,
double maxprice);
}
```

（6）在 com.bookshop.dao 下新建接口 BookDao 的实现类 BookDaoImpl。

```
public class BookDaoImpl implements BookDao{
        private HibernateTemplate hibernateTemplate;
        public HibernateTemplate getHibernateTemplate() {
            return hibernateTemplate;
        }
        public void setHibernateTemplate(HibernateTemplate hibernateTemplate) {
            this.hibernateTemplate = hibernateTemplate;
        }
// 根据查询条件获取当前分页的书
@Override
    public List<Book> findBooksPage(int currentPage, int pageSize ,String pnumSorting ,
String
        priceSorting,String name , int id,String category ,double minprice ,double
    maxprice){
        List<Book> list = new ArrayList<Book>();
        String hql = "from Book WHERE 1=1 ";
        BookCondition book=new BookCondition();
        if(id !=0) {
            hql += " AND id=:id ";
            book.setId(id);
        }
        if(!"".equals(name.trim())) {
            hql += " AND  name LIKE  :name ";
            book.setName('%'+name+'%');
        }
        if(!"".equals(category.trim())) {
            hql += " AND category=:category ";
            book.setCategory(category);
        }
        if(minprice > 0.0) {
            hql += " AND price >= :minprice ";
            book.setMinprice(minprice);
        }
        if(maxprice > 0.0) {
            hql += " AND price <= :maxprice ";
            book.setMaxprice(maxprice);
        }
        if(pnumSorting !=null && !"".equals(pnumSorting) && pnumSorting.equals("max")) {
            hql += " ORDER BY pnum DESC";
        }
        else if(pnumSorting !=null && !"".equals(pnumSorting) && pnumSorting.
    equals("min")) {
            hql += " ORDER BY pnum ASC";
```

```
            }
            else if(priceSorting !=null && !"".equals(priceSorting) && priceSorting.
    equals("max")) {
                hql += " ORDER BY price DESC";
            }
            else if(priceSorting !=null && !"".equals(priceSorting) && priceSorting.
    equals("min")) {
                hql += " ORDER BY price ASC";
            }
            System.out.println(hql);
            Session session=HibernateUtil.getSession();
        list=session.createQuery(hql).setProperties(book).setFirstResult((currentPage-
    1)*pageSize).setMaxResults(pageSize).list();
        session.close();
            return list;
        }
    // 根据查询条件获取书的总记录数
    @Override
        public Long findBooksCount(int id,String name ,String category ,double
    minprice ,double maxprice){
            String hql = "select count(id) from Book WHERE 1=1 ";
            BookCondition book=new BookCondition();
            if(id !=0) {
                hql += " AND id=:id ";
                book.setId(id);
            }
            if(!"".equals(name.trim())) {
                hql += " AND  name LIKE  :name ";
                book.setName('%'+name+'%');
            }
            if(!"".equals(category)) {
                hql += " AND category=:category ";
                book.setCategory(category);
            }
            if(minprice > 0.0) {
                hql += " AND price >= :minprice ";
                book.setMinprice(minprice);
            }
            if(maxprice > 0.0) {
                hql += " AND price <= :maxprice ";
                book.setMaxprice(maxprice);
            }
            System.out.println(hql);
            System.out.println("findBooksCount_1"+book.getCategory()+","+book.
    getMaxprice());
            Session session=HibernateUtil.getSession();
            Long count=(Long) session.createQuery(hql).setProperties(book).
    uniqueResult();
            session.close();
            return count;
        }
    }
```

（7）在 com.bookshop.service 下新建接口 BookService。

```
public interface BookService {
```

```
        //根据查询条件进行分页
        public PageBean findBooksPage(int currentPage, int pageSize ,String pnumSorting ,
String priceSorting,String name, int id,String category ,double minprice ,double maxprice);
    }
```

（8）在 com.bookshop.service 下新建接口 BookService 的实现类 BookServiceImpl。

```java
package com.bookshop.service;
import java.sql.SQLException;
import java.util.List;
import com.bookshop.dao.BookDao;
import com.bookshop.dao.BookDaoImpl;
import com.bookshop.entity.Book;
import com.bookshop.entity.BookCondition;
import com.bookshop.entity.PageBean;
public class BookServiceImpl implements BookService{
    private BookDao bookDao;
    public BookDao getBookDao() {
        return bookDao;
    }
    public void setBookDao(BookDao bookDao) {
        this.bookDao = bookDao;
    }
    @Override
    public PageBean findBooksPage(int currentPage, int pageSize, String pnumSorting,
String priceSorting,
        String name, int id, String category, double minprice, double maxprice) {
        PageBean pb = new PageBean();
        pb.setCurrentPage(currentPage);
        pb.setPageSize(pageSize);
        try {
            //得到满足条件的总记录数
            Long count  = bookDao.findBooksCount(id, name, category, minprice,
        maxprice);
            pb.setCount(count);
            int totalPage = (int)Math.ceil(count*1.0/pageSize); //求出总页数
            pb.setTotalPage(totalPage);
            List<Book> books= bookDao.findBooksPage(currentPage, pageSize,
        pnumSorting, priceSorting, name, id, category, minprice, maxprice);
            pb.setBooks(books);
            BookCondition bookCondition=new BookCondition(id, name, minprice,
        maxprice, category, pnumSorting,priceSorting);
            pb.setBookCondition(bookCondition);
            return pb;
        } catch (Exception e) {
            e.printStackTrace();
        }
        return null;
    }
}
```

（9）在 com.bookshop.action 包下新建继承 ActionSupport 的类 BookAction。

```java
public class BookAction extends ActionSupport{
    private BookService bookService;
    private EvaluationService evaluationService;
    public List<Object[]> evlist;
    public Book book;
```

```
            public int id;//书的id号
            //接收用于搜索的参数
            public String pnumSorting="";
            public String priceSorting="";
            public String name="";
            public String category;
            public Double minprice=0.0;
            public Double maxprice=0.0;
            //分页
            public PageBean pb;
            public int pageSize = 4;
            public int currentPage = 1;//当前页
            //省略 getter()、setter()方法
            public String page() {
                try {        //分页查询, 并返回 PageBean 对象
                    pb = bookService.findBooksPage(currentPage, pageSize, pnumSorting,
            priceSorting, name, id, category, minprice, maxprice);
                }catch(Exception e) {
                    e.printStackTrace();
                }
                return "success";
            }
        }
```

（10）在 struts.xml 中添加如下配置。

```
<action name="page" class="com.bookshop.action.BookAction" method="page" >
    <result name="success">list.jsp</result>
</action>
```

（11）在 Spring 配置文件 applicationContext.xml 中添加以下 Bean。

```
<bean id="bookDao" class="com.bookshop.dao.BookDaoImpl">
    <property name="hibernateTemplate" ref="hibernateTemplate"></property>
</bean>
<bean id="bookService" class="com.bookshop.service.BookServiceImpl">
    <property name="bookDao" ref="bookDao"></property>
</bean>
```

（12）为 index.jsp 页面的搜索框按钮添加 JavaScript 单击事件。这时直接在 index.jsp 页面中添加
以下代码。

```
<script type="text/javascript">
    $(function() {
    // 搜索按钮提交事件
    $("#sosoBtn").click(function(){
        var t = $("#soso").val();
        window.location.href="page?name=" + t+"&category=";
    });
    });
</script>
```

（13）在 WebContent 下新建 list.jsp 页面, 以显示搜索结果。下面只给出关键代码, 完整代码参
见配套资源。

```
<div class="container booklist">
    <div class="row">
        <!-- for -->
        <s:if test="pb.books[0] == null">
```

```
                    <div class="col-md-12 col-sm-12 col-xs-12 text-center">
                        没有搜索到东西哦~
                    </div>
            </s:if>
            <s:iterator value="pb.books " var="b">
                <div class="col-md-3 col-sm-6 col-xs-12">
                    <div>
                        <a href="showBook?id=<s:property value='id'/>">
                            <div style="background-image: url(<s:property value=
                        'imgurl'/>);"
                                    class="bookimg"></div>
                        </a>
                        <div class="bookStr">
                            <span class="money">￥<s:property value="price"/>
                    </span> 
                            <span class="by">包邮</span>
                            <br/> <a href="BookShow?id=<s:property value='id'/>">
                                <div class="text-center">
                                    <b><s:property value="name"/></b>
                                </div> <span>销量</span><s:property value="sales"/>
                                    <span> 数量</span><s:property value="pnum"/>
                            </a><br/> <span class="btn-group btn-group-sm add_con">
                                <button class="addbook glyphicon glyphicon-
                            shopping-cart btn btn-default add"></button>
                                <button class="contact glyphicon glyphicon-comment
                        btn btn-default"></button>
                            </span>
                        </div>
                    </div>
                </div>
            </s:iterator>
            <!-- for end -->
            <h1 class="row text-center pageBtnDiv">
                <div class="col-xs-12">
                    <div class="btn-group btn-group-lg">
                        <a class="btn btn-default" href=" page?currentPage=<s:property
                    value="pb. currentPage>1?pb.currentPage-1:1"/> &category=
                    <s:property value="pb.bookCondition.category"/> &name=<s:property
                    value="pb.bookCondition.name"/> &minprice=<s:property value=
                    "pb.bookCondition.minprice"/> &maxprice=<s:property value="pb.
                    bookCondition.maxprice"/> &pnumSorting=<s:property value="pb.
                    bookCondition.pnumSorting"/> &priceSorting=<s:property value=
                    "pb.bookCondition.priceSorting"/>">上一页</a>
                        <a class="btn btn-default" disabled="disabled"><s:property
                    value="pb.currentPage"/></a>
                        <a class="btn btn-default" href=" page?currentPage=<s:property
                    value="pb.currentPage<pb.totalPage?pb.currentPage+1:pb.
                    totalPage"/> &category=<s:property value="pb.bookCondition.
                    category"/> &name=<s:property value="pb.bookCondition.name"/>
                    &minprice=<s:property value="pb.bookCondition.minprice"/>
                    &maxprice=<s:property value="pb.bookCondition.maxprice"/>
                    &pnumSorting=<s:property value="pb.bookCondition.pnumSorting"/>
                    &priceSorting=<s:property value="pb.bookCondition.
                    priceSorting"/>">下一页</a>
```

```
                    <a class="btn btn-default" disabled="disabled">共<s:property
                    value="pb.totalPage"/>页</a>
                    </div>
                    </div>
                </h1>
            </div>
        </div>
<!--end 列表块-->
```

（14）测试运行，在首页单击左侧的分类导航，找到计算机类，会显示图 18.13 所示的效果。

图 18.13　分类分页显示图书

（15）在 List.jsp 中使用如下 JavaScript 代码实现"搜索"按钮的功能。

```
// "搜索"按钮提交事件
$("#sosoBtn").click(function(){
    var t = $("#soso").val();
        window.location.href="page?name="+t+"&category=";
});
```

这样，在首页的搜索框中输入关键词，同样可以模糊查询到相关内容。

接着设置查询条件如图 18.14 所示。

图 18.14　查询条件

以下 JavaScript 代码用于实现图 18.14 中"确定"按钮的功能。

```
// "确定"按钮
$(".confirm").click(function(){
    var min = $(".minprice").val();
    var max = $(".maxprice").val();
    var pnumSorting = $("#pnumSorting").val();
    var category = $("#category").val();
    var name = $("#soso").val();
    var reg = /^[1-9][0-9]{0,20}$/;
    var url = "page?id=0";
```

```
        if (min>0 && reg.test(min))
            url = url + "&minprice=" + min;
        if (max>0 && reg.test(max))
            url = url + "&maxprice=" + max;
        if (pnumSorting !=null || pnumSorting !="")
            url = url + "&pnumSorting=" + pnumSorting;
        if (category !=null || category !="")
            url = url + "&category=" + category;
        if (name !=null || name !="")
            url = url + "&name=" +name;
        window.location.href = url;
});
```

单击"确定"按钮后，也成功进行了查询并分页，结果如图 18.15 所示。

图 18.15　多条件查询结果

18.6　商品详情模块

单击图 18.15 中某本书的图像，将进入商品详情页面。在商品详情页面可以查看商品的详细信息及消费者对该商品的评论，如图 18.16 所示。

实现步骤如下。

（1）在 com.bookshop.entity 包下新建持久化类 Evaluation，用户评论、书、订单都是多对一的关系，即一个用户可发表多个评论，可针对一本书发表多个评论，或针对一个订单发表多个评论。

```
public class Evaluation {
    private int id;
    private Order order;
    private Book book;
    private String comments;
    private int score;
    private User user;
    private Date time;
    private String imgurl;
```

图 18.16　商品详情页面

//省略 getter()、setter()方法

　　}

（2）此处的用户 User 与登录模块用的 LoginUser 是不同的类，其中，LoginUser 仅用来登录，无须进行表之间的关联，大大简化了操作，但下面的 User 则需要关联其他表，以实现较复杂的功能。持久化类 User 的代码如下。

```
public class User {
    private int id;
    private String username;
    private String password;
    private String gender;
    private String email;
    private String telephone;
    private String introduce;
    private String activeCode;
    private int state;
    private String role;
    private Date registTime;
    private String shippingAddress;
    private List<Object> userList;
    private String name;
    private String headimg;
    //一对多关联，一个用户可以有多个订单
    private Set<Order> orders=new HashSet<Order>();
    //一对多关联，一个用户可以有多个购物车项目
    private Set<Cart> cart=new HashSet<Cart>();
```

```
        //省略 getter()、setter()方法
    }
```

（3）在同一个包下创建名为 Evaluation.hbm.xml 的文件，体现多对一关联。

```xml
<?xml version='1.0' encoding='UTF-8'?>
<!DOCTYPE hibernate-mapping PUBLIC "-//Hibernate/Hibernate Mapping DTD 3.0//EN"
"http://www.hibernate.org/dtd/hibernate-mapping-3.0.dtd">
<hibernate-mapping>
    <!-- name 代表的是持久化类名，table 代表的是表名 -->
    <class name="com.bookshop.entity.Evaluation" table="evaluation">
        <id name="id" column="id">
            <generator class="native"></generator><!-- 主键生成策略 -->
        </id>
        <!-- 其他属性用<property>标签来映射 -->
        <property name="comments" column="comments" type="string"></property>
        <property name="score" column="score" type="integer"></property>
        <property name="time" column="time" type="timestamp"></property>
        <property name="imgurl" column="imgurl" type="string"></property>
        <!-- 多对一关系映射 -->
        <many-to-one name="order" class="com.bookshop.entity.Order" column=
"order_id"></many-to-one>
        <many-to-one name="book" class="com.bookshop.entity.Book" column=
"products_id"></many-to-one>
        <many-to-one name="user" class="com.bookshop.entity.User" column=
"user_id"></many-to-one>
    </class>
</hibernate-mapping>
```

（4）在同一个包下创建名为 User.hbm.xml 的文件，体现一对多关联。

```xml
<?xml version='1.0' encoding='UTF-8'?>
<!DOCTYPE hibernate-mapping PUBLIC "-//Hibernate/Hibernate Mapping DTD 3.0//EN"
"http://www.hibernate.org/dtd/hibernate-mapping-3.0.dtd">
<hibernate-mapping>
    <!-- name 代表的是持久化类名，table 代表的是表名 -->
    <class name="com.bookshop.entity.User" table="user">
        <id name="id" column="id">
            <generator class="native"></generator>
        </id>
        <!-- 其他属性用<property>标签来映射 -->
        <property name="username" column="username" type="string"></property>
        <property name="password" column="password" type="string"></property>
        <property name="gender" column="gender" type="string"></property>
        <property name="email" column="email" type="string"></property>
        <property name="telephone" column="telephone" type="string"></property>
        <property name="introduce" column="introduce" type="string"></property>
        <property name="activeCode" column="activeCode" type="string"></property>
        <property name="state" column="state" type="integer"></property>
        <property name="role" column="role" type="string"></property>
        <property name="registTime" column="registTime" type="timestamp"></property>
        <property name="shippingAddress" column="shippingAddress" type="string">
</property>
        <property name="name" column="name" type="string"></property>
        <property name="headimg" column="headimg" type="string"></property>
        <!-- 一对多关系用 Set 集合来映射 -->
```

```
        <set name="orders" inverse="true">
            <key column="user_id"></key>
            <one-to-many class="com.bookshop.entity.Order"/>
        </set>
        <!-- 一对多关系用 Set 集合来映射 -->
        <set name="cart">
            <key column="user_id"></key>
            <one-to-many class="com.bookshop.entity.Cart"/>
        </set>
    </class>
</hibernate-mapping>
```

（5）在包 com.bookshop.dao 下创建接口 EvaluationDao。

```
public interface EvaluationDao {
    // 以书的 id 寻找评论
    List<Object[]> findEvaluation(int products_id);
}
```

（6）在包 com.bookshop.dao 下通过创建类 EvaluationDaoImpl 来实现接口 EvaluationDao。

```
public class EvaluationDaoImpl implements EvaluationDao{
    private HibernateTemplate hibernateTemplate;
    public HibernateTemplate getHibernateTemplate() {
        return hibernateTemplate;
    }
    public void setHibernateTemplate(HibernateTemplate hibernateTemplate) {
        this.hibernateTemplate = hibernateTemplate;
    }
    // 以书的 id 寻找评论
    @Override
    public List<Object[]> findEvaluation(int products_id) {
        List<Object[]> list=new ArrayList<Object[]>();
        //三表连接查询，返回的对象有三个，其中，Object[0]为 Evaluation 对象，Object[1]为 User
    对象，Object[2]为 Book 对象
        String hql = "FROM Evaluation e inner join e.user inner join e.book WHERE e.book.
    id = ? ORDER BY time DESC";
        Session session=HibernateUtil.getSession();
        list=session.createQuery(hql).setInteger(0,products_id).list();
        session.close();
        return list;
    }
}
```

（7）在 BookDao 接口中添加方法。

```
// 以 id 获取书
public Book findBookById(int id);
```

（8）在 BookDaoImpl 类中实现上述方法。

```
@Override
public Book findBookById(int id) {
    // 以 id 获取书
    return hibernateTemplate.get(Book.class, id);
}
```

（9）在业务层的 BookService 接口中添加方法。

```
// 以 id 获取书
public Book findBookById(int id);
```

（10）在业务层的 BookServiceImpl 类中添加方法实现上述接口。

```
@Override
public Book findBookById(int id) {
    return bookDao.findBookById(id);
}
```

（11）在 com.bookshop.service 包下新建 EvaluationService 接口。

```
public interface EvaluationService {
    // 以书的 id 寻找评论
    List<Object[]> findEvaluation(int products_id);
}
```

（12）在 com.bookshop.service 包下通过新建类 EvaluationServiceImpl 来实现上述接口。

```
public class EvaluationServiceImpl implements EvaluationService{
    private EvaluationDao evaluationDao;
    public EvaluationDao getEvaluationDao() {
        return evaluationDao;
    }
    public void setEvaluationDao(EvaluationDao evaluationDao) {
        this.evaluationDao = evaluationDao;
    }
    // 以书的 id 寻找评论
    @Override
    public List<Object[]> findEvaluation(int products_id) {
        return evaluationDao.findEvaluation(products_id);
    }
}
```

（13）在 com.bookshop.action 包下的 BookAction 中添加方法 showBook()。

```
public String showBook() {
    book=bookService.findBookById(id);
    evlist=evaluationService.findEvaluation(id);
    return "success";
}
```

（14）在 struts.xml 中添加 showBook 这个 Action。

```
<action name="showBook" class="com.bookshop.action.BookAction" method="showBook" >
    <result name="success">book.jsp</result>
</action>
```

（15）在 Spring 配置文件 applicationContext.xml 中添加以下 Bean。

```
<bean id="evaluationDao" class="com.bookshop.dao.EvaluationDaoImpl">
    <property name="hibernateTemplate" ref="hibernateTemplate"></property>
</bean>
<bean id="evaluationService" class="com.bookshop.service.EvaluationServiceImpl">
    <property name="evaluationDao" ref="evaluationDao"></property>
</bean>
```

（16）在 WebContent 下创建 book.jsp 页面。关键代码如下，完整代码参见配套资源。

```
<!--详情块-->
<div class="container bookMsg">
    <div class="row">
        <div class="col-md-6 col-xs-12">
            <!--图片放大-->
            <div class="con-FangDa" id="fangdajing">
                <div class="con-fangDaIMg">
                    <img src="<s:property value="book.imgurl"/>">
                    <div class="magnifyingBegin"></div>
```

```
                    <div class="magnifyingShow"><img src="<s:property
            value="book.imgurl"/>"></div>
                    </div>
                    <ul class="con-FangDa-ImgList">
                        <!-- 图片显示列表 -->
                        <s:iterator value="bookimgurls" var="i">
                            <li class="active"><img src="${i }" data-bigimg=
                        "${i }"></li>
                        </s:iterator>
                    </ul>
                </div>
            </div>
            <div class="col-md-6 col-xs-12"class="details">
                <div class="bookname"><s:property value="book.name"/>
                    <span id="ckepop">
                        <span class="jiathis_txt">分享到</span>
                        <a href="http://www.jiathis.com/share"  class=
                    "jiathis jiathis_txt
                            jiathis_separator jtico jtico_jiathis" target=
                        "_blank">更多</a>
                        <script type="text/javascript" src="http://v3.
                    jiathis.com/code/jia.js?uid=1" charset="utf-8"></script>
                        </span>
                        <script>
                            $("#ckepop").css("position","absolute");
                            $("#ckepop").css("margin-left","120px");
                            $("#ckepop").css("margin-top","10px");
                        </script>
                        <p> </p>
                </div>
                <span id="share">
                <div class="priceStr">
                    <span class="str">单价</span>
                    <span class="price">￥<span><s:property value="book.
                price"/></span></span>
                </div>
                <div class="sales">
                    <span class="glyphicon glyphicon-map-marker"></span>
                广州<br/>
                月销量
                <span><s:property value="book.sales"/></span>
                   |   
                累计评论
                <span><s:property value="evlist.size()"/></span>
                <div>
                    <hr/>
                </div>
                </div>
                <div class="buy">
                    <span class="input-group">
                        <span class="input-group-btn" id="basic-addon1">
                            <button class="btn btn-default" id=
                        "removebooknum">
```

```
                                                <span class="glyphicon glyphicon-minus">
                                   </span>
                                    </button>
                                </span>
                                <input type="text" class="form-control"
                           placeholder="数量"
                                        aria-describedby="basic-addon1" id="booknum"
                           value="1">
                                <span class="input-group-btn" id="basic-addon3">
                                    <button class="btn btn-default" id=
                           "addbooknum">
                                        <span class="glyphicon glyphicon-plus">
                                        </span>
                                    </button>
                                </span>
                            </span>
                            <span class="buyMax">最多可购买<a><s:property value=
                   "book.pnum"/></a>件</span>
                            <div class="priceSum">
                                   总价
                                   <span>￥<s:property value="book.price"/></span>
                            </div>
                            <div class="button">
                                <button type="button" id="isadd" data="<s:property
                   value='book.id'/>"><span class="glyphicon glyphicon-
                   shopping-cart"></span>
                                   加入购物车</button>
                                <button type="button" id="isbuy">立即购买</button>
                            </div>
                        </div>
                    </div>
                </div>
            </div>
            <!--end 详情块-->
            <!--商品信息列表-->
            <!--省略大量代码，这里仅展示与遍历评论相关的几行代码，其他代码见源文件-->
                            <table>
                                <tr><td>评论内容</td><td>评论人</td><td>时间
                            </td></tr>
                                <s:iterator value="evlist" var="ev">
                                    <tr>
                                        <td>${ev[0].comments}</td>
                                        <td>${ev[1].username}</td>
                                        <td>${ev[0].time}</td>
                                    </tr>
                                </s:iterator>
                            </table>
            <!--end 商品信息列表-->
```

　　其中，放大图片、添加与减少购买数量、添加购物车等功能均可利用 JavaScript 实现，与它配套的 JavaScript 文件是 book.js。book.js 文件源码参见配套资源。

　　（17）测试运行，结果显示可正常浏览商品详情页面，并显示相关评论，如图 18.16 所示。

18.7　购物车模块

上述商品详情页面 book.jsp 中已有添加购物车的按钮，它以 Ajax 请求的方式将商品信息保存进数据库 cart 表，JavaScript 代码会先检查用户是否登录，只有登录了才能添加商品到购物车。商品查询分页列表 list.jsp 也有添加到购物车的超链接，功能类似。我们还可以在 book.jsp 页面右上角的购物车链接中查看当前用户的购物车信息。下面揭示其完整过程。

（1）在 com.bookshop.entity 中新建持久化类 Cart。

```
public class Cart implements Serializable{
    private int id;
    private User user;
    private Book book;
    private int booknum;
    //省略 getter()、setter()方法
}
```

（2）在 com.bookshop.entity 中新建映射文件 Cart.hbm.xml。注意 Cart 与 User、Book 之间有多对一的关联关系，即一个用户可以购买多本书，对应购物车有多条 Cart，一本书可以被多个用户添加进购物车，对应多个 Cart。

```xml
<?xml version='1.0' encoding='UTF-8'?>
<!DOCTYPE hibernate-mapping PUBLIC
    "-//Hibernate/Hibernate Mapping DTD 3.0//EN"
    "http://www.hibernate.org/dtd/hibernate-mapping-3.0.dtd">
<hibernate-mapping>
    <!-- name 代表的是持久化类名，table 代表的是表名 -->
    <class name="com.bookshop.entity.Cart" table="cart">
        <id name="id" column="id">
            <generator class="native"></generator>
        </id>
        <property name="booknum" column="booknum" type="integer"></property>
        <!-- 多对一关系映射 -->
        <many-to-one name="user" class="com.bookshop.entity.User" column="user_id">
    </many-to-one>
        <many-to-one name="book" class="com.bookshop.entity.Book" column=
    "product_id"></many-to-one>
    </class>
</hibernate-mapping>
```

（3）在 DAO 层中新建接口 CartDao。

```
public interface CartDao {
        public List<Object[]> findCartByUserId(int id);        // 获取用户的购物车商品
        public Object[] findCart(int products_id, int user_id);      // 寻找购物车
        public void remove(Cart cart);                // 删除单个
          // 添加到购物车
        public void addBook(int products_id, int user_id, int productsSum);
        public Object[] findCartByCartId(int id);        // 以购物车 id 寻找购物车
        public void updateCart(int id, int num);          // 修改购物车中书的数量
}
```

（4）在 DAO 层中通过新建 CartDaoImpl 类来实现上述接口。

```
public class CartDaoImpl implements CartDao{
    private HibernateTemplate hibernateTemplate;
    public HibernateTemplate getHibernateTemplate() {
```

```
                    return hibernateTemplate;
        }
        public void setHibernateTemplate(HibernateTemplate hibernateTemplate) {
            this.hibernateTemplate = hibernateTemplate;
        }
        @Override
        public List<Object[]> findCartByUserId(int id) {
            List<Object[]> list=new ArrayList<Object[]>();
            try {
                String hql = "from Cart c inner join c.user inner join c.book where
            c.user.id=?";
                Session session=HibernateUtil.getSession();
                list=session.createQuery(hql).setInteger(0,id).list();
                session.close();
            }catch(Exception e) {
                e.printStackTrace();
            }
            return list;
        }
        @Override
        public Object[] findCart(int products_id, int user_id) {
            List<Object[]> list=null;
            String hql = "from Cart c inner join c.user inner join c.book where c.book.id=?
        and c.user.id=?";
            Session session=HibernateUtil.getSession();
            list=session.createQuery(hql).setInteger(0,products_id).setInteger(1,user_id).list();
            session.close();
            if(list.isEmpty()) {
                return null;
            }else {
                return list.get(0);
            }
        }
        @Override
        public void remove(Cart cart) {
            hibernateTemplate.delete(cart);
        }
        @Override
        public void addBook(int products_id, int user_id, int productsSum) {
            Cart cart=new Cart();
            Book book=new Book();
            User user=new User();
            book.setId(products_id);
            user.setId(user_id);
            cart.setBook(book);
            cart.setUser(user);
            cart.setBooknum(productsSum);
            hibernateTemplate.save(cart);
        }
        @Override
        public Object[] findCartByCartId(int id) {
            List<Object[]> list=new ArrayList<Object[]>();
            try {
                String hql = "from Cart c inner join c.book where c.id=?";
                Session session=HibernateUtil.getSession();
                list=session.createQuery(hql).setInteger(0,id).list();
```

```
                    session.close();
            }catch(Exception e) {
                    e.printStackTrace();
            }
            return list.get(0);
        }
    @Override
    public void updateCart(int id, int num) {
        Cart cart=(Cart) findCartByCartId(id)[0];
        cart.setBooknum(num);
        hibernateTemplate.update(cart);
    }
}
```

（5）在业务层中新建接口 **CartService**。

```
public interface CartService {
    public List<Object[]> findCartByUserId(int id);            // 获取用户的购物车商品
    public Object[] findCart(int products_id, int user_id);    // 寻找购物车
    public void remove(Cart cart) ;
    public void addBook(int products_id, int user_id, int productsSum);  // 添加到购物车
    public Object[] findCartByCartId(int id);                  // 以购物车 id 寻找商品
    public void updateCart(int id, int num);                   // 修改购物车中书的数量
}
```

（6）在业务层中通过新建类 **CartServiceImpl** 来实现上述接口。

```
public class CartServiceImpl implements CartService{
    private CartDao cartDao;
    public CartDao getCartDao() {
        return cartDao;
    }
    public void setCartDao(CartDao cartDao) {
        this.cartDao = cartDao;
    }
    @Override
    public List<Object[]> findCartByUserId(int id) {
        return cartDao.findCartByUserId(id);
    }
    @Override
    public Object[] findCart(int products_id, int user_id) {
        return cartDao.findCart(products_id, user_id);
    }
    @Override
    public void remove(Cart cart) {
        cartDao.remove(cart);
    }
    @Override
    public void addBook(int products_id, int user_id, int productsSum) {
        cartDao.addBook(products_id, user_id, productsSum);
    }
    @Override
    public Object[] findCartByCartId(int id) {
        return cartDao.findCartByCartId(id);
    }
    @Override
    public void updateCart(int id, int num) {
        cartDao.updateCart(id, num);
```

```
        }
    }
```

（7）在 com.bookshop.action 包下新建 CartAction 类。

```java
public class CartAction extends ActionSupport{
    public JSONObject result;
    public List<Cart> cartlist=new ArrayList<Cart>();
    private CartService cartService;
    public int bookSum=1;
    public int bookid;
    public int cartid;
    public int[] ids;
    public double sum;
    //省略 getter()、setter()方法
    //添加到购物车
    public String addCart() {
        Map<String,Object> list=new HashMap<String,Object>();
        LoginUser user=(LoginUser)ServletActionContext.getRequest().getSession().
    getAttribute("user");
        try {
            Object[] obj=cartService.findCart(bookid, user.getId());
            if(obj!=null) {
                Cart cart=(Cart) obj[0];
                //修改数量
                cartService.updateCart(cart.getId(), bookSum+cart.getBooknum());
            }else {
                cartService.addBook(bookid, user.getId(), bookSum);
            }
            list.put("msg", "true");
        }catch(Exception e) {
            list.put("msg", "false");
            e.printStackTrace();
        }
        result=JSONObject.fromObject(list);
        return "success";
    }
    //查找所有购物车
    public String findCart() {
        LoginUser user=(LoginUser)ServletActionContext.getRequest().getSession().
    getAttribute("user");
        System.out.println(user.getUsername());
        List<Object[]> cartList=cartService.findCartByUserId(user.getId());
        double sum=0.0;
        for(int i=0;i<cartList.size();i++) {
            Cart cart=(Cart)cartList.get(i)[0];
            Book book=(Book)cartList.get(i)[2];
            cart.setBook(book);
            cartlist.add(cart);
            sum+=cart.getBooknum()*book.getPrice();
        }
        return "success";
    }
    // 单击 "去结算" 按钮后获取要结算的 Cart 的集合，获取总金额，存入 Session，再跳转到 dobuy.jsp
    public String acartToOrder() {
        LoginUser user=(LoginUser)ServletActionContext.getRequest().getSession().
    getAttribute("user");
```

```
        Cart cart=new Cart();
        Book book=new Book();
        for(int i=0;i<ids.length;i++) {
            cart=(Cart) cartService.findCartByCartId(ids[i])[0];
            book=(Book) cartService.findCartByCartId(ids[i])[1];
            cart.setBook(book);
            cartlist.add(cart);
        }
        ServletActionContext.getRequest().getSession().setAttribute("cartlist",
cartlist);
        ServletActionContext.getRequest().getSession().setAttribute("sum", sum);
        return "success";
    }
    //更新购物车
    public void updateCart() {
        LoginUser user=(LoginUser)ServletActionContext.getRequest().getSession().
getAttribute("user");
        System.out.println(cartid+","+bookSum);
        cartService.updateCart(cartid, bookSum);
    }
    //删除单个购物车
    public String removeCart() {
        LoginUser user=(LoginUser)ServletActionContext.getRequest().getSession().
getAttribute("user");
        Map<String,Object> list=new HashMap<String,Object>();
        try {
            Cart cart=(Cart) cartService.findCartByCartId(cartid)[0];
            cartService.remove(cart);
            list.put("state", true);
        }catch(Exception e) {
            e.printStackTrace();
            list.put("state", false);
        }
        result=JSONObject.fromObject(list);
        return "success";
    }
    //删除多个购物车
    public String removeCarts() {
        LoginUser user=(LoginUser)ServletActionContext.getRequest().getSession().
getAttribute("user");
        Map<String,Object> list=new HashMap<String,Object>();
        try {
            for(int i=0;i<ids.length;i++) {
                Cart cart=(Cart) cartService.findCartByCartId(ids[i])[0];
                cartService.remove(cart);
            }
            list.put("state", true);
        }catch(Exception e) {
            e.printStackTrace();
            list.put("state", false);
        }
        result=JSONObject.fromObject(list);
        return "success";
    }
}
```

（8）在 struts.xml 中配置 Action。

```xml
<action name="addCart" class="com.bookshop.action.CartAction" method="addCart" >
    <result type="json" name="success">
        <param name="root">result</param>
    </result>
</action>
<action name="findCart" class="com.bookshop.action.CartAction" method="findCart" >
    <result name="success">cart.jsp</result>
</action>
<action name="updateCart" class="com.bookshop.action.CartAction" method="updateCart" >
    <result type="json" name="success">
        <param name="root">result</param>
    </result>
</action>
<action name="removeCart" class="com.bookshop.action.CartAction" method="removeCart" >
    <result type="json" name="success">
        <param name="root">result</param>
    </result>
</action>
<action name="removeCarts" class="com.bookshop.action.CartAction" method="
removeCarts" >
    <result type="json" name="success">
        <param name="root">result</param>
    </result>
</action>
<action name="cartToOrder" class="com.bookshop.action.CartAction" method=
"cartToOrder" >
    <result name="success">dobuy.jsp</result>
</action>
```

（9）在 Spring 配置文件 applicationContext.xml 中添加以下 Bean。

```xml
<bean id="cartDao" class="com.bookshop.dao.CartDaoImpl">
    <property name="hibernateTemplate" ref="hibernateTemplate"></property>
</bean>
<bean id="cartService" class="com.bookshop.service.CartServiceImpl">
    <property name="cartDao" ref="cartDao"></property>
</bean>
```

（10）为 navbar.jsp 的购物车超链接 onclick 事件绑定 JavaScript 函数 cart()。

```html
<a class="nav navbar-text" id="cart" href="javascript:void(0)" onclick=
"return cart()"> 购物车<spanclass="glyphicon glyphicon-shopping-cart"></span></a>
```

（11）在 navbar.jsp 底部添加 cart()函数。

```javascript
<script type="text/javascript">
    //购物车
        function cart(){
            var username = $("#username").html();
            if(username == null || username == ""){
                alert("请先登录!");
                return false;
            }else{
                location.href="findCart";
            }
        }
</script>
```

（12）在 book.jsp 的"购物车"按钮中添加 JavaScript 代码，代码在 book.js 文件中，具体参见配套资源。再在 list.jsp 的"加入购物车"按钮中绑定下述 JavaScript 代码。

```
// 加入购物车按钮
    $(".add").click(function(){
        var username = $("#username").html();
        if(username == null || username == ""){
            alert("请先登录!");
            return false;
        }else{
            var bookid = $(this).parent().parent().children("a").attr("href").
    split("id=")[1];
            alert(bookid);
            $.ajax({
                type:"post",
                url:"addCart",
                data:"bookid=" + bookid +"&bookSum=1",
                success:function(t){
                    if(t.msg=="true"){
                        alert("添加成功! ");
                    }else{
                        alert("添加失败");
                    }
                },
                error:function(){
                    alert("发生异常");
                }
            });
        }
    });
```

（13）在 WebContent 下新建 cart.jsp 页面，关键代码如下，其中省略了大量的 JavaScript 代码，参考配套资源。

```
<body>
        <%@include file="jspt/navbar.jsp" %>
        <!--网站导航-->
        <div class="container">
            <div class="row text-right">
                <a href="index.jsp">书城首页</a>><a href="user.jsp">用户</a><span>
                购物车</span>
                </div>
        </div>
        <!--end 网站导航-->
        <!--购物车列表-->
        <div class="container cartlist">
            <div class="row total">
                <div class="col-xs-12">
                    <input type="checkbox" class="checkAll" id="checkAll"/><span>
                全选</span> 
                    <span class="choose">已选
                        <span>
                            0
                        </span>
```

```
                        件商品
                    </span>
                    <button class="btn btn-default" id="deleteBooks">删除</button>
                    <span class="hj">合计 ￥
                        <span><s:property value="sum"/></span>
                    </span>
                </div>
            </div>
            <div class="row cartlisttop">
                <div class="col-md-1 col-sm-6 col-xs-12">
                </div>
                <div class="col-md-3 col-sm-6 col-xs-12">
                    商品信息
                </div>
                <div class="col-md-2 col-sm-6 col-xs-12">
                    单价
                </div>
                <div class="col-md-2 col-sm-6 col-xs-12">
                    数量
                </div>
                <div class="col-md-2 col-sm-6 col-xs-12">
                    金额
                </div>
                <div class="col-md-2 col-sm-6 col-xs-12">
                    操作
                </div>
            </div>
            <!-- for -->
            <s:iterator value="cartlist">
                <div class="row bookMsg" data="<s:property value='id'/>">
                    <div class="col-md-1 col-sm-6 col-xs-12 checkbox">
                        <input type="checkbox" name="ids" value=<s:property
                        value="id"/>/>
                    </div>
                    <div class="col-md-3 col-sm-6 col-xs-12 msg">
                        <img src="<s:property value='book.imgurl'/>" class=
                        "cartbookimg" title="霸王别姬"/>
                        <span>
                            <a href="BookShow?id=<s:property value='book.id'/>"
                            name="ID"><s:property value="book.name"/></a>
                        </span>
                    </div>
                    <div class="col-md-2 col-sm-6 col-xs-12 price">
                        <span>￥<span class="money"><s:property value=
                        "book.price"/></span></span>
                    </div>
                    <div class="col-md-2 col-sm-6 col-xs-12 booknum">
                        <div class="booknumMax">
                            <span>最多可购买<span class="max"><s:property value=
                            "pnum"/></span>本</span>
                        </div>
                        <div class="input-group input-group-sm">
```

```
                              <span class="input-group-btn" id="basic-addon1">
                                  <button class="btn btn-default remove">
                                      <span class="glyphicon glyphicon-minus">
                                  </span>
                                  </button>
                              </span>
                              <input type="text" class="form-control bn"
                      placeholder="数量" aria-describedby="basic-addon1"
                      value="<s:property value='booknum'/>" disabled="disabled">
                              <span class="input-group-btn" id="basic-addon3">
                                  <button class="btn btn-default add">
                                      <span class="glyphicon glyphicon-plus">
                                  </span>
                                  </button>
                              </span>
                          </div>
                      </div>
                      <div class="col-md-2 col-sm-6 col-xs-12 priceSum">
                          <span>￥<span class="sum"><s:property value="book.price *
                      booknum"/></span></span>
                      </div>
                      <div class="col-md-2 col-sm-6 col-xs-12 operation">
                          <button class="btn btn-danger deleteBook">
                              <span class="glyphicon glyphicon-trash">
                              </span>
                          </button>
                      </div>
                  </div>
          </s:iterator>
      <!-- forend -->
          <div class="row text-center cartisnull" hidden="hidden">
              <span>
                      您的购物车为空
                      <span class="glyphicon glyphicon-hand-right"></span>
                      <a href="list.jsp">快去选购吧</a>
              </span>
          </div>
          <div style="text-align:right"><button  class="btn btn-warning "
      onclick="checkSelect()">去结算
          </button></div>
          <div class="row cartlistbotton">
          </div>
      </div>
      <!--end购物车列表-->
      <%@include file="jspt/bottombar.jsp" %>
</body>
<script type="text/javascript">
function checkSelect(){
    var sum=$(".hj").find("span").text();
    if(parseFloat(sum)==0){
        alert("请选择要结算的商品!");
        return false;
    }
```

```
                location.href="cartToOrder?"+getSelectCartId()+"&sum="+sum;
            }
            function getSelectCartId(){
                var objs = document.getElementsByName("ids");
                var str="ids=";
                var id="";
                for (var i = 0; i < objs.length; i++) {
                    if($(objs[i]).is(":checked")){
                        id=objs[i].value;
                        id=id.substring(0,id.length-1);
                        str+=id+"&ids=";
                    }
                }
                str=str.substring(0,str.length-5);
                return str;
            }
        </script>
```

（14）测试运行，效果如图 18.17 所示，至此购物车模块完成。

图 18.17　购物车页面

18.8　订单处理与模拟结算模块

在图 18.17 所示的购物车中选择要结算的商品。单击"去结算"按钮，则可进入图 18.18 所示 dobuy.jsp 页面确认订单。

可以用默认地址，也可以用新地址。确认无误后单击"提交订单"按钮，新订单将写入数据库，默认的订单表的支付状态字段设置为 0，进入支付页面 pay.jsp。若要真实支付的话就要自行去找相关公司的支付接口实现，可能还要注册或付费，这里做简化处理，仅模拟支付，将数据库订单表中的支付状态字段改为 1 即可，支付页面如图 18.19 所示。

单击"模拟支付"按钮，进入 paysuccess.jsp 页面，5 秒后跳回首页，如图 18.20 所示。

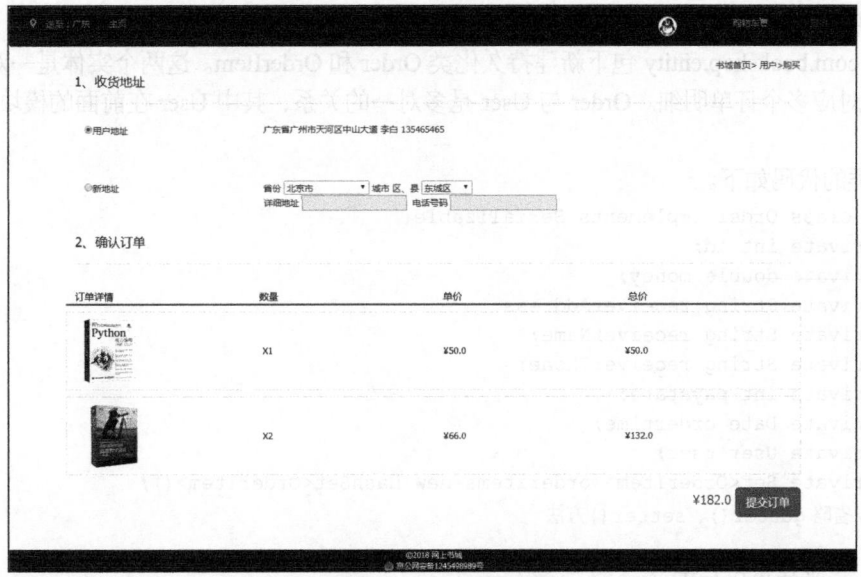

图 18.18　订单确认页面

图 18.19　支付页面

图 18.20　支付成功页面

实现步骤如下。

（1）在 com.bookshop.entity 包下新建持久化类 Order 和 OrderItem。这两个实体是一对多的关系，即一个订单对应多个订单明细。Order 与 User 是多对一的关系，其中 User 在前面的模块中已做好关联了。

Order 类的代码如下。

```
public class Order implements Serializable{
    private int id;
    private double money;
    private String receiverAddress;
    private String receiverName;
    private String receiverPhone;
    private int paystate;
    private Date ordertime;
    private User user;
    private Set<OrderItem> orderitems=new HashSet<OrderItem>();
    //省略 getter()、setter()方法
}
```

OrderItem 类的代码如下。

```
public class OrderItem implements Serializable{
    private int id;
    private Order order;
    private Book book;
    private int buynum;
    //省略 getter()、setter()方法
}
```

（2）在 com.bookshop.entity 包下新建映射文件 Order.hbm.xml 和 OrderItem.hbm.xml。订单 Order 与订单明细 OrderItem 进行了级联保存处理，即在保存 Order 的同时也保存了相关联的 OrderItem。

Order.hbm.xml 的代码如下。

```
<?xml version='1.0' encoding='UTF-8'?>
<!DOCTYPE hibernate-mapping PUBLIC
    "-//Hibernate/Hibernate Mapping DTD 3.0//EN"
    "http://www.hibernate.org/dtd/hibernate-mapping-3.0.dtd">
<hibernate-mapping>
    <!-- name 代表的是持久化类名，table 代表的是表名 -->
    <class name="com.bookshop.entity.Order" table="orders">
        <id name="id" column="id">
            <generator class="native"></generator><!-- 主键生成策略 -->
        </id>
        <!-- 其他属性用<property>标签来映射 -->
        <property name="money" column="money" type="double"></property>
        <property name="receiverAddress" column="receiverAddress" type="string">
</property>
        <property name="receiverName" column="receiverName" type="string"></property>
        <property name="receiverPhone" column="receiverPhone" type="string">/
property>
        <property name="paystate" column="paystate" type="integer"></property>
        <property name="ordertime" column="ordertime" type="timestamp"></property>
        <!-- 多对一关系映射 -->
        <many-to-one name="user" class="com.bookshop.entity.User" column="user_id">
</many-to-one>
        <!-- 一对多关系用 Set 集合映射，级联保存-->
```

```
            <set name="orderitems" cascade="all" inverse="true">
                <key column="order_id"></key>
                <one-to-many class="com.bookshop.entity.OrderItem"/>
            </set>
        </class>
</hibernate-mapping>
```

OrderItem.hbm.xml 的代码如下。

```
<?xml version='1.0' encoding='UTF-8'?>
<!DOCTYPE hibernate-mapping PUBLIC
    "-//Hibernate/Hibernate Mapping DTD 3.0//EN"
    "http://www.hibernate.org/dtd/hibernate-mapping-3.0.dtd">
<hibernate-mapping>
    <!-- name 代表的是持久化类名, table 代表的是表名 -->
    <class name="com.bookshop.entity.OrderItem" table="orderitem">
        <id name="id" column="id">
            <generator class="native"></generator>
        </id>
        <property name="buynum" column="buynum" type="integer"></property>
        <!-- 多对一关系映射 -->
        <many-to-one name="order" class="com.bookshop.entity.Order" column=
    "order_id"></many-to-one>
        <many-to-one name="book" class="com.bookshop.entity.Book" column=
    "product_id"></many-to-one>
    </class>
</hibernate-mapping>
```

（3）在 com.bookshop.dao 下新建接口 **OrdersDao**。

```
public interface OrdersDao{
    // 新建订单
    public void addOrder(Order order );
}
```

（4）在 com.bookshop.dao 下新建接口 OrdersDao 的实现类 **OrdersDaoImpl**。

```
public class OrdersDaoImpl implements OrdersDao{
    private HibernateTemplate hibernateTemplate;
    public HibernateTemplate getHibernateTemplate() {
        return hibernateTemplate;
    }
    public void setHibernateTemplate(HibernateTemplate hibernateTemplate) {
        this.hibernateTemplate = hibernateTemplate;
    }
    @Override
    public void addOrder(Order order) {
        hibernateTemplate.save(order);
    }
}
```

（5）在 com.bookshop.service 包中新建 **OrdersService** 接口。

```
public interface OrdersService{
    // 新建订单
    public void addOrder(Order order );
}
```

（6）在 com.bookshop.service 包中新建 OrdersService 接口的实现类 **OrdersServiceImpl**。

```
public class OrdersServiceImpl implements OrdersService{
    private OrdersDao ordersDao;
    public OrdersDao getOrdersDao() {
```

```
                        return ordersDao;
                }
        public void setOrdersDao(OrdersDao ordersDao) {
                this.ordersDao = ordersDao;
                }
        @Override
        public void addOrder(Order order) {
                ordersDao.addOrder(order);
                }
}
```

（7）在 com.bookshop.action 包下新建继承 ActionSupport 的类 OrderAction。

```
public class OrderAction extends ActionSupport{
        public String addressType;   //地址类型，是新地址还是默认地址
        public String province;      //省份
        public String city;          //城市
        public String area;          //区
        public String telephone;     //收货人的电话
        public String detailed;       //收货人的详细地址（区以下）
        private OrdersService orderService;
        private CartService cartService;
        private BookService bookService;
        public int orderid;
        //省略 getter()、setter()方法
        public String addOrder() throws Exception {
                LoginUser user=(LoginUser)ServletActionContext.getRequest().getSession().
        getAttribute("user");
                double sum=(double)ServletActionContext.getRequest().getSession().
        getAttribute("sum");
                String receiverAddress="";
                if(addressType=="newaddress") {
                        receiverAddress=province+city+area+detailed;
                }else {
                        receiverAddress=user.getShippingAddress();
                        telephone=user.getTelephone();
                }
        List<Cart> list=(List<Cart>)ServletActionContext.getRequest().getSession().
    getAttribute("cartlist");
                Order order=new Order();
                order.setMoney(sum);
                order.setPaystate(0);
                order.setReceiverAddress(receiverAddress);
                order.setReceiverName(user.getUsername());
                order.setReceiverPhone(telephone);
                User user1=new User();
                user1.setId(user.getId());
                order.setUser(user1);
                order.setOrdertime(new Date());
                Book book=new Book();
                for(Cart cart:list) {
                        OrderItem oi=new OrderItem();
                        book=cart.getBook();
                        //减掉库存
                        if(book.getPnum()-cart.getBooknum()<0) {
                                throw new Exception("订购数量不能超过库存! ");
```

```
                }
                //库存数相应减少
                book.setPnum(book.getPnum()-cart.getBooknum());
                oi.setBook(book);
                oi.setBuynum(cart.getBooknum());
                oi.setOrder(order);
                order.getOrderitems().add(oi);
                //已下订单的商品从购物车中清理掉
                cartService.remove(cart);
                //销量相应增加
                //获取原有销量加上现在的订购数
                int sales=(int) (bookService.findBookById(book.getId()).getSales()+cart.
        getBooknum());
                book.setSales(sales);
                bookService.updateBook(book);
            }
        orderService.addOrder(order);
        orderid=order.getId();
        return "success";
    }
}
```

（8）在 com.bookshop.action 下创建继承 ActionSupport 的类 PayAction。

```
public class PayAction extends ActionSupport{
    public int orderid;
    public double sum;
    private OrdersService orderService;
    //省略 getter()、setter()方法
    public String pay() throws IOException {
        Order order=orderService.findOrder(orderid);
        order.setPaystate(1);
        orderService.updateOrder(order);
        return "success";
    }
}
```

（9）在 struts.xml 中配置 Action。

```
<action name="addOrder" class="com.bookshop.action.OrderAction" method="addOrder" >
    <result name="success">pay.jsp</result>
</action>
<action name="pay" class="com.bookshop.action.PayAction" method="pay" >
    <result name="success" >/paysuccess.jsp</result>
</action>
```

（10）在 Spring 配置文件 applicationContext.xml 中添加以下几个 Bean。

```
<bean id="ordersDao" class="com.bookshop.dao.OrdersDaoImpl">
    <property name="hibernateTemplate" ref="hibernateTemplate"></property>
</bean>
<bean id="orderService" class="com.bookshop.service.OrdersServiceImpl">
    <property name="ordersDao" ref="ordersDao"></property>
</bean>
```

（11）在 WebContent 下新建 dobuy.jsp，代码如下。

```
<%@ page language="java" contentType="text/html; charset=UTF-8"
    pageEncoding="UTF-8"%>
<%@ taglib prefix="s" uri="/struts-tags" %>
<%@ taglib uri="http://java.sun.com/jsp/jstl/core" prefix="c" %>
```

```
    <!DOCTYPE html PUBLIC "-//W3C//DTD HTML 4.01 Transitional//EN" "http://www.w3.org/
TR/html4/loose.dtd">
    <html>
        <head>
            <meta charset="UTF-8">
            <title></title>
            <link rel="stylesheet" href="bootstrap/css/bootstrap.min.css" />
            <script src="bootstrap/js/jquery-3.1.0.min.js"></script>
            <script src="bootstrap/js/jquery-1.11.2.min.js"></script>
            <script src="bootstrap/js/bootstrap.min.js"></script>
            <link rel="stylesheet" href="css/navbar.css" />
            <script src="js/navbar.js"></script>
            <link rel="stylesheet" href="css/dobuy.css" />
            <script  src="js/dobuy.js"></script>
            <script type="text/javascript">
            $(function(){
                $("#order").click(function(){
                    var billids = new Array();
                    billid = $(".bill").attr("data");
                    var addressType = $("input[type='radio']:checked").attr("data");
                    var province = $("select[name='province']").val();
                    var city = $("select[name='city']").val();
                    var Area = $("select[name='area']").val();
                    var telephone = $("#telephone").val();
                    var detailed = $("#detailed").val();
                    alert("test!");
                    if(addressType == "newaddress"){
                        if(addressTest().province() && addressTest().city() &&
                    addressTest().area() && addressTest().detailed() &&
                addressTest().telephone() && confirm
                        ("是否去付款? ")){
                        window.location.href ="addOrder?addressType=" +
                        addressType + "&province=" + province + "&city="+ city +
                        "&area="+ Area + "&telephone=" + telephone + "&detailed=" + detailed;
                            }
                        }else{
                            window.location.href = "addOrder?addressType="    +
                        addressType;
                        }
                });
            });
        </script>
        </head>
        <body>
            <%@include file="jspt/navbar.jsp" %>
            <!--网站导航-->
            <div class="container">
                <div class="row text-right">
                        <a href="index.jsp">书城首页</a>>
                        <a href="user.jsp">用户</a>><span>购买</span>
                </div>
            </div>
            <!--end 网站导航-->
            <!--购买页面-->
            <div class="container buyPage">
```

```html
<div class="row row1">
    <div class="col-md-12">
        <span>
            1. 收货地址
        </span>
        <hr />
    </div>
</div>
<div class="row address">
    <div class="col-md-12 useraddress">
        <div class="col-md-3">
            <input type="radio" name="address" data="defaultaddress"
            value="user"
                checked="checked" />用户地址
        </div>
        <div class="col-md-9">
            <span>
                ${sessionScope.user.shippingAddress }
            </span>
            <span>
                ${sessionScope.user.name }
            </span>
            <span>
                ${sessionScope.user.telephone }
            </span>
        </div>
    </div>
    <div class="col-md-12 useraddress">
        <div class="col-md-3">
            <input type="radio" name="address" data="newaddress"
            value="user" />新地址
        </div>
        <div class="col-md-9">
            <div id="newaddress" class="citys">
                <p>
                    省份
                    <select name="province">
                        <option>请选择</option>
                    </select>
                    城市
                    <select name="city">
                        <option>请选择</option>
                    </select>
                    区、县
                    <select name="area">
                        <option>请选择</option>
                    </select>
                </p>
            </div>
            <link rel="stylesheet" type="text/css" href=
        "css/cssreset-min.css">
            <link rel="stylesheet" type="text/css" href=
        "css/common.css">
            <script type="text/javascript" src=
```

```
                                "js/jquery.citys.js"></script>
                            <script type="text/javascript">
                                $('#newaddress').citys({
                                    code: 110000
                                });
                            </script>
                            详细地址 <input type="text" id="detailed"/> 
                            电话号码 <input type="text" id="telephone"/>
                    </div>
            </div>
        </div>
        <div class="row row1">
            <div class="col-md-12">
                <span>
                        2. 确认订单
                </span>
                <hr />
            </div> 
        </div>
        <div class="row headStr">
            <div class="col-md-3">
                    订单详情
            </div>
            <div class="col-md-3">
                    数量
            </div>
            <div class="col-md-3">
                    单价
            </div>
            <div class="col-md-3">
                    总价
            </div>
        </div>
        <s:iterator value="cartlist" >
            <div class="row bill" data="${requestScope.order.order.id }">
            <div class="col-md-3">
                    <img src="<s:property value='book.imgurl'/>" />
                    <a href="showBook?id=<s:property value='book.id'/>">
            <s:property value="book.name"/></a>
            </div>
            <div class="col-md-3 bookSum">
                    X<s:property value="booknum"/>
            </div>
            <div class="col-md-3 bookSum">
                    ￥<s:property value="book.price"/>
            </div>
            <div class="col-md-3 priceSum">
                    ￥<s:property value="book.price*booknum"/>
            </div>
            </div>
        </s:iterator>
        <div class="row text-right buyBtn">
            <span>￥<s:property value="sum"/>
            </span>
```

```
                <button class="btn btn-danger btn-lg" id="order">提交订单</button>
            </div>
        </div>
        <!--end购买页面-->
        <%@include file="jspt/bottombar.jsp" %>
    </body>
</html>
```

配套的 JavaScript 代码在文件 dobuy.js 中，参见配套资源。

（12）新建支付成功页面 paysuccess.jsp。实现 5 秒内跳回主页，如图 18.20 所示，用 JavaScript
代码完成（详见配套资源）。

（13）测试。

购物功能模块到此完成。该模块包含了 SSH 开发的关键技术，其他模块作为课外练习自行完善。

上机练习

在该项目的基础上继续完善其他的一些功能，如用户注册、后台管理等。

思考题

购物车开发的思路是什么？

参考文献

[1] 传智播客高教产品研发部. SSH 框架整合实战教程[M]. 北京：清华大学出版社. 2016.

[2] 陈雄华，林开雄，文建国. 精通 Spring 4.x：企业应用开发实战[M]. 北京：电子工业出版社. 2017.

[3] 李刚. 轻量级 Java EE 企业应用实战[M]. 5 版. 北京：电子工业出版社. 2018.

[4] 张志锋，朱颢东. Struts 2 Hibernate 框架技术教程[M]. 2 版. 北京：清华大学出版社. 2018.

[5] 缪勇，施俊，李新锋. Struts 2+Spring 3+Hibernate 框架技术精讲与整合案例[M]. 北京：清华大学出版社. 2015.

[6] 牛德雄，杨玉蓓. Java EE（SSH 框架）软件项目开发案例教程[M]. 北京：电子工业出版社. 2016.

[7] 天津滨海迅腾科技集团有限公司. SSH 轻量级框架实践[M]. 天津：南开大学出版社. 2017.

[8] 陈俟伶，张红实. SSH 框架项目教程[M]. 北京：中国水利水电出版社. 2013.

[9] 李刚. Struts 2.x 权威指南[M]. 3 版. 北京：电子工业出版社. 2012.